高等院校信息技术系列教材

Web 编程技术

（第2版）

余元辉 ◎ 主编

邓莹　刘自林 ◎ 副主编

U0228516

清华大学出版社

北京

内 容 简 介

JSP 技术是当下 Web 编程领域中的主流技术，它是由 Sun Microsystems 公司倡导、许多公司参与一起建立的一种动态网页技术标准。JSP 是基于 Java Servlet 以及整个 Java 体系的 Web 编程技术。利用这一技术可以建立先进、安全和跨平台的动态网站。本书以应用为主，从基本的语法和规范入手，以实例为导向，以实践为指导，深入浅出地讲解如何利用 JSP 技术创建灵活、安全、健壮的 Web 站点。书中配有大量的示例代码，由浅入深、循序渐进地讲解了 Web 编程理论知识。全书共 15 章，分别详细地介绍了 Web 编程基础知识、HTML5 简介、Java 语言基础、JSP 语法入门、JSP 常用对象、JDBC 数据库访问、JSP 表单处理、JSP 实用组件技术、Java Servlet 技术、JavaBean 技术、MVC 模型技术应用、JSP 其他常用技术、JBuilder 技术、EJB 技术、JSP 与 J2EE 分布式处理技术等内容。

本书适合作为高等院校网络工程、网络空间安全、软件工程以及其他计算机相关专业学生的教材，也可作为各类计算机技术开发培训班的教学参考用书。

图书在版编目(CIP)数据

Web 编程技术/余元辉主编. --2 版. --北京：
清华大学出版社，2024.8. --（高等院校信息技术系列
教材）. --ISBN 978-7-302-66921-0

Ⅰ. TP393.092

中国国家版本馆 CIP 数据核字第 20249N0S26 号

责任编辑：白立军　薛　阳
封面设计：何凤霞
责任校对：郝美丽
责任印制：宋　林

出版发行：清华大学出版社
　　　　网　　　址：https://www.tup.com.cn，https://www.wqxuetang.com
　　　　地　　　址：北京清华大学学研大厦 A 座　　　　邮　　编：100084
　　　　社 总 机：010-83470000　　　　邮　　购：010-62786544
　　　　投稿与读者服务：010-62776969，c-service@tup.tsinghua.edu.cn
　　　　质量反馈：010-62772015，zhiliang@tup.tsinghua.edu.cn
　　　　课件下载：https://www.tup.com.cn，010-83470236
印 装 者：三河市龙大印装有限公司
经　　销：全国新华书店
开　　本：185mm×260mm　　　　印　　张：21　　　　字　　数：487 千字
版　　次：2014 年 5 月第 1 版　　2024 年 8 月第 2 版　　印　　次：2024 年 8 月第 1 次印刷
定　　价：69.00 元

产品编号：102367-01

前言 *foreword*

动态网页技术作为 Web 系统开发的核心,越来越受到业内人士的青睐。众所周知,动态网页技术主要指 3P 技术,即 ASP、PHP、JSP。本书重点讲述了 JSP 技术。JSP 是由 Sun 公司于 1999 年 6 月推出的一种新型的 Internet/Intranet 开发语言,是基于 Java Servlet 以及整个 Java 体系的 Web 开发技术。利用这一技术可以建立先进、安全和跨平台的动态网站。与 ASP、PHP 等动态网页技术相比,JSP 在以下几方面有显著的技术优势:①JSP+JavaBean 的组合使得开发出来的系统能够在所有平台上畅行无阻;②JSP 扩展标签库+JavaBean 使得网站逻辑和网站界面的分离变得易如反掌;③Enterprise JavaBeans 使得我们面对所有 Web 的复杂事务的处理都能轻松搞定;④JDBC-ODBC bridge 提供了强大的数据库连接技术,更重要的是,数据库连接池较普通的数据库连接是一种效率更高的连接方式。当然,JSP 运行环境的设置相对 ASP 而言较为复杂,而且 JSP 的编程语言主要是 Java 面向对象的程序设计语言,对于初学者而言有一定的难度。所以在学习本书之前,建议读者应系统学习 Java 面向对象的程序设计语言,同时要熟悉 HTML 的语法并具备一定的静态网页制作基础,然后再循序渐进地阅读本书。

《Web 编程技术》(普通高等教育"十一五"国家级规划教材)自 2014 年出版以来,深受广大读者的关注和好评。很多读者反映本书"理论严谨、深入浅出""重点突出、例程详细"等。有的读者还提出了一些宝贵意见,借此机会,我们谨向广大读者表示衷心感谢。随着动态网页技术的迅速发展,新的更加实用的编程技术不断出现,因此我们有必要在书中做新的补充和结构调整。本次修订的原则是:①保持和加强原书观点鲜明、注重实用、例程深入浅出的优点;②在内容上进行更新,新增加了目前主流的 HTML5 技术简介,并对 JBuilder 技术、EJB 技术、JSP 与 J2EE 分布式处理技术等章节的课后习题重新进行了精心修订,这些技术在 Web 项目开发实践中尤为重要;③前言中增加了党中央二十大精神对高等院校新工科专业教材建设的指导思想。全书共 15 章,由余元辉、邓莹、刘自林负责撰写,其中第1~5章和第7章由邓莹编写,第6章和第9~12章由余元辉编写,第8章和第13~15章由刘自林编写。全书由余元辉负责统稿。前3章是学习JSP的过渡知识部分,通过这一部分的学习,读者可以掌握Java面向对象程序设计的基本语法、概念以及HTML5的常见标签的使用方法,并能独立完成静态网页的制作。第4章和第5章是JSP的基础部分,通过这一部分的学习,读者可以领悟JSP语法和基本概念的使用。第6~11章是JSP的应用部分,通过这一部分的学习,读者可学会如何在JSP网页中调用数据库,如何实现表单技术,如何有效地使用JSP常用组件、JavaBean及Servlet组件技术。本书在这一部分中借助Apache Group的Tomcat作为JSP引擎来讲解。第12~15章为JSP编程的深入部分,通过这一部分的学习,读者可以熟练掌握JBuilder 2008的使用方法及主要功能,如何借助JDBC连接并操作数据库,掌握EJB以及J2EE及分布式系统的应用。

本书综合科学、教育、人才的关系建设现代化产业体系,坚持把发展经济的着力点放在实体经济上,推进新型工业化,加快建设制造强国、质量强国、航天强国、交通强国、网络强国、数字中国。实施产业基础再造工程和重大技术装备攻关工程,支持专精特新企业发展,推动制造业高端化、智能化、绿色化发展。巩固优势产业领先地位,在关系安全发展的领域加快补齐短板,提升战略性资源供应保障能力。推动战略型新兴产业融合集群发展,构建新一代信息技术、人工智能、生物技术、新能源、新材料、高端装备、绿色环保等一批新的增长引擎。构建优质高效的服务业新体系,推动现代服务业同先进制造业、现代农业深度融合。加快发展物联网,建设高效顺畅的流通体系,降低物流成本。加快发展数字经济,促进数字经济和实体经济深度融合,打造具有国际竞争力的数字产业集群。优化基础设施布局、结构、功能和系统集成,构建现代化基础设施体系。

本书配有大量的示例代码,全面系统地讲述了Web编程知识要点之间的关系,使读者对如何以可行的方式从JSP编程中获益有比较深刻和全面的理解。在系统学完本书后,读者可熟练地利用JSP创建出灵活、安全和健壮的Web站点,以各种方式收集和处理信息并从中受益。

在本书的编写过程中,我们得到了许多JSP开发同行的支持和帮助,他们都是长期工作在第一线的网络设计和开发人员,在此向他们表示衷心的感谢。由于时间仓促,书中难免存在一些纰漏,欢迎广大读者批评指正,以便本书再版时更加完美。

编　者
2024年5月

目录

Contents

第1章

引　论

本章要点

本章重点讲解 Web 编程的基础知识,分析 Web 编程技术的应用结构,介绍 Web 开发技术在客户端和服务端的几种主流开发技术,结合实例讲解 Web 技术开发环境的配置。

1.1　Web 编程基础知识

1.1.1　Internet 概述

Internet(因特网)是当今世界上最大的计算机信息网络,它是一个由多个网络互联组成的网络集合。从网络通信技术的观点来看,Internet 是一个以 TCP/IP 通信协议为基础,连接各个国家、各个部门、各个机构计算机网络的数据通信网;从信息资源的观点来看,Internet 是一个集各个领域、各个学科的各种信息资源于一体、供网上用户共享的数据资源网。

Internet 可以提供诸如万维网 WWW、远程登录服务 Telnet、文件传送服务 FTP(File Transfer Protocol)、电子邮件服务 E-mail、电子公告板系统(Bulletin Board System,BBS)、电子商务、Internet 电话等多种丰富多彩的服务。

网络协议是网络中各节点进行通信的规范和准则。Internet 使用的网络协议是 TCP/IP 协议(Transmission Control Protocol/Internet Protocol),凡是联入 Internet 的计算机都必须安装和运行 TCP/IP 协议软件。

TCP/IP 代表一个协议集,其中最重要的是 TCP 协议和 IP 协议,它包含 4 个层次:应用层、传输层、网络层和物理接口层。

(1) 应用层。应用层是 TCP/IP 参考模型的最高层,它向用户提供应用服务。应用层协议主要有:远程登录协议 Telnet,用于实现互联网中的远程登录;文件传输协议 FTP,用于实现文件传输;简单邮件传输协议 SMTP(Simple Mail Transfer Protocol),实现电子邮件收发;域名服务系统 DNS(Domain Name System),用于实现域名到 IP 地址的映射;超文本传输协议 HTTP(Hyper Text Transfer Protocol),用于在 Web 浏览器和 Web 服务器之间传输 Web 文档。

（2）传输层。传输层也称运输层，主要功能是负责应用进程之间的端-端通信。传输层定义了两种协议：传输控制协议 TCP 与用户数据报协议 UDP（User Datagram Protocol）。

（3）网络层。传输层也称 IP 层，负责处理互联网中计算机之间的通信，向传输层提供统一的数据包。它的主要功能有以下三方面：处理来自传输层的分组发送请求，处理接收的数据包，处理互联的路径。

（4）物理接口层。主要功能是接收 IP 层的 IP 数据报，通过网络向外发送；或接收处理从网络上来的物理帧，抽出 IP 数据报，向 IP 发送。该层是主机与网络的实际连接层。

1.1.2　Web 概述

WWW 即 Word Wide Web 的英文缩写，简称 Web，中文译为"万维网"，是 Internet 提供的最基本、应用最广泛的服务之一。

Web 的概念最早于 1989 年 3 月被提出。1990 年 11 月，第一个 Web 服务器 nxoc01. cern.ch 开始运行。1991 年，欧洲粒子物理研究所正式发布了 Web 技术标准。1993 年，第一个图形界面的浏览器 Mosaic 开发成功，1995 年著名的 Netscape Navigator 浏览器问世。随后，微软公司推出了著名的浏览器软件 IE（Internet Explorer）。目前，与 Web 相关的各种技术标准都由著名的 W3C 组织（World Wide Web Consortium）管理和维护。

Web 技术还涉及以下相关概念。

（1）超文本传输协议（HTTP），一种详细规定了浏览器和万维网服务器之间互相通信的规则，通过因特网传送万维网文档的数据传送协议。

（2）统一资源定位符（Uniform Resource Locator，URL），互联网的一个协议要素，可以定义任何远程或本地的可用资源，其通用格式为

协议:[//][[用户名[:密码]@]主机名[:端口号]][/资源路径]

（3）超文本标记语言（Hyper Text Markup Language，HTML），用于描述网页文档的外观和格式，我们将在第 2 章中详细讲述。

1.2　Web 编程主流技术

Web 是一种典型的分布式应用结构。Web 应用中的每一次信息交换都要涉及客户端和服务器端，其工作过程可以简单地描述如下。

（1）客户端向 Web 服务器发出访问动态页面的请求。

（2）Web 服务器根据客户端所请求页面的后缀名确定该页面所采用的动态网页编程技术，然后将该页面提交给相应的动态网页解释引擎。

（3）动态网页解释引擎执行页面中的脚本以实现不同的功能，并把执行结果返回 Web 服务器。

（4）Web 服务器把包含执行结果的 HTML 页面发送到客户端。

在 2000 年以前，C/S 架构占据开发领域的主流，后来随着 B/S 架构的发展，C/S 架

构已经逐步被 B/S 架构取代。而 Web 编程技术在客户端(或称为浏览器端)和服务端所用的技术也是不同的。

1.2.1　Web 客户端技术

Web 客户端的主要任务是展现信息内容。Web 客户端设计技术主要包括 HTML 语言、Java Applet、脚本程序、CSS 等。

1. HTML 语言

HTML 是构成 Web 页面的主要工具。第 2 章中将详细讲述 HTML 语言及其使用。

2. Java Applet

即 Java 小应用程序。使用 Java 语言创建小应用程序,浏览器可以将 Java Applet 从服务器下载到浏览器,在浏览器所在的机器上运行。Java Applet 可提供动画、音频和音乐等多媒体服务。

3. 脚本程序

它是嵌入在 HTML 文档中的程序。使用脚本程序可以创建动态页面,大大提高交互性。用于编写脚本程序的语言主要有 JavaScript 和 VBScript。JavaScript 由 Netscape 公司开发,具有易于使用、变量类型灵活和无须编译等特点。VBScript 由 Microsoft 公司开发,可用于设计交互的 Web 页面。

4. CSS(Cascading Style Sheets)

CSS 即级联样式表。CSS 大大提高了开发者对信息展现格式的控制能力。1997 年的 Netscape 4.0 不但支持 CSS,而且增加了许多 Netscape 公司自定义的动态 HTML 标记,这些标记在 CSS 的基础上,让 HTML 页面中的各种要素"活动"了起来。

1.2.2　Web 服务端技术

与 Web 客户端技术从静态向动态的演进过程类似,Web 服务端的开发技术也是由静态向动态逐渐发展、完善起来的。Web 服务端技术主要包括 CGI、PHP、ASP、ASP.NET 和 JSP 等技术。

1. CGI

CGI(Common Gateway Interface),我们称之为通用网关接口。编写 CGI 程序我们可以使用不同的程序,如 Perl、Visual Basic、Delphi 或 C/C++ 等,我们要将编好的 CGI 程序存放在 Web 服务器上,然后通过 CGI 建立 Web 页面与脚本程序之间的联系,并利用脚本程序来处理客户端输入的信息并据此作出响应。但是,这样编写 CGI 程序效率较低,因为我们每次修改程序都必须重新将 CGI 程序编译成可执行文件。

2. PHP

PHP 是从一个小的开放源程序于 1994 年被 Rasmus Lerdorf 提出来的,后来越来越多的人意识到 PHP 的实用性从而逐渐发展起来。从 PHP 的第一个版本 PHP V1.0 开始,陆续有很多的程序员参与到 PHP 的源码编写中来,这使得 PHP 技术有了飞速的发展。PHP 在原始发行版上经过无数的改进和完善现在已经发展到版本 PHP 4.0.3。PHP 程序的运行对于客户端没有什么特殊的要求,它可以直接运行于 UNIX、Linux 或者 Windows 平台上。PHP 是一种嵌入在 HTML 并由服务器解释的脚本语言。它可以用于管理动态内容、支持数据库、处理会话跟踪,甚至构建整个电子商务站点。PHP、MySQL 数据库和 Apache Web 服务器是一个较好的组合。

3. ASP

ASP(Active Server Pages),我们称之为活动服务器页面。ASP 程序没有自己专门的编程语言,但是用户可以使用 VBScript、JavaScript 等脚本语言编写。而且 ASP 程序的编写很灵活。它是在普通 HTML 页面中插入 VBScript、JavaScript 脚本即可。ASP 中包含了当今许多流行的技术,如 IIS,ActiveX,VBScript,ODBC 等,其核心技术是组件和对象技术。ASP 中不仅提供了常用的内置对象和组件,如 Request、Response、Server、Application、Session 等,以及 Browser Capabilities(浏览器性能组件)、FileSystem Objects(文件访问组件)、ADO(数据库访问组件)、Ad Rotator(广告轮显组件)等,ASP 还可以使用第三方提供的专用组件来实现特定的功能。

4. ASP. NET

ASP. NET 是面向下一代企业级网络计算的 Web 平台,是对传统 ASP 技术的重大升级和更新。ASP. NET 是建立在.NET Framework 的公共语言运行库上的编程框架,可用于在服务器上生成功能强大的 Web 应用程序。

5. JSP

JSP(Java Server Page),我们称之为 Java 服务器页面,是以 Sun 公司为主建立的一种动态网页技术标准,其实质就是在传统的 HTML 网页文件中加入 Java 程序片段和 JSP 标记所形成的文档(后缀名是 jsp)。JSP 最明显的技术优势就是开放性、跨平台。只要安装了 JSP 服务器引擎软件,JSP 就可以运行在几乎所有的服务器系统上,如 Windows 98、Windows 2000、UNIX、Linux 等。从一个平台移植到另外一个平台,JSP 甚至不用重新编译,因为 Java 字节码都是标准的与平台无关的。JSP 提供了强有力的组件包括 JavaBeans、Java Servlet 等来执行应用程序所要求的更为复杂的处理。开发人员能够共享和交换执行普通操作的组件,或者使得这些组件为更多的使用者或者客户团体所使用。基于组件的方法加速了总体开发过程,并且使得各种组织在他们现有的技能和优化结果的开发努力中得到平衡。

1.3　Web 应用的运行环境

用于建立 Web 服务器的软件通常基于 UNIX/Linux 和 Windows 操作系统平台。常用到的有 NCSA（美国国家超级计算中心）的 HTTPD、CERN、Apache、IIS（Internet Information Server）Web、Tomcat、Website 等。

刚刚介绍过的 JSP 编程技术时下非常流行，接下来我们将以搭建 JSP 开发环境为例讲解 Web 应用的运行环境。

1.3.1　JSP 的开发工具

关于 JSP 的开发工具有很多种不同的组合，比如 Apache＋Resin、JDK＋JSWDK＋Apache 等。这里采用 JDK 1.8＋Tomcat 8.0 的组合。JDK 内置包中包含的 Java 的基本类为 Java 编程提供支持。Tomcat 是 JSP 1.1 规范的官方参考实现。Tomcat 既可以单独作为小型 JSP 测试服务器，也可以集成到 Apache Web 服务器。尽管现在已经有许多厂商的服务器宣布提供这方面的支持，时至今日，Tomcat 仍是唯一支持 JSP 1.1 规范的服务器。

1.3.2　JSP 运行环境的配置

我们以 Windows 10 专业版环境为例讲述 JSP 的环境配置。

（1）在 C 盘根目录上安装 JDK 1.8。双击 jdk-8u121-windows-x64.exe，进入安装界面，然后按界面提示操作，将 JDK 1.8 安装到"C:\jdk1.8"。

（2）在 D 盘根目录安装 Tomcat 8.0。在 D 盘根目录创建 Tomcat8 子目录，然后双击 apache-tomcat-8.0.52.exe，进入安装界面，然后按界面提示操作，将 Tomcat 安装到"D:\Tomcat8"。

（3）设置 JSP 运行所需的环境变量。单击"我的电脑"，在弹出的下拉菜单中选择"属性"，出现"系统特性"对话框，单击对话框中的"高级"标签，然后单击"环境变量"按钮，出现"环境变量"对话框，在其中分别添加如表 1-1 所示的系统环境变量。

表 1-1　JSP 环境变量

变　量　名	变　量　值
CLASSPATH	C:\jdk1.8\jre\lib\rt.jar;.;D:\Tomcat\common\lib\servlet.jar
JAVA_HOME	C:\jdk1.8
PATH	C:\jdk1.8\bin
TOMCAT_HOME	D:\Tomcat8

设置完后，界面如图 1-1 所示。

（4）启动 Tomcat 服务器。

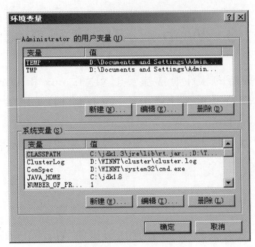

图 1-1　环境变量

（5）在浏览器的地址栏中输入"http://localhost:8080"或"http://127.0.0.1:8080"后按 Enter 键将出现如图 1-2 所示的 Tomcat 的欢迎界面，这标志着 JSP 环境配置成功。

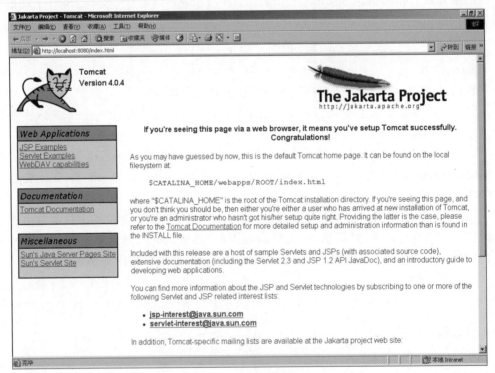

图 1-2　欢迎界面

下面就可以调试运行 JSP 文件了。我们只需将编写好的 JSP 文件保存到"Tomcat\webapps\ROOT"（Tomcat 服务器 Web 服务的根目录）下，然后在浏览器地址栏中输入"http://localhost:8080/你的 JSP 文件名"即可运行 JSP。并且经 JSP 引擎编译后的

JSP 字节码文件(后缀名是 class,与 JSP 文件主名相同的文件)就存放在 D:\Tomcat\work 下。当然 Web 服务目录还有 examples、Tomcat-docs、webdav 等。如果你的 JSP 文件保存在这些目录下,比如 examples,那么运行 JSP 时就要输入"http://localhost:8080/examples/*你的 JSP 文件名*"了。

1.4　一个简单的 JSP 程序

下面我们给出一个简单的 JSP 小程序 ex1-1.jsp,其源码如下。

```
ex1-1.jsp 源程序
<%@ page import="java.util. * "%>
<html>
<head>
<title>ex1-1.jsp</title>
</head>
<body>
<h1>We test a simple JSP document on </h1>
   <br><h2>
<%Date date=new Date(); %>
<%=date %></h2>
</body>
</html>
```

ex1-1.jsp 的运行效果如图 1-3 所示。

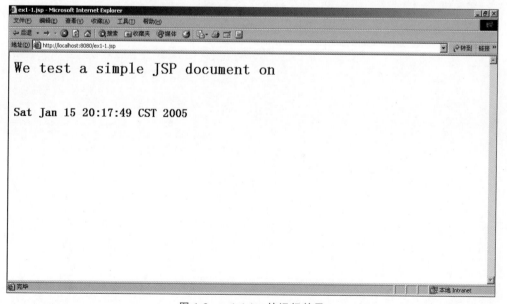

图 1-3　ex1-1.jsp 的运行效果

本 章 小 结

在本章中,我们首先介绍了 Web 编程技术相关的基础知识。然后分析了 Web 编程应用结构,介绍了主流的客户端开发技术和服务端开发技术。Web 客户端设计技术主要包括 HTML 语言、Java Applet、脚本程序、CSS 等,服务端技术主要包括 CGI、PHP、ASP、ASP. NET 和 JSP 等技术。接着介绍了常用的 Web 技术开发环境。最后以 JDK 1.8+Tomcat 8.0 的开发环境下,搭建 JSP 运行环境为例,实现了一个简单的 JSP 程序的调试。

习题及实训

1. 请解释以下名词:超文本传输协议(HTTP)、统一资源定位符(URL)。
2. 简述 TCP/IP 协议的四层结构。
3. 有哪些常用的 Web 客户端技术?
4. 有哪些常用的 Web 服务端技术?
5. 简述 JSP 的特点。
6. 试着在 Windows XP/Windows 2000 环境下手工搭建 JSP 的运行环境。

第 2 章

HTML5 简介

本章要点

本章主要介绍 HTML5 的基础知识。通过本章的学习，读者可以掌握 HTML5 的基本结构、常见标签及其标签属性的使用方法，并结合实例加以练习，最终实现在相关的编辑工具中编写网页。

2.1 初识 HTML5

2014 年 10 月 W3C 组织发布了 HTML5.0 标准规范（简称 HTML5 规范），奠定了 HTML5 在万维网语言的核心地位，HTML5 规范支持的浏览器有 IE9＋、Chrome25＋、Firefox19＋等，成为目前最流行的网页标记语言。简单来说，HTML5 就是一系列用来制定现代富 Web 内容的相关技术的总称，如图 2-1 所示，HTML5 包含了 HTML5 核心规范、CSS3、JavaScript，其中 HTML5 和 CSS 主要负责界面，JavaScript 负责逻辑处理。

图 2-1　HTML5 组成示意图

HTML 是一种页面标记语言，常与 CSS、JavaScript 一起被众多网站用于设计令人赏心悦目的网页、网页应用程序以及移动应用程序的用户界面。HTML 技术的发展轨迹如下。

1982 年，Tim Berners-Lee 建立 HTML。

1993 年，Marc Andreessen 在他的 Mosaic 浏览器中加入标记，从此可以在 Web 页面上浏览图片。

1993 年 6 月，IETF 工作小组发布 HTML 草案。

1994 年 10 月，W3C 成立，网络应用发展的标准规范交由 W3C 协会制定及推广。

1995 年 11 月，HTML2.0 发布。2000 年 6 月 HTML2.0 被宣布过时。

1996 年 1 月，W3C 推荐 HTML3.2 为标准规范。

1997 年 11 月，W3C 推荐 HTML4.0 为标准规范。

1999 年 12 月，HTML4.01 以 XML 语法重新构建，W3C 推荐其为标准规范。

2000 年 1 月，W3C 推荐 XHTML1.0 为标准规范。

2001 年 5 月,W3C 推荐 XHTML1.1 为标准规范。

2004 年,各大浏览器开发商组成 WHATWG 小组,基于 HTML4 开发 HTML5 规范。

2006 年,W3C 承认 XHTML2.0 不可能成功。

2007 年,W3C 重新成立 HTML 工作小组,从 WHATWG 接手相关工作,重新开始发展 HTML5。

2009 年,W3C 放弃 XHTML2.0,全面投入开发 HTML5 规范。

2011 年 6 月,Google 宣布全面支持 HTML5 技术。

2012 年,HTML5 被接纳为 Web 应用候选标准。

2014 年 10 月 28 日,W3C 正式发布 HTML5.0 规范标准。

2016 年 11 月 1 日,W3C 正式发布 HTML5.1 规范标准。

2017 年 10 月 3 日,W3C 正式发布 HTML5.1 第二版规范标准。

2019 年,W3C 发布了 HTML5.2 规范标准以及修订版,修订版即 HTML5.3。

未来,W3C 将会推出新的 HTML5 规范标准,继续完善、丰富功能。

目前,HTML5 版本已经趋于稳定,它的许多技术优势已经得到越来越多人的青睐。主要表现在以下几方面。

(1) 简约。

大家最深刻的感受就是在 HTML5 中,doctype 简化成了<!DOCTYPE html>,让人过目不忘。相比之下,HTML4 中 doctype:<!DOCTYPE HTML PUBLIC "-//W3C//DTD HTML 4.01//EN" "http://www.w3.org/TR/html4/strict.dtd">就显得非常复杂,难以记忆。

(2) 兼容。

HTML5 为确保兼容以前版本的文档内容,对大小写和结束标记不再表现得敏感。比如在 XHTML 中:<div CLASS=BigFont></DIV><DIV class="BigFont">是会报错的,而对于 HTML5 则没有问题。

(3) 富媒体。

以前富客户端应用主要通过插件技术实现,例如 Adobe Flash、Microsoft Silverlight、Java Applet,但是这会存在一些问题:需要安装插件,不支持移动设备,没有国际标准存在安全漏洞等,但在 HTML5 中,对视频、音频的调用都将是原生的,其中 HYML5 的 canvas、video 和 audio 这几个标签对互联网多媒体技术的发展即将掀起巨大的浪潮,结合脚本技术将原本只能在系统级别的视频处理、音效处理等功能带入到了互联网应用的范围内。

(4) 新表单。

HTML5 对表单技术进行了很大的优化,增加了很多人性化的标签及属性,例如 input 标签的自动对焦属性 autofocus,与 input 标签配合使用的数据列表标签 datalist 等,简化了开发过程,降低了开发人员的负担。

(5) 语义标签。

HTML5 支持更加人性化的语义标签,不仅增加了页面的可读性,也便于搜索引擎对页面信息的提取,有利于网站的 SEO 优化。

（6）离线存储。

HTML5 为 Web 的离线存储制定一套标准,这个功能将内嵌一个本地的 SQL 数据库,以加速交互式搜索、缓存以及索引功能。同时,那些离线的 Web 程序也将因此获得更方便的使用。HTML5 引入基于浏览器的程序缓存,将应用数据在本地缓存,这不仅能加速 Web 程序的运行,还可以使一些程序在离线时仍可使用。

目前,HTML5 技术已经得到了很多一线的浏览器厂商的大力支持,例如,国外的 IE、Firefox、Opera（国内叫欧朋）、Safari,国内的傲游、腾讯、乐视、百度等纷纷宣称支持 HTML5。HTML5 以其丰富的特性极大地提升了互联网应用,有效改善了 B/S 结构应用的用户体验,成为互联网应用技术的流行趋势。

HTML5 是移动互联网前端的主流开发语言,越来越多的行业巨头正不断向 HTML5 示好。除苹果、微软、黑莓之外,谷歌的 Youtube 已部分使用 HTML5,Chrome 浏览器宣布全面支持 HTML5,Facebook 则不遗余力地为 HTML5 进行着病毒式传播。目前还没有一个前端的开发语言能取代 HTML5 的位置,所以说,无论做手机网站还是在手机 App 应用,前端的样式都是用 HTML5 开发,从手机与电脑上网的使用率来看,目前通过手机上网的用户远远高于电脑端,这些数据都足以证明未来的移动互联网的发展前景,而 HTML5 又作为移动互联网主流前端开发语言,HTML5 的应用前景将是一片光明。

2.2　HBuilder 开发工具

HBuilder 是非常优秀的 Web 开发工具,它由 DCloud（数字天堂）推出的,与面向设计师或初学者的 DreamweaverWeb 开发工具不同,HBuilder 面向追求效率的极客开发者,通过完整的语法提示和代码输入法、代码块等,大幅提升 HTML、JS、CSS 的开发效率。

2.2.1　软件的下载与安装

HBuilder 的下载与安装步骤如下。

（1）打开浏览器,在地址栏中输入 DCLOUD 官网地址“http://www.dcloud.io”,打开 DCLOUD 首页,如图 2-2 所示。

（2）单击右下方的“下载”按钮,进入 HBuilder 安装包下载页面,如图 2-3 所示。

（3）如图 2-4 所示选择最新的版本进行下载,也可选择右下角的历史版本以选择之前的版本进行下载。如果操作系统是 macOS X,可以选择正下方的 macOS X 版下载。

（4）下载完成后,如图 2-5 所示直接解压进入 HBuilder 的根目录,找到 HBuilder.exe 文件,双击打开。

（5）HBuilder 首次打开会提示注册,当然用户也可以不注册,直接进入使用。注册根据提示输入邮箱账号和设置密码即可,如图 2-6 所示。

图 2-2　DCLOUD 官网首页

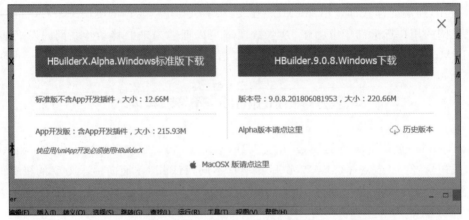

图 2-3　HBuilder 安装包下载页面

图 2-4　HBuilder 最新版本下载页面

Web编程 (F:) ▸ SOFTWARE ▸ 2014-09-15_HBuilder ▸ HBuilder			
名称	修改日期	类型	大小
configuration	2018/6/14 11:53	文件夹	
dropins	2014/3/31 12:25	文件夹	
features	2018/6/14 11:51	文件夹	
indexer	2018/6/14 11:51	文件夹	
jre	2014/3/31 12:25	文件夹	
locales	2018/6/14 11:51	文件夹	
p2	2014/3/31 12:24	文件夹	
plugins	2018/6/14 11:51	文件夹	
readme	2014/3/31 12:24	文件夹	
tools	2018/6/14 11:51	文件夹	
.eclipseproduct	2018/6/8 20:02	ECLIPSEPRODUC...	1 KB
.hb	2014/3/31 12:25	HB 文件	0 KB
artifacts	2018/6/14 11:51	XML 文档	135 KB
debug	2018/6/14 11:47	文本文档	1 KB
epl-v10	2012/2/8 8:36	360 se HTML Do...	17 KB
HBConfig.hb	2018/6/14 11:49	HB 文件	0 KB
HBuilder	2018/6/8 19:55	应用程序	456 KB
HBuilderService	2018/6/8 19:55	应用程序	765 KB

图 2-5　HBuilder 根目录

图 2-6　HBuilder 登录页面

（6）首次进入 HBuilder，会设置护眼主题，读者可根据自己的喜好完成，如图 2-7 所示。

（7）设置好护眼主题后，会进入显示标准设置，读者可根据自己的喜好完成相应的配置，如图 2-8 所示。

（8）设置完成后即进入 HBuilder 的应用开发界面，安装到此完成，接下来可以开始我们的 Web 项目开发了。

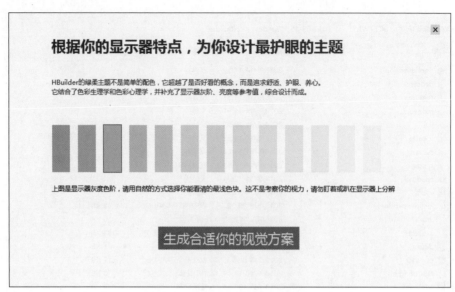

图 2-7　HBuilder 护眼主题设置

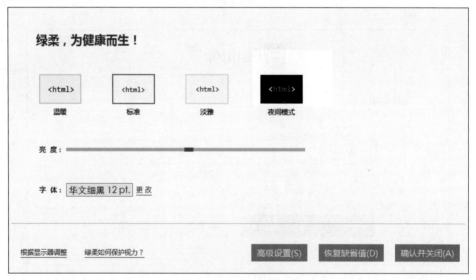

图 2-8　HBuilder 显示标准设置

2.2.2　创建第一个网站

下面将利用 HBuilder 软件创建我们的第一个网站,我们可以使用 HTML5 来建立自己的第一个 Web 站点,HTML5 运行在浏览器上,由浏览器来解析。HTML5 的相关内容将会在接下来的章节中进行介绍。

(1)启动 HBuilder 进入应用开发界面后,单击新建 Web 项目,打开创建 Web 项目窗口,如图 2-9 所示,在项目名称中输入"firstweb"创建第一个 Web 站点项目。

(2)按 Ctrl+P 组合键切换到边改边看模式,在项目管理器中单击打开刚才新建的

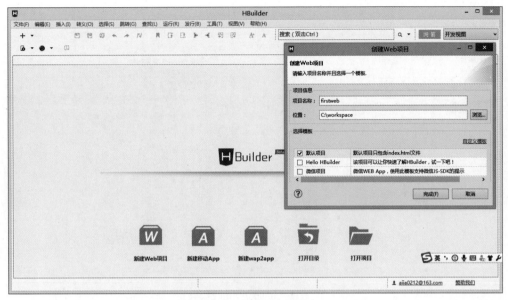

图 2-9　创建 Web 项目

项目 firstweb，双击其中的 index.html 文件，如图 2-10 所示。

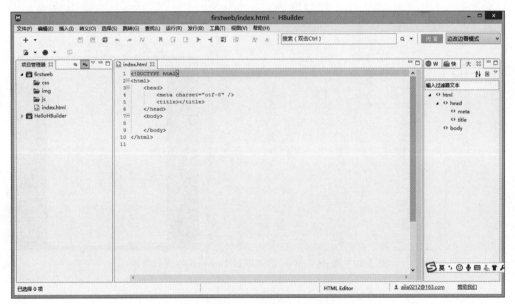

图 2-10　firstweb 项目的 index.html 文件

（3）在 index.html 页面代码中输入如图 2-11 所示的内容。

（4）选择 HBuilder 自带的 Web 浏览器标签，单击齿轮按钮旁的倒三角按钮展开列表，单击选择一款移动手机型号款式，这里选择经典的 iPhone 4，HBuilder 自带的 Web 浏览器将模拟 iPhone 4 界面显示第一个 Web 站点项目 firstweb 的首页 index.html，页面效果如图 2-12 所示。

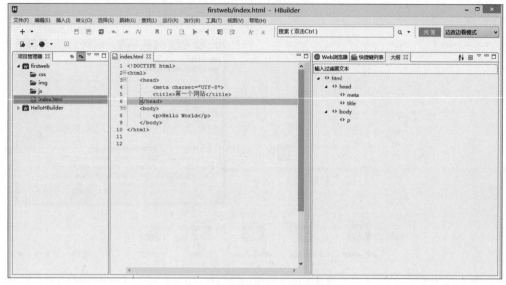

图 2-11　index.html 的代码

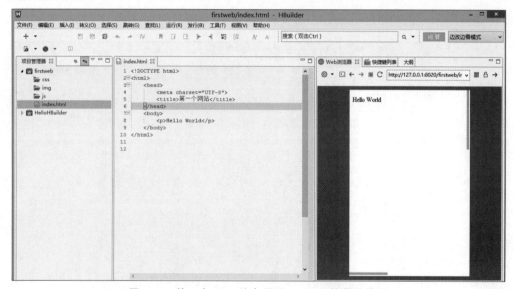

图 2-12　第一个 Web 站点项目 firstweb 的首页效果

2.3　HTML5 语法概述

2.3.1　元素

　　根据现有的标准规范,HTML5 的元素可分为 Flow(流式元素)、Heading(标题元素)、Sectioning(章节元素)、Phrasing(段式元素)、Embedded(嵌入元素)、Interactive(交互元素)、Metadata(元数据元素)7 大类。具体如表 2-1 所示。

表 2-1　HTML5 元素分类

元　　　素	作　　用	组　　　成
Flow(流式元素)	网页文档主体部分中使用的大部分元素	a,abbr,address,area(如果它是 map 元素的后代),article,aside,audio,b,bdi,bdo,blockquote,br,button,canvas,cite,code,command,datalist,del,details,dfn,div,dl,em,embed,fieldset,figure,footer,form,h1,h2,h3,h4,h5,h6,header,hgroup,hr,i,iframe,img,input,ins,kbd,keygen,label,map,mark,math,menu,meter,nav,noscript,object,ol,output,p,pre,progress,q,ruby,s,samp,script,section,select,small,span,strong,style(如果该元素设置了 scoped 属性),sub,sup,svg,table,textarea,time,u,ul,var,video,wbr,text
Heading(标题元素)	定义网页文档一个区块/章节(section)的标题	h1,h2,h3,h4,h5,h6,hgroup
Sectioning(章节元素)	定义网页文档标题及页脚范围的元素	article,aside,nav,section
Phrasing(段式元素)	定义文档中的文本、标记段落级文本的元素	a(如果其只包含段式元素),abbr,area(如果其是 map 元素的后代),audio,b,bdi,bdo,br,button,canvas,cite,code,command,datalist,del(如果其只包含段落元素),dfn,em,embed,i,iframe,img,input,ins(如果其只包含段式元素),kbd,keygen,label,map(如果其只包含段式元素),mark,math,meter,noscript,object,output,progress,q,ruby,s,samp,script,select,small,span,strong,sub,sup,svg,textarea,time,u,var,video,wbr,text
Embedded(嵌入元素)	引用或插入网页文档中其他资源的元素	audio,canvas,embed,iframe,img,math,object,svg,video
Interactive(交互元素)	专门用于与用户交互的元素	a,audio/video(如果设置了 controls 属性),button,details,embed,iframe,img(如果设置了 usemap 属性),input(如果 type 属性不为 hidden 状态),keygen,label,menu(如果 type 属性为 toolbar 状态),object(如果设置了 usemap 属性),select,textarea
Metadata(元数据元素)	定义其他网页内容的表现或行为,或者在当前文档和其他文档之间建立联系	base,command,link,meta,noscript,script,style,title

2.3.2　属性

这里仅列出 HTML5 的标准属性,因为标准属性是所有 HTML5 标签均支持的属性。具体如表 2-2 所示。

表 2-2　HTML5 标准属性

属　　性	作　　用	取　　值
accesskey	表示访问元素的键盘快捷键	character
class	表示元素的类名(用于表示样式表中的类)	classname
contenteditable	表示是否允许用户编辑内容	true/false
contextmenu	表示元素的上下文菜单	menu_id
data-yourvalue	网页开发人员自定义的属性,必须以"data-"开头	value
dir	表示元素中内容的文本方向	ltr/rtl
draggable	表示是否允许用户拖动元素	true/false/auto
hidden	表示该元素是无关的,被隐藏的元素不会显示	hidden
id	表示元素的唯一 ID	id
item	表示组合元素	empty/url
itemprop	表示组合项目	url/group value
lang	表示元素中内容的语言代码	zh/en/ja 等
spellcheck	表示是否必须对元素进行拼写或语法检查	true/false
style	表示元素的行内样式	style_definition
subject	表示元素对应的项目	id
tabindex	表示元素的 Tab 键控制次序	number
title	表示有关元素的额外信息	text

2.3.3　元素嵌套规则

HTML5 中常用元素的嵌套规则如下。

(1)<header>、<footer>等元素中不可嵌套<header>、<footer>元素。

(2)<h1>、<h2>、<h3>、<h4>、<h5>、<h6>、<p>等元素中只能嵌套段落元素(phrasing content)。

(3)<a>元素中嵌套的元素要以它的父元素允许嵌套的子元素为准,并且不包括交互型元素(interactive content)。

(4)<form>元素中不可嵌套<form>元素。

(5)<button>元素中可嵌套段落元素,不可嵌套交互型元素。

(6)<caption>元素中不可嵌套<table>元素。

(7)<dt>、<th>元素中不可嵌套<header>、<footer>、章节元素(sectioning content)、标题型元素(heading content)。

例如,当我们在 firstweb 项目的 index.html 中输入如下代码时:

```
<p><div>Hello World</div></p>
```

我们测试该页面不难发现,尽管页面显示出来,但是单击 HBuilder 自带的 Web 浏览器的 Chrome 控制台标签时,看出 Web 浏览器的解析发生了明显的错误(其实用 IE、Firefox 等浏览器解析也会发生同样的错误),代码解析为:

```
<p></p>
<div>Hello World</div>
<p></p>
```

如图 2-13 所示。

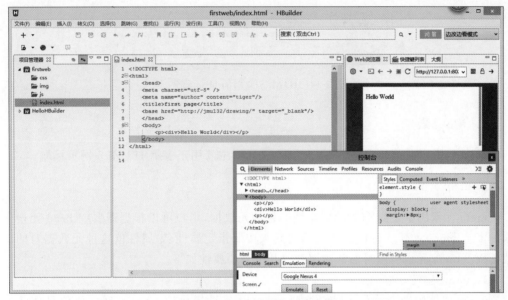

图 2-13　Web 浏览器解析出错

认真分析不难发现,该错误的发生主要是由于<p>元素只能嵌套段落元素,而代码中嵌入了<div>流式元素造成的,显然违背了上述嵌套规则(2)。所以 HTML5 元素基本都有自己的嵌套规则,我们在编写代码时务必严格遵守。

2.3.4　HTML5 文档基本格式

HTML5 文档的基本格式如下。

```
<! DOCTYPE html>        //文档类型声明,不区分大小写,主要是告诉浏览器当前的文档类型
<html>                  //表示 HTML 文档开始
    <head>              //包含文档元数据开始
        <meta charset="UTF-8">  //声明字符编码
        <title></title>        //设置文档标题
    </head>             //包含文档元数据结束
    <body>              //表示 HTML 内容部分开始,也就是可见部分

    </body>             //表示 HTML 内容部分结束
</html>                 //表示 HTML 文档结束
```

2.4 HTML5 基本元素

2.4.1 头部相关元素

HTML5 文档的 head 部分,通常包括 title 元素、base 元素、meta 元素。如图 2-14 所示,除了 title,head 里的内容对页面访问者来说都是不可见的。

```
3    <head>
4    <meta charset="utf-8" />
5    <meta name="author" content="tiger"/>
6    <title>first page</title>
7    <base href="http://jmu132/drawing/" target="_blank"/>
8    </head>
```

图 2-14 HTML5 文档的 head 部分

1. title 元素

head 元素中必须包含一个 title 元素,该元素主要用于表示 HTML5 网页标题。

2. meta 元素

meta 元素用来定义 HTML5 文档的各种元数据,用户可以根据需要在 head 元素中添加多个 meta 元素。meta 元素引用时必须按照指定属性名/属性值这种元数据对的形式使用。meta 元素引用时通常使用到的几个重要属性如下。

1) name 属性

name 属性用来表示元数据的类型,content 属性提供值。name 属性取值具体情况如下。

(1) application name:HTML5 网页所属 Web 应用系统的名称。

(2) author:HTML5 网页的作者名。

(3) description:HTML5 网页的说明。

(4) generator:用来生成 HTML5 网页的软件名称。

(5) keywords:描述 HTML5 网页的内容。

2) charset 属性

head 元素中的 charset 属性声明文档的字符编码为 UTF-8(默认)。

3) http-equiv 属性

http-equiv 属性指定所要模拟的 HTTP 标头字段名称,字段值由 content 属性指定。http-equiv 属性取值具体情况如下。

(1) refresh:以秒为单位指定一个页面重载刷新时间间隔,如:

```
<meta http-equiv="refresh" content="3"/>
```

也可以另行指定一个 URL 让浏览器载入,如:

```
<meta http-equiv="refresh"  content="3;http://www.jmu.edu.cn"/>
```

（2）content-type：声明 HTML 页面所用字符编码的方法，如：

```
<meta http-equiv="content-type"  content="text/html charset=UTF-8"/>
```

3. base 元素

base 元素通常使用 href 属性设置一个基准 URL，HTML5 文档的解析参考 href 属性中的链接。如未指定 href 属性，则使用当前加载的 HTML5 文档的 URL。base 元素还能通过 target 属性设置链接页面的打开方式，target 属性取值具体情况如下。

（1）_blank：在新窗口中打开被链接文档。

（2）_self：默认，在相同的框架中打开被链接文档。

（3）_parent：在父框架中打开被链接文档。

（4）_top：在整个窗口中打开被链接文档。

（5）framename：在指定框架中打开被链接文档。

2.4.2　文本元素

HTML5 中常见的文本元素如表 2-3 所示。

表 2-3　HTML5 中常见的文本元素

元素名称	作　　　　用
hr	表示水平线
h1～h6	表示 1 号标题到 6 号标题，数字越大字体越小
span	没有实际作用，语义上就是表示一段文本，经常用于辅助设置 CSS
p	表示段落文本
dfn	表示解释一个词或短语的一段文本，该段文本呈现一般性的倾斜
br	表示纯粹的换行
mark	突出显示文本，给文本加上一个黄色的背景，黑色的字
time	表示日期和时间
q	表示对文本的引用，即给文本加上一对引号
cite	通常表示它所包含的文本对某个参考文献的引用，比如书籍或者杂志的标题

ex2-1 描述了 HTML5 中常见的文本元素的使用情况。

ex2-1.html 源程序
```html
<!DOCTYPE html>
<html>
    <head>
    <meta charset="utf-8" />
    <title>示例 2-1</title>
    </head>
    <body>
```

```
        <h1>三国演义</h1>
        <h2>三国演义</h2>
        <h3>三国演义</h3>
        <hr />
        <span>《三国演义》是中国古典<mark>四大名著</mark>之一。</span>
        <br />
        <p>《三国演义》描写了从东汉末年到西晋初年   <br />
            之间近百年的历史风云,以描写战争为主,<br />
            诉说了东汉末年的群雄割据混战和魏、蜀、<br />
            吴三国之间的政治和军事斗争,最终司马    <br />
            炎一统三国,建立晋朝的故事。
        </p>
        <dfn>罗贯中著长篇小说,全名<q>三国志通俗演义</q></dfn>
        <br />
        <br />
        <cite>百度阅读</cite>
        <br />
        <time>2018-07-01</time>
    </body>
</html>
```

在 HBuilder 中打开 ex2-1 的预览效果,如图 2-15 所示。

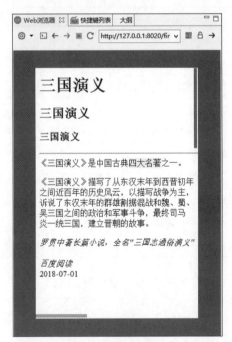

图 2-15　文本元素的应用

2.4.3　文件格式化元素

表 2-4 为 HTML5 中常见文本格式化元素。

表 2-4　HTML5 中常见文本格式化元素

元素名称	作　　用
small	用于表示小字号
u	underline 的缩写,表示下画线
b	用于加粗,在 h5 中这个标签增加了语义,用于表示非常重要的文本
strong	<strong>元素实际作用和<b>一样,就是加粗。从语义上来看,就是强调一段重要的文本
i	文本斜体表示,是单词 italic 的缩写,主要用于显示专业词汇表示外文或科学术语
em	倾斜标签,主要为了强调内容本身
sup	表示上标
sub	表示下标

ex2-2 描述了 HTML5 中常见的文本格式化元素的使用情况。

ex2-2.html 源程序

```html
<!DOCTYPE html>
<html>
    <head>
    <meta charset="utf-8" />
    <title>示例 2-2</title>
    </head>
    <body>
        战狼<sup>Ⅱ</sup>
        <br />
        <small>导演 <b>吴京</b></small>
        <br />
        <strong>战狼<sub>Ⅱ</sub>是吴京执导的动作军事电影,由<br />
            <u>吴京、弗兰克·格里罗、吴刚、张翰、<br />
            卢靖姗、淳于珊珊、丁海峰</u>等主演。<br />
            该片于 2017 年 7 月 27 日在中国内地上映。<br />
            该片讲述了脱下军装的冷锋被卷入了一<br />
            场非洲国家的叛乱,本来能够安全撤离<br />
            的他无法忘记军人的职责,重回战场展<br />
            开救援的故事。2017 年 12 月,该片获得<br />
            <i>2017 中国-东盟电影节最佳影片奖</i>,在第<br />
            二届澳门国际影展上获得<em>亚洲人气电影<br />
            大奖</em>。
        </strong>
    </body>
</html>
```

在 HBuilder 中打开 ex2-2 的预览效果,如图 2-16 所示。

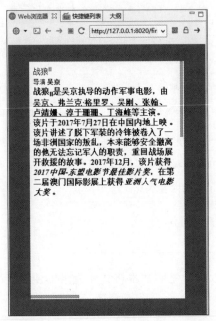

图 2-16　文本格式化元素的应用

2.4.4　特殊字符

HTML5 中常见的特殊字符如表 2-5 所示。

表 2-5　HTML5 中常见的特殊字符

特 殊 符 号	对 应 字 符	示　　例
空格	\	\<p>中国 \ \ \ \ 人民\</p>
大于号(>)	\>	2000 \> 1500
小于号(<)	\<	乒乓球的直径 \< 足球的直径
引号(")	\"	天上的彩云红得像 \" 火苗 \"
版权符号(©)	\©	\© 2018 北大青鸟

ex2-3 描述了 HTML5 中常见的特殊字符的使用情况。

```
ex2-3.html 源程序
<!DOCTYPE html>

<html>
    <head>
    <meta charset="utf-8" />
    <title>示例 2-3</title>
    </head>
    <body>
        &copy;1999-2013 <br/>
        Beijing Aptech Beida Jade Bird Information Technkloty Co.Ltd<br/>
```

```
北京阿博泰克         北大青鸟信息技术有限公司<br/>
京 ICP11045574 号－3

    </body>
</html>
```

在 HBuilder 中打开 ex2-3 的预览效果，如图 2-17 所示。

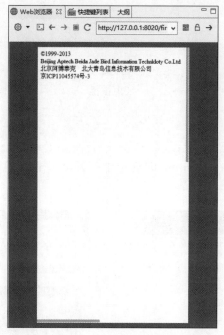

图 2-17　特殊字符的应用

2.4.5　超链接

语法格式：

```
<a 属性 = "值">…</a>
```

注意：<a>中不能再套<a>标记。

超链接常用属性如表 2-6 所示。

表 2-6　HTML5 超链接常用属性

属性	说　　明	详 细 情 况
href	目标文件的链接地址	/
target	目标文件的显示窗口	_blank：在新窗口中打开目标文件。 _self：在当前窗口中打开目标文件（默认打开方式）。 _parent：在父级窗口中打开目标文件。 _top：在顶级窗口中打开目标文件
name	定义锚点链接的名称	/

ex2-4 描述了 HTML5 中超链接的使用情况。

```
ex2-4.html 源程序
<!DOCTYPE html>
<html>
    <head>
    <meta charset="utf-8" />
<title>示例 2-4 </title>
</head>
<body>
<a  href="hetao.html"  target="_self">绿色纸皮核桃</a>
<br/><br/>
<a  href="hetao.html"  target="_self">
<img src="image/hetao.jpg" alt="纸皮核桃" title="纸皮核桃"/>
</a>
</body>
</html>
```

在 HBuilder 中选择在 Chrome 浏览器中打开 ex2-4,预览效果如图 2-18 和图 2-19 所示。

图 2-18　超链接应用 1　　　　　　　　图 2-19　超链接应用 2

注意:大家在开发网站、制作网页时,经常会访问各种各样的资源,比如插入图片、包含 CSS 脚本文件等都需要有路径,如果文件路径的编辑错误,就会导致引用失效(无法浏览链接文件,或无法显示插入的图片等)。资源引用需要使用 URL。

借助 URL 可以很方便地从互联网上得到资源,因为 URL 可以准确地表达互联网上资源的位置和访问方法。互联网上的资源都有一个唯一的 URL。URL 由三部分组成:资源类型、存放资源的主机域名、资源文件名。

URL 语法:

```
protocol ://hostname[:port] / path / [parameters]
```

注意:方括号[ ]中的内容为可选项。

URL 语法中的参数说明如表 2-7 所示。

表 2-7　URL 语法中的参数说明

参 数 名 称	参 数 作 用
protocol(协议)	指定使用的传输协议,最常用的是 HTTP,它也是目前 WWW 中应用最广的协议。还可以是 FTP、Gopher、Mailto 等协议
hostname(主机名)	指存放资源的服务器的域名系统(DNS) 主机名或 IP 地址。有时,在主机名前也可以包含连接到服务器所需的用户名和密码(格式: username:password @hostname)
port(端口号)	整数,省略时使用传输协议的默认端口,如 HTTP 默认端口 80,FTP 默认是 21
path(路径)	访问的资源在服务器下的相对路径,不是在服务器的绝对路径,是服务器上的一个目录或者文件地址
parameters(参数)	用于向服务器传入参数,通过问号? 连接到 path 后面,有时也归类到 path 中

比如 URL 地址: http://10.1.192.66:8080/tiger/index.jsp?m＝233& task＝4640 表示将要使用 HTTP 访问 IP 地址是 10.1.192.66,端口号是 8080 的服务器主机,所需资源是位于服务器的 tiger 目录下的 index.jsp 文档,并且访问该文档时要向服务器传递两个参数分别是 m 和 task,其值分别为 233、4640。URL 地址的引用可分为绝对路径和相对路径。

1. 绝对路径

绝对路径理解起来相对简单,文件的绝对路径指的是文件在硬盘上真正存在的可访问的完整路径。

例如 C:/tiger/abc/img/flower.jpg 表示图片文件 flower.jpg 在 C 盘的 tiger 目录下的 abc 子目录的 img 文件夹中。通过该路径,我们可以直接访问到图片文件 flower.jpg。像这样的路径就是绝对路径。另外超链接文件的访问位置也属于绝对路径,例如 http://tiger.jmu.edu.cn/img/flower.jpg。

绝对路径,虽然看起来非常直观,但是本地制作的网站一旦需要测试和移动,网站中的绝对路径可能会存在无法打开的情况。更糟糕的是,一旦移动一个网页,其他通过绝对路径连接到这个文件的网页都必须重新修改路径,网站维护效率很低。

2. 相对路径

相对路径就是相对目标位置的访问路径。

例如,文件 a.htm 的绝对路径是 d:/tiger/html/a.htm;文件 b.htm 的绝对路径是 d:/tiger/html/b.htm。那么 a.htm 相对于 b.htm 的路径就是 a.htm。

相对路径的使用方法:如果要访问的文件与当前 HTML5 文档位于同一目录下,则只需输入要访问的文件的名称即可,例如:

```
<a href ="a. htm"> 注册说明 </a>
<img src="tiger.jpg" />
```

如果要访问的文件位于当前 HTML5 文档所在目录的下一级目录,则需要先输入下一级目录名,然后加"／",再输入要访问的文件的名,例如:

```
<a href ="abc/ login.htm">
<img src="images/tiger.jpg" />
```

如果要访问的文件的目录位于当前 HTML5 文档所在目录的上一级目录,则需要先输入"../",然后再输入要访问的文件所在的目录名、要访问的文件名,例如:

```
<a href = "../ abc/index.htm">
```

2.4.6　锚点链接

如果要实现从页面的 A 点跳到同一个页面的 B 点就要借助于锚点链接来完成。这里的锚点可以形象理解为轮船靠岸时的抛锚,船靠岸时抛锚要提前设置好船锚的位置,所以要实现锚点链接就必须提前在页面中设置好锚点(即 B 点)的位置,这样从 A 点跳的时候就有目标位置可寻了。

锚点的语法:

```
<a   name="锚点的名字"> 锚点所在位置 </a>
```

如果有些标记没有 name 属性,还可以采用以下的语法形式来定义锚点:

```
<a   id="锚点的名字"> 锚点所在位置 </a>
```

如果要实现跳到锚点所在位置,就必须在待跳的位置插入锚点链接。语法如下:

```
<a href="#锚点的名字"> 待跳的位置 </a>
```

ex2-5 描述了 HTML5 中锚点链接的使用情况。

ex2-5.html 源程序
```
<!DOCTYPE html>
<html>
    <head>
    <meta charset="utf-8" />
    <title>示例 2-5 </title>
    </head>

<body>
<p><img src="image/logo.jpg" width="305" height="104" alt="logo" />
[<a href="#register">新用户注册帮助</a>]
[<a href="#login">用户登录帮助</a>]
<br /> <br /> <br /> <br /> <br /> <br /> <br /><br /> <br />
<br /> <br /> <br /> <br /><br /> <br /> <br /> <br /> <br />
<br /> <br /> <br /> <br /><br /> <br /> <br /> <br /> <br />
<a name="register">
    1. 按照页面指示填写用户名(手机号/邮箱)、密码、验证码进行注册;
```

```
    <br />
    2．选中"我已阅读并同意会员注册协议"(默认勾选)，并单击"同意并注册"按钮完成注册。
    <br />
</a>
<br /> <br /> <br /> <br /> <br /> <br /> <br /><br /> <br />
<br /> <br /> <br /> <br /><br /> <br /> <br /> <br /> <br />
<br /> <br /> <br /> <br /><br /> <br /> <br /> <br /> <br />
  <a name="login">
    1．按照页面指示填写用户名(手机号/邮箱)、密码、验证码；
    <br />
    2．单击"确认"按钮完成登录。
    <br />
</a>
</p>
</body>
</html>
```

在 HBuilder 中选择在 Chrome 浏览器中打开 ex2-5，预览效果如图 2-20 所示，当分别单击"新用户注册帮助"和"用户登录帮助"时，页面分别跳转到当前页面所定义的锚点处，效果如图 2-21 和图 2-22 所示。

图 2-20　锚点链接应用 1

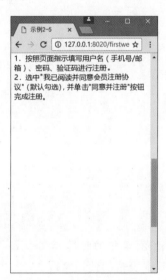
图 2-21　锚点链接应用 2

图 2-22　锚点链接应用 3

2.4.7　表格

1. 表格的基本结构

如图 2-23 所示，表格就是一张二维表，由行和列构成，用 table 表示。表格行用 tr 表示。表格由若干小格子组成，每个小格子称为单元格，用 td 表示，单元格中可以插入各种各样的内容，包含文本、图片、列表、段落、表单、水平线、表格等。

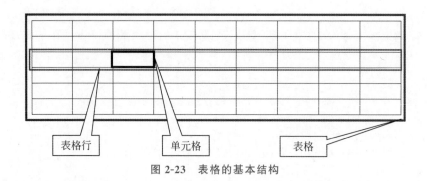

图 2-23 表格的基本结构

2. 表格的基本语法

```
<table>
<tr>
<th>第 1 行第 1 列的标题</th>
<th>第 1 行第 2 列的标题</th>
...
<th>第 1 行第 M 列的标题</th>
</tr>
<tr>
<td>第 2 行第 1 列的内容</td>
<td>第 2 行第 2 列的内容</td>
...
<td>第 2 行第 M 列的内容</td>
</tr>
...
<tr>
<td>第 N 行第 1 列的内容</td>
<td>第 N 行第 2 列的内容</td>
...
<td>第 N 行第 M 列的内容</td>
</tr>
</table>
```

注意：有些表格没有设置标题，其中的标题标记<th>将被单元格标记<td>取代。

ex2-6 描述了 HTML5 中基本表格的使用情况。

ex2-6.html 源程序
```
<!DOCTYPE html>
<html>
    <head>
    <meta charset="utf-8" />
    <title>示例 2-6</title>
</head>

<body>
<table border="1">
```

```
    <tr>
        <th>主食</th>
        <th>副食</th>
    </tr>
    <tr>
        <td>馒头</td>
        <td>咸菜</td>
    </tr>
    <tr>
        <td>米饭</td>
        <td>炒菜</td>
    </tr>
</table>
</body>
</html>
```

在 HBuilder 中选择在 Chrome 浏览器中打开 ex2-6，预览效果如图 2-24 所示。

图 2-24　HTML5 基本表格应用

2.4.8　跨行和跨列

我们认真观察不难发现，上面的基本表格非常规范，但是在商业站点开发中情况往往非常复杂，经常会出现将多个单元格合并在一起的情况，这就要用到表格的跨行和跨列技术。

1. 表格的跨行技术

表格的跨行指的就是单元格在垂直方向上的合并。

语法：

```
<tr>
<td rowspan="单元格所跨的行数">单元格的内容</td>
</tr>
```

ex2-7 描述了 HTML5 表格跨行技术的使用情况。

ex2-7.html 源程序
```
<!DOCTYPE html>
<html>
    <head>
```

```
    <meta charset="utf-8" />
    <title>示例2-7</title>
</head>

<body><table border="1">
    <td rowspan="3">
        主食
    </td>
    <td>馒头</td>
    <tr><td>米饭</td>
    </tr>
    <tr>
        <td>油条</td>
    </tr>
</table></body></html>
```

在 HBuilder 中选择在 Chrome 浏览器中打开 ex2-7,预览效果如图 2-25 所示。

图 2-25   跨行表格

2. 表格的跨列技术

表格的跨列指的就是单元格在水平方向上的合并。
语法:

```
<tr>
<td colspan="单元格所跨的列数">单元格的内容</td>
</tr>
```

ex2-8 描述了 HTML5 中表格跨列技术的使用情况。

ex2-8.html 源程序
```
<!DOCTYPE html>
<html>
    <head>
    <meta charset="utf-8" />
    <title>示例2-8</title>
</head>

<body>
<table border="1">
    <tr>
    <td colspan="4">
```

```
        我们最喜欢吃的主食
    </td>
    </tr>
    <tr>
        <td>米饭</td>
        <td>馒头</td>
        <td>油条</td>
        <td>包子</td>
    </tr>
</table></body>
</html>
```

在 HBuilder 中选择在 Chrome 浏览器中打开 ex2-8,预览效果如图 2-26 所示。

图 2-26　跨列表格

3. 表格的跨行、跨列技术的应用

ex2-9 描述了 HTML5 中表格跨行、跨列技术的应用情况。

ex2-9.html 源程序
```
<!DOCTYPE html>
<html>
    <head>
    <meta charset="utf-8" />
    <title>示例 2-9</title>
</head>

<body>
<table border="1">
    <tr>
    <td colspan="4">
        我们最喜欢吃的主食
    </td>
    </tr>
    <tr>
        <td rowspan="3">米饭</td>
        <td>馒头</td>
    </tr>
    <tr>
        <td>油条</td>
```

```
    </tr>
    <tr>
        <td>包子</td>
    </tr>
</table></body>
</html>
```

在 HBuilder 中选择在 Chrome 浏览器中打开 ex2-9,预览效果如图 2-27 所示。

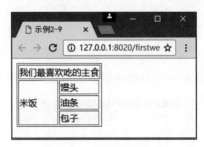

图 2-27 跨行跨列表格

2.4.9 列表

列表分为无序列表、有序列表和自定义列表。

1. 无序列表

无序列表顾名思义就是列表项之间无顺序要求,列表项之间是并列的,无序列表用 <ul>表示,列表项用<li>表示。无序列表的基本语法:

```
<ul type=disc/circle/square>
<li>列表项 1</li>
<li>列表项 2</li>
<li>列表项 3</li>
...
</ul>
```

注意:无序列表<ul>标签内只能嵌套<li>,而<li>标签中可以嵌套任意标签。无序列表中 type 属性取值不同呈现的效果也不同。其中:

type=disc(默认值)表示列表项是实心圆点;

type=square 表示列表项是方块;

type=circle 表示列表项是空心圆圈。

ex2-10 描述了 HTML5 中无序列表的使用情况。

ex2-10.html 源程序
```
<!DOCTYPE html>
<html>
    <head>
    <meta charset="utf-8" />
    <title>示例 2-10 </title>
```

```
</head>

<body>
<ul type="square">
<li>计算机学院</li>
<li>信息学院</li>
<li>理学院</li>
<li>文学院</li>
<li>艺术学院</li>
<li>体育学院</li>
</ul>
</body>
</html>
```

在 HBuilder 中选择在 Chrome 浏览器中打开 ex2-10,预览效果如图 2-28 所示。

图 2-28　无序列表

2. 有序列表

有序列表顾名思义就是列表项之间有顺序要求,列表项之间从上到下可以有各种不同的序列编号,如 1、2、3 或 a、b、c 等。有序列表用<ol>表示,列表项用<li>表示。有序列表的基本语法:

```
<ol  type=value1    start=value2>
<li>列表项 1</li>
<li>列表项 2</li>
<li>列表项 3</li>
...
</ol>
```

注意:有序列表<ol>标签内只能嵌套<li>,而<li>标签中可以嵌套任意标签。type属性赋值用于编号的数字、字母等的类型,value1 表示列表项编号的类型,type 取值不同列表项的编号也会发生相应的改变。有序列表中 start 属性赋值编号开始的数字,如start=4 则列表项编号从 4 开始,如果从 1 开始可以省略。value2 表示列表项开始的数值。其中:

type=1(默认值)表示列表项用数字表示(1,2,3,…);

type=a 表示列表项用小写字母表示(a,b,c,…);

type＝A 表示列表项用大写字母表示(A,B,C,…);

type＝ⅰ 表示列表项用小写罗马数字表示(ⅰ,ⅱ,ⅲ,…);

type＝Ⅰ 表示列表项用大写罗马数字表示(Ⅰ,Ⅱ,Ⅲ,…)。

ex2-11 描述了 HTML5 中有序列表的使用情况。

ex2-11.html 源程序

```html
<!DOCTYPE html>
<html>
    <head>
    <meta charset="utf-8" />
    <title>示例 2-11 </title>
</head>
<body>
<ol type="A" start="3">
<li>计算机学院</li>
<li>信息学院</li>
<li>理学院</li>
<li>文学院</li>
<li>艺术学院</li>
<li>体育学院</li>
</ol>
</body>
</html>
```

在 HBuilder 中选择在 Chrome 浏览器中打开 ex2-11,预览效果如图 2-29 所示。

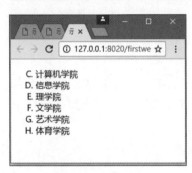

图 2-29　有序列表

3. 自定义列表

自定义列表由标题和列表项组合而成,定义列表用<dl>表示,标题用<dt>表示,列表项用<dd>表示。自定义列表的基本语法:

```html
<dl>
    <dt>标题 1</dt>
    <dd>列表项 1</dd>
    …
    <dd>列表项 m</dd>
    …
```

```
<dt>标题 n</dt>
<dd>列表项 1</dd>
...
<dd>列表项 m</dd>
</dl>
```

注意：<dl>和<dt>、<dd>是不可分割的，<dl>中最好仅放<dt>、<dd>；原则上一个<dt>读者可以对应任意数量的<dd>，但是最好一个<dt>对应一个<dd>；读者可以根据网页设计需要，在<dt>和<dd>标签中插入其他标签。

ex2-12 描述了 HTML5 中自定义列表的使用情况。

ex2-12.html 源程序
```
!DOCTYPE html>
<html>
    <head>
    <meta charset="utf-8" />
    <title>示例 2-12 </title>
</head>

<body>
<dl>
<dt>咖啡</dt>
<dd>咖啡是用经过烘焙的咖啡豆制作出来的饮料</dd>
<dt>牛奶</dt>
<dd>牛奶是最古老的天然饮料之一,被誉为"白色血液"</dd>
</dl>
</body>
</html>
```

在 HBuilder 中选择在 Chrome 浏览器中打开 ex2-12，预览效果如图 2-30 所示。

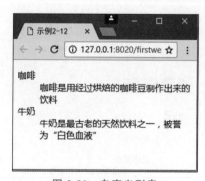

图 2-30　自定义列表

列表嵌套能将制作的网页页面分隔为丰富的层次，就像新华词典的目录，让人觉得有很强的层次感。有序列表、无序列表和自定义列表不仅能自身嵌套，而且也能互相嵌套。

ex2-13 描述了 HTML5 中列表嵌套的使用情况。

ex2-13.html 源程序

```html
<!DOCTYPE html>
<html>
    <head>
    <meta charset="utf-8" />
    <title>示例 2-13 </title>
</head>

<body>
<h1>列表嵌套</h1>
<ul type="square">
<li>花</li>
<li>草
  <ol>
  <li>鱼腥草
  <dl>
  <dt>鱼腥草根</dt>
  <dd>鱼腥草根又名折耳根,是餐桌上的佳肴</dd>
  </dl>
      </li>
  <li>水草</li>
  </ol>
</li>
<li>虫</li>
<li>鱼</li>
</ul>
</body>
</html>
```

在 HBuilder 中选择在 Chrome 浏览器中打开 ex2-13,预览效果如图 2-31 所示。

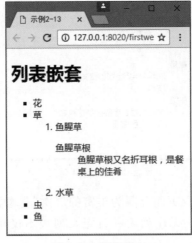

图 2-31　嵌套列表

2.4.10　表单

大家应该对表单很熟悉,随便进入一个网站,如果想在线注册成为该网站的会员,就必须填写一张表单,然后提交给服务器处理。图 2-32 显示的是新浪网站的会员注册表单。

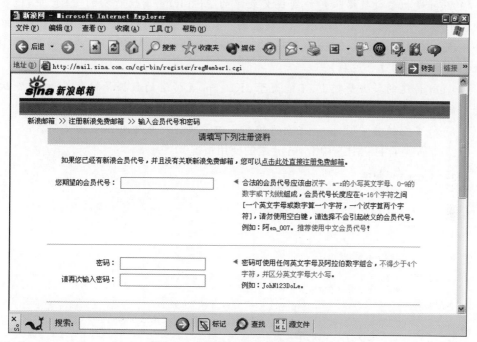

图 2-32　新浪网站的会员注册表单

如图 2-32 所示,一个表单至少应该包括说明性文字、用户填写的表格、提交和重填按钮等内容。用户填写了所需的资料之后,单击"提交资料"按钮,所填资料就会通过一个专门的接口传到 Web 服务器上。经服务器处理后反馈给用户结果,从而完成用户和网站之间的交流。

一般情况下,表单设计时使用的标记包括<form>、<input>、<select>、<textarea>、<label>和<fieldset>等。

1. form 元素

form 元素主要用于表单的创建,相当于容器标签,其他的表单标签必须嵌套在该标签内部才能生效。

form 元素的基本语法:

```
<form action=url method=get|post name=value > ··· </form>
```

其中:

action 属性:设置或获取表单内容要发送处理的 URL。

method 属性:指定表单中的数据传送到服务器的方式。有两种主要的方式:当 method=get 时,将输入数据加在 action 指定的地址后面传送到服务器;当 method=

post 时则将输入数据按照 HTTP 传输协议中的 post 传输方式传送到服务器,用电子邮件接收用户信息采用这种方式。

name 属性:用于设定表单的名称。

注意:基于表单向服务器提交数据时通常采用 post 方式,原因有以下三点。

(1) get 是把参数数据队列加到提交表单的 ACTION 属性所指的 URL 中,值和表单内各个字段一一对应,在 URL 中可以看到。post 是通过 HTTP post 机制,将表单内各个字段与其内容放置在 HTML HEADER 内一起传送到 ACTION 属性所指的 URL 地址。用户看不到这个过程。

(2) get 传送的数据量较小,不能大于 2KB。post 传送的数据量较大,一般被默认为不受限制。

(3) get 安全性非常低,post 安全性较高。但是执行效率却比 post 方式好。

ex2-14 描述了 HTML5 中 form 元素的使用情况。

```
ex2-14.html 源程序
<!DOCTYPE html>
<html>
    <head>
        <meta charset="utf-8" />
        <title>示例 2-14 </title>
    </head>

    <body>
        <form name="form1" action="check.jsp" method="post">
            这里定义了一个表单
        </form>
    </body>
</html>
```

在 HBuilder 中选择在 Chrome 浏览器中打开 ex2-14,预览效果如图 2-33 所示。

图 2-33　form 元素的使用

2. input 元素

input 元素是表单中使用频率最高的元素,只要输入表单信息就必须用到它。

input 元素的基本语法:

```
<input   name=value
type=text|textarea|password|checkbox|radio|submit|reset|file|hidden|image
|button
```

```
value=value
src=url
checked
maxlength=n
size=n
>
```

（1）属性 name 设定当前变量名。

（2）属性 type 的值决定了输入数据的类型。其选项较多，各项的意义如下：

type＝text：表示输入单行文本。

type＝textarea：表示输入多行文本。

type＝password：表示输入数据为密码，用星号表示。

type＝checkbox：表示复选框。

type＝radio：表示单选框。

type＝submit：表示提交按钮，数据将被送到服务器。

type＝reset：表示清除表单数据，以便重新输入。

type＝file：表示插入一个文件。

type＝hidden：表示隐藏按钮。

type＝image：表示插入一个图像。

type＝button：表示普通按钮。

value＝value：用于设定输入默认值，即如果用户不输入，就采用此默认值。

src＝url：是针对 type＝image 的情况来说的，设定图像文件的地址。

（3）属性 checked 在 type 取值 radio/checkbox 时有效，表示该项被默认选中。

（4）属性 maxlength 在 type 取值 text、password 时有效，表示最大输入字符的个数，默认值为无限大。

（5）属性 size 表示表单元素的初始宽度，如果 type 取值 text、password 时初始宽度以字符为单位，否则以像素为单位。

form 表单中的各种常见 input 元素如表 2-8 所示。

表 2-8　表单的常见 input 元素

input 元素类别	示 例 代 码
单行文本输入框	昵称：<input type="text" name="nickname">
密码框	密码：<input type="password" name="password">
提交按钮	<input type="submit" value="Submit">
重置按钮	<input type="reset" value="Reset">
图像按钮	<input type="image" src="/images/check.jpg" alt="Submit" />
普通按钮	<input type="button" value="Hello world!">
单选按钮	帅哥：<input type="radio" checked="checked" name="Sex" value="male" /> 靓妹：<input type="radio" name="Sex" value="female" />

input 元素类别	示 例 代 码
复选框	<input type="checkbox" name="Bike">我喜欢脚踏车 <input type="checkbox" name="Car">我喜欢汽车
文件框	<input type="file">
隐藏信息框	<input type="hidden" name="lastname" value="dog">

ex2-15 描述了 HTML5 表单中常见 input 元素的使用情况。

ex2-15.html 源程序

```html
<!DOCTYPE HTML>
<html>
    <head>
        <meta charset='utf-8'>
        <title>示例 2-15 </title>
    </head>
    <body>
        <h1>表单常见 input 元素的使用</h1>
        <form action='' method='post' >
            用户名:
            <input type='text' name='uname'  value='' placeholder='请输入用户名'
                    maxlength='6' style='width:100px;' autofocus/>
            <br/>
            密     码:
            <input type='password' name='pass'><br/>
            确认密码:<input type='password'/><br/>
            您的性别:<label>
<input type='radio' name='sex' value='m' checked/>男
</label>
                <label>
<input type='radio' name='sex' value='w'/>女<br/>
</label>
            您的爱好:
<input type='checkbox' name='check[]' value='climb'/>登山
            <input type='checkbox' name='check[]'value='swim'/>游泳
            <input type='checkbox' name='check[]' value='eat' checked/>美食
            <input type='checkbox' name='check[]'value='film'/>电影<br/>
            照片上传:<input type='file' name='pic'/><br/>
            个人简介:<br/>
            <textarea name='areas' style='resize:none' rows='5' cols='40'>
            </textarea>
            <br/>
            <input type='submit' value='注册'/>
            <input type='reset'  value='重置'/>
            <!--隐藏域:-->
            <input type='hidden' name='id' value='100'/>
        </form>
    </body>
</html>
```

在 HBuilder 中选择在 Chrome 浏览器中打开 ex2-15,预览效果如图 2-34 所示。

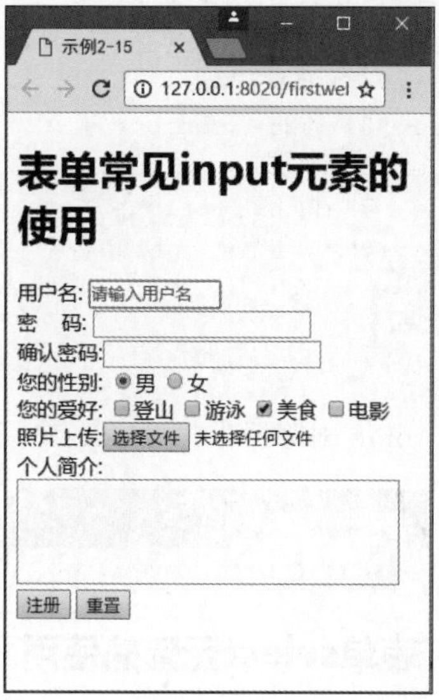

图 2-34　form 常见 input 元素的使用

3. select 元素

select 元素是一种表单控件,又称为下拉选择控件,可用于在表单中接受用户从下拉列表中选择信息。

select 元素的基本语法:

```
<select name="下拉列表名称"  size="下拉列表行数">
 <option value ="下拉列表可选项的值"  selected >……</option>
 …
 <option value ="下拉列表可选项的值" >……</option>
</select>
```

注意: selected 表示该下拉列表可选项默认处于选中状态。

ex2-16 描述了 HTML5 表单中 select 元素的使用情况。

ex2-16.html 源程序
```
<!DOCTYPE HTML>
<html>
   <head>
      <meta charset='utf-8'>
      <title>示例 2-16 </title>
   </head>

   <body>
      <h1>表单 select 元素的使用</h1>
      <select name="education" size='1'>
         <option selected>请选择您的教育水平</option>
         <option value="0">小学</option>
```

```
                <option value="1">初中</option>
                <option value="2">高中</option>
                <option value="3">中专</option>
                <option value="4">大专</option>
                <option value="5">本科</option>
                <option value="6">研究生</option>
                <option value="7">博士</option>
                <option value="8">博士后</option>
        </select>
    </body>
</html>
```

在 HBuilder 中选择在 Chrome 浏览器中打开 ex2-16,预览效果如图 2-35 所示。

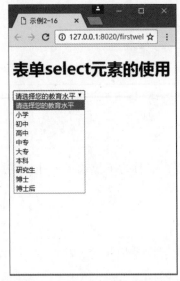

图 2-35　form 中 select 元素的使用

4. textarea 元素

textarea 元素是一种表单控件,又称为多行文本输入控件,可用于在表单中接受用户输入多行文本信息,这一点是跟 text 控件(单行文本输入控件)的最大区别。

textarea 元素的基本语法:

```
<textarea rows="多行文本输入框的行数"  cols="多行文本输入框的列数" >
...
</textarea>
```

ex2-17 描述了 HTML5 表单中 textarea 元素的使用情况。

ex2-17.html 源程序
```
<!DOCTYPE HTML>
<html>
    <head>
```

```
        <meta charset='utf-8'>
        <title>示例 2-17</title>
    </head>

    <body>
        <h1>表单 textarea 元素的使用</h1>
        <form>
            <textarea rows="5" cols="30">
    textarea 标签定义一个多行的文本输入控件。文本区域中可容纳无限数量的文本,其中
的文本的默认字体是等宽字体(通常是 Courier)。可以通过 cols 和 rows 属性来规定
textarea 的尺寸大小,不过更好的办法是使用 CSS 的 height 和 width 属性。
            </textarea>
        </form>
    </body>
</html>
```

在 HBuilder 中选择在 Chrome 浏览器中打开 ex2-17,预览效果如图 2-36 所示。

图 2-36 form 中 textarea 元素的使用

5. label 和 fieldset 元素

label 元素为 input 元素定义标注,主要用来绑定一个表单元素,当单击 label 元素时,被绑定的表单元素就会获得输入焦点。fieldset 元素主要对表单中的相关元素进行分组,相当于把表单里的相关控件集中起来,形成一个控件组。fieldset 元素将在相关表单元素四周绘制边界。

label 元素的基本语法:

```
<label> 表单元素 </label>
```

fieldset 元素的基本语法：

```
<form>
  <fieldset>
    <legend> 控件组标题 </legend>
       表单元素 1
          ……
       表单元素 n
    </fieldset>
</form>
```

注意：通常在 fieldset 元素中会嵌套使用<legend>标签，<legend>标签用于定义 fieldset 控件组的标题。

ex2-18 描述了 HTML5 表单中 label、fieldset 元素的使用情况。

ex2-18.html 源程序

```
<!DOCTYPE HTML>
<html>
    <head>
        <meta charset='utf-8'>
        <title>示例2-18</title>
    </head>

    <body>
        <h1>表单 label、fieldset 元素的使用</h1>
        <form>
            <fieldset>
                <legend>个人信息</legend>
                <label>
                姓名：<input type="text">
                </label><br>
                <label>
                邮箱：<input type="text">
                </label><br>
                <label>
                生日：<input type="text">
                </label>
            </fieldset>
        </form>
    </body>
</html>
```

在 HBuilder 中选择在 Chrome 浏览器中打开 ex2-18，预览效果如图 2-37 所示。

图 2-37　form 中 label、fieldset 元素的使用

2.5　一些新的 HTML5 表单元素

　　HTML5 表单中新增了一些新的表单元素,本节重点介绍三个重要的新元素,它们分别是 datalist 元素、keygen 元素和 output 元素。这三个元素的作用及语法如表 2-9 所示。

表 2-9　HTML5 新增表单元素

元素名称	作　用	基 本 语 法

datalist	datalist 元素用于指定输入域的选项列表。可以通过 datalist 内的 option 元素创建输入域的选项列表。
	可以通过输入域的 list 属性引用 datalist 的 id 来实现 datalist 绑定到输入域
		`<input type="text|url|email|number|range" list="输入域的选项列表名称" name="输入元素的名称" />`
		`<datalist id="输入域的选项列表名称">`
		`<option label="列表项值的简称" value="列表项的值" />`
		……
		`<option label="列表项值的简称" value="列表项的值" />`
		`</datalist>`
		注意,其中 type 的取值情况。
		url:输入信息为 URL 地址。
		email:输入信息为 E-mail 地址。
		number:输入信息为数值。
		range:输入信息为一定范围内的数字值(须同时定义属性 min、max)

续表

元素名称	作　用	基 本 语 法

keygen	keygen 元素可以看成是一个密钥对生成器(key-pair generator),主要是提供一种验证用户的可靠方法。当用户提交表单时,会生成一个私钥和一个公钥。私钥(private key)存储于客户端,公钥(public key)则被发送到服务器。公钥可用于之后验证用户的客户端证书(client certificate)	`<form action="服务器端处理脚本" method="get">`
		`<input type="text" name="输入框名称">`
		`<keygen name="security">`
		`<input type="submit">`
		`</form>`

output	output 元素主要用来输出显示计算结果(比如执行脚本的输出)	`<form>`
		表单 input 元素
		……
		`<output name=" output 元素的名称"`
		`for="元素 id 列表">`
		`</output>`
		`</form>`
		注意,属性 for 定义一个或多个元素的 id 列表,以空格分隔。这些元素描述了计算中使用的元素与计算结果之间的关系。
		属性 name 定义了`<output>`元素的名称

ex2-19 描述了 HTML5 新增表单元素的使用情况。

```
ex2-19.html 源程序
<!DOCTYPE HTML>
<html>
    <head>
        <meta charset='utf-8'>
        <title>示例 2-19</title>
    </head>

    <body>
        <h1>HTML5 新增表单元素的使用</h1>
        <br /> <br /><br />
        <form oninput="x.value=parseInt(a.value)+parseInt(b.value)">0
            <input type="range" id="a" value="50" >50 +
            <input type="number" id="b" value="100" > =
            <output name="x" for="a b"></output>
            <br /> <br /><br /><br /> <br /><br />
            个人身份: <input type="text" list="person_list" name="person" />
            <datalist id="person_list">
            <option label="教授" value="大学教授" />
            <option label="官员" value="政府官员" />
            <option label="职工" value="厂矿职工" />
```

```
              <option label="司机" value="驾驶人员" />
              <option label="警察" value="执法人员" />
            </datalist>
          </form>
      </body>
</html>
```

在 HBuilder 中选择在 Chrome 浏览器中打开 ex2-19,预览效果如图 2-38 所示。

图 2-38　HTML5 新增表单元素的使用

本 章 小 结

HTML5 是互联网的新一代标准,被认为是互联网的核心技术之一。HTML5 的元素可分为 Flow、Heading、Sectioning、Phrasing、Embedded、Interactive、Metadata 七大类。HTML5 文档的基本结构包括网页声明、网页基本信息、页面头部和主体。HTML5 基本元素都有自己的嵌套规则,编写代码时务必严格遵守。HTML5 的基本元素包括头部相关元素、文本元素、文本格式化元素、特殊字符。

在 HTML5 文件中,超链接标记的应用非常重要。它不但可以链接到各种类型的文件,还可以链接到网页内特定内容、其他网站、ftp 服务器等。但需注意的是,超链接中不能再嵌套<a>标记,要实现页内跳转必须提前设置好锚点。URL 可以准确地表达互联网上资源的位置和访问方法。绝对路径指的是文件在硬盘上真正存在的可访问的完整路径,相对路径指的是自己相对目标位置的访问路径。

HTML5 页面的布局离不开表格技术,表格就是一张二维表,是由行和列构成,表格的跨行指的就是单元格在垂直方向上的合并,跨列指的就是单元格在水平方向上的合并。HTML5 列表可以分为三种,分别是无序列表、有序列表和定义列表。

　　HTML5 页面通过表单可以收集浏览者的信息，是人机交互的重要手段。创建表单使用 form 标签，它相当于容器标签，其他的表单标签必须嵌套在该标签内部才能生效。表单设计时使用的标记包括<form>、<input>、<option>、<select>、<textarea>、<label>和<fieldset>等。HTML5 表单中新增了一些新的表单元素，本节重点介绍三个重要的新元素，它们分别是 datalist 元素、keygen 元素和 output 元素。

习题及实训

一、单选题

1. 下面标记中，（　　）实现在网页中添加一个换行。

   A. <H1>　　　　　　B. <ENTER>　　　　C.
　　　　　D. <HR/>

2. 下面语句中，（　　）将网页的标题设置为"HTML 练习"。

   A. <HEAD>HTML 练习</HEAD>　　　　B. 练习</TITLE>

   C. <H>HTML 练习</H>　　　　　　　　D. <T>HTML 练习</T>

3. 下面标记中，（　　）实现文本斜体显示。

   A. <i>　　　　　　　B. <b>　　　　　　C. <a>　　　　　　D. <em>

4. 下面标记中，（　　）不属于 HTML5 的流式元素。

   A. <a>　　　　　　　B. <p>　　　　　　C. <q>　　　　　　D. <H1>

5. 下面字符中，（　　）实现在网页中添加一个空格。

   A. 　　　　　B. @nbsp;　　　　C. >　　　　　D. ©

6. 下面标记中，（　　）实现在网页中添加一个表格。

   A. <table>　　　　　B. <tb>　　　　　　C. <td>　　　　　D. <th>

7. 下面语句中，（　　）将无序列表的符号设置为空心圆圈。

   A. <ul type="circle">…</ul>　　　　　B. <ul type="diamond">…</ul>

   C. <ul type="square">…</ul>　　　　　D. <ul type="disc">…</ul>

8. 以下符号（　　）实现当前目录的上一级目录。

   A. /　　　　　　　　B. ./　　　　　　　C. ../　　　　　　D. //

9. 单元格中采用（　　）属性可以实现跨行。

   A. rowspan　　　　　B. span　　　　　　C. colspan　　　　D. expand

10. 在 HTML5 表格中行的开始和结束标记是（　　）。

   A. <body></body>　　　　　　　　B. <tr></tr>

   C. <td></td>　　　　　　　　　　　D. <table></table>

11. 下面标记中，（　　）实现在网页中添加一个表单。

   A. <form></form>　　　　　　　　B. <input></input>

   C. <radio>　　　　　　　　　　　D. <textarea>

12. 下面标记中，（　　）将为 input 元素定义标注。

   A. <label>…</label>　　　　　　　B. <td>…</td>

C. <ul >…</ul>   D. <select>…</select>

13. 以下（   ）不属于 HTML5 表单中新增的表单元素。

A. datalist   B. keygen   C. output   D. textarea

14. textarea 标签定义一个多行文本输入控件。该文本区域中可容纳大小为（   ）的文本。

A. 2KB   B. 2MB   C. 2TB   D. 无限数量

15. 表单的输入元素的属性 type 取值 button 时表示该元素为（   ）。

A. 普通按钮   B. 图像按钮   C. 提交按钮   D. 重置按钮

二、简答题

1. 简要叙述 HTML5 文档的基本结构。

2. HTML5 的元素可以分为哪几类？

3. 请阐述一下自己对 HTML5 技术的理解。

4. 简要叙述 URL 的语法结构。

5. HTML5 的路径可以分为几类？区别是什么？

6. 请阐述一下自己对列表嵌套的理解。

7. 简要叙述 HTML5 表单中新增的表单元素。

8. HTML5 表单中常见的输入元素有哪些？各自的语法是什么？

9. 请阐述一下自己对表单技术的理解。

三、操作题

1. 下载并安装 HBuilder，基于 HBuilder 开发一个简单的诗词欣赏页面，在其中插入文本、特殊符号，效果如图 2-39 所示。

图 2-39   操作题 1 效果

2. 利用表格的跨行、跨列技术制作差旅费报销单页面,效果如图 2-40 所示。

姓　名			职务		出差事由				
起日	止日	起讫地点	项　目	张数	金　额		项　目	天数	金　额
			火车费				途中补助		
			汽车费				住勤补助		
			市内交通费				夜间乘车		
			住宿费				其　他		
			邮电费						
			小　计				小　计		
合　计			(大写)　仟　佰　拾　元　角　分 ¥						

图 2-40　差旅费报销单

3. 利用表单元素制作提交表单页面,效果如图 2-41 所示。

图 2-41　提交表单页面

第3章

Java 语言基础

本章要点

本章介绍 Java 语言编程技术。主要内容包括 Java 语言简介、Java 语言的基本语法、Java 语言的类与对象。

3.1 Java 语言简介

本章主要介绍 Java 语言编程技术,通过本章的学习,读者可以掌握 Java 语言的基本语法、Java 语言的类与对象,并结合案例加以练习,最终实现在 HTML 页面中熟练编写 Java 脚本,完成 JSP 页面的开发。

3.1.1 Java 的由来

自计算机问世以来,计算机技术的发展可谓日新月异。尤其是进入 21 世纪以后互联网技术异军突起,使得基于网络的应用更加普遍。Java 出现之前,Internet 上的信息只是一些简单的 HTML 文档,节点之间仅可以传送一些文本和图片,交互性能较差。同时,Internet 的发展又使得 Internet 的安全问题显得极为突出。这些都是传统的编程语言所无法解决的。

Java 语言起初是 Sun 公司开发的一种与平台无关的软件技术,是为一些消费性电子产品而设计的一个通用环境。后来 Sun 公司将这种技术应用于 Web 上并于 1994 年开发出了 Hot Java(Java 的第一个版本)。1995 年 Sun 公司正式推出了 Java 语言。

3.1.2 Java 的特点

Java 语言的出现实现了页面的互动,而且 Java 语言以其平台无关性、强安全性、语言简洁、面向对象以及适用于网络等特点,已成为 Internet 网络编程语言事实上的标准。

1. 平台无关性

Java 语言引进虚拟机原理,并运行于虚拟机,用 Java 编写的程序能够运行于不同平台上。

2. 简单性

Java语言去掉了C++语言的许多功能，又增加了一些很有用的功能，使得Java语言的功能更加精准。

3. 面向对象

Java语言类似于C++语言，继承了C++语言的面向对象技术，是一种完全面向对象的语言。

4. 安全性

Java语言抛弃了C++的指针运算，程序运行时，内存由操作系统分配，从而避免病毒通过指针侵入系统，同时，Java语言对程序提供了安全管理器，防止程序的非法访问。

5. 分布性

Java语言建立在扩展TCP/IP网络平台上。库函数提供了用HTTP和FTP协议传送和接收信息的方法。这使得程序员使用网络上的文件和使用本机文件一样容易。

6. 动态性

Java语言适应动态变化的环境。Java程序需要的类能动态地被载入到运行环境，也可以通过网络来载入所需要的类。这也有利于软件的升级。另外，Java语言中的类有一个运行时刻的表示，能进行运行时刻的类型检查。

7. 健壮性

Java语言的强类型机制、异常处理、废料的自动收集等是Java程序健壮性的重要保证。对指针的丢弃是Java的明智选择。Java致力于检查程序在编译和运行时的错误。类型检查可帮助查出许多开发早期出现的错误。Java自己操纵内存减少了内存出错的可能性。Java的安全检查机制使得Java更具健壮性。

8. 多线程性

Java环境本身就是多线程的。若干系统线程运行，负责必要的无用单元回收、系统维护等系统级操作；另外，Java语言内置多线程控制，可以大大简化多线程应用程序的开发。Java提供了一个类Thread，由它负责启动运行，终止线程，并可检查线程状态。

9. 可移植性

Java主要靠Java虚拟机（JVM）在目标码级实现平台无关性。用Java编写的应用程序不用修改就可在不同的软硬件平台上运行。

3.1.3　Java 语言程序简介

　　Java 语言程序实际上有两种：一种是 Java 应用程序（Application），它是一种独立的程序，不需要任何 Web 浏览器来执行，可运行于任何具备 Java 运行环境的机器中。另一种是 Java 小应用程序（Applet），是运行于 Web 浏览器中的一个程序，它通常由浏览器下载到客户端，并通过浏览器运行。Applet 通常较小，下载时间较短，通常嵌入 HTML 页面中。

　　1. 应用程序

　　Java 应用程序是在本地机上运行的程序，它含有一个 main() 方法，并以该方法作为程序的入口，可以通过解释器（java.exe）直接独立运行，文件名必须与 main() 所在类的类名相同。

　　下面我们给出一个简单的 Java 程序 ex3-1.java，其源程序如下所示。

ex3-1.java 源程序
```
class ex3-1
{
    public  static  void  main(String args[])
{
    System.out.print("This  is  a  Java  Example!");
}
}
```

　　我们在 DOS 命令提示符下输入"javac ex3-1.java"，将编译 ex3-1.java 程序，如果成功将生成 FirstJavaPrg.class 字节码文件。然后输入"java ex3-1"运行该程序，结果显示如图 3-1 所示。

图 3-1　ex3-1 的运行结果

　　2. 小应用程序

　　下面我们给出一个简单的 Applet 小程序 ex3-2.java，其源程序如下所示。

ex3-2.java 源程序
```
import java.awt.*;
import  java.applet.*;
public  class  ex3-2  extends  Applet
{
public  void  paint(Graphics  g)
    {
    g.drawString("This is Second  Java  Example!",100,20);
    }
}
```

　　我们在 DOS 命令提示符下输入"javac ex3-2.java"，将编译该程序，如果成功将生成 SecondJavaPrg.class 字节码文件。然后建立一个与类名 ex3-2 相同但扩展名为 html 的文件 ex3-2.html，内容如下：

```
<HTML>
<HEAD>
<TITLE>SecondJavaPrg.html</TITLE>
<BODY>
<applet  code="SecondJavaPrg.class"  width=200  height=100 >
</applet>
</BODY>
</HTML>
```

在 DOS 方式下输入"appletviewer ex3-2.html"后按 Enter 键,将执行上述 Applet 程序,结果如图 3-2 所示。

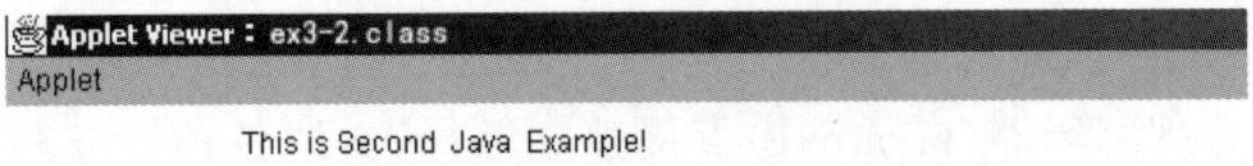

This is Second Java Example!

图 3-2　ex3-2.html 的运行结果

3.2　Java 的基本语法

3.2.1　Java 语言的标识符与关键字

1. 标识符

与其他高级语言类似,Java 语言中的标识符可以定义变量、类或方法等。Java 语言中规定标识符是以字母、下画线(_)或美元符号($)开始的,其后也可跟数字、字母、下画线或美元符号组成的字符序列。

注意:

(1) 标识符区分大小写,例如 a 和 A 是两个不同的变量名,没有长度限制,我们可以为标识符取任意长度的名字。

(2) 标识符不能是关键字,但是它可以包含关键字作为它的名字的一部分。例如,thisone 是一个有效标识符,但 this 却不是,因为 this 是一个 Java 关键字。

下面是合法的标识符: score,stu_no,sum,$123,total1_2_3。下面是非法的标识符: stu.name,2sum,class。

Java 语言采用的是 Unicode 编码字符集(即统一编码字符集),在这种字符集中,每个字符用 2 字节即 16 位来表示,包含 65535 个字符。其中前 256 个字符表示 ASCII 码,使其对 ASCII 码具有兼容性,后面 26000 个字符用来表示汉字、日文片假名、平假名和朝鲜文等。但 Unicode 编码字符集只用于 Java 平台内部,当涉及打印、屏幕显示、键盘输入等外部操作时,仍由具体计算机操作系统决定表示方法。

2. 关键字

在 Java 语言中,有些标识符已经具有固定的含义和专门的用途,不能在程序中当作一般的标识符来随意使用,这样的标识符称为关键字。Java 语言中的保留字均用小写字母表示。

Java 语言中的关键字如下:

abstract,boolean,break,byte,case,catch,class,char,continue,default,do,double,else,extends,false,final,finally,float,for,if,implements,import,inner,instanceof,int,interface,long,native,new,null,package,private,protected,public,rest,return,short,static,super,switch,synchronized,this,throw,throws,transient,true,try,void,volatile,while。

注意:

(1) true、false 和 null 必须为小写。

(2) 无 sizeof 运算符,因为 Java 语言的平台无关性,所有数据类型的长度和表示是固定的。

(3) goto 和 const 不是 Java 语言的关键字。

3.2.2 Java 语言的基本数据类型

Java 语言数据类型有简单数据类型和复合数据类型两大类。简单数据类型包括整数类型(byte,short,int,long)、浮点类型(float,double)、字符类型 char、布尔类型(boolean);复合数据类型包括类(class)、接口(interface)、数组。

1. 整数类型

在 Java 语言中有 4 种整数类型,可分别使用关键字 byte,short,int 和 long 来进行声明(见表 3-1)。

表 3-1 Java 语言的整数类型

数 据 类 型	所 占 位 数	数 的 范 围
byte	8	$-2^7 \sim 2^7-1$
short	16	$-2^{15} \sim 2^{15}-1$
int	32	$-2^{31} \sim 2^{31}-1$
long	64	$-2^{63} \sim 2^{63}-1$

整数类型的数字有十进制、八进制和十六进制三种表示形式。首位为"0"表示是八进制的数值,首位为"0x"表示是十六进制的数值。例如 12 表示十进制数 12;012 是八进制整数,表示十进制数 10;0x12 是十六进制整数,表示十进制数 18。

2. 浮点类型

Java 语言有两种浮点类型:float(单精度)和 double(双精度)(见表 3-2)。如果一个数字后带有字母 F 或 f 为 float 类型;带有字母 D 或 d,则该数为 double 类型;如果不明确指明浮点数的类型,默认为 double 类型。例如:

2.5876(double 型浮点数);

1.5E12(double 型浮点数);

3.14f(float 型浮点数)。

表 3-2 Java 语言的浮点类型

数 据 类 型	所 占 位 数	数 的 范 围
float	32	$3.4e-038 \sim 3.4e+038$
double	64	$1.7e-308 \sim 1.7e+308$

3. 字符类型 char

使用 char 类型可表示单个字符,字符型数据代表 16 位的 Unicode 字符,字符常量是用单引号括起来的一个字符,如'c','F'等。与 C、C++ 相同,Java 也提供转义字符(见表 3-3),以反斜杠(\)开头,将其后的字符转变为另外的含义。

表 3-3 Java 语言的转义字符

转 义 字 符	含 义
\b	退格
\t	Tab 制表
\n	换行
\r	硬回车
\"	双引号
\'	单引号
\\	反斜杠
\ddd	1～3 位八进制数据所表示的字符
\uxxxx	1～4 位十六进制数据所表示的 Unicode 字符

4. 布尔类型 boolean

布尔类型只有两个值: false 和 true。

注意: 在 Java 语言中不允许将数字值转换成逻辑值,这一点与 C 语言不同。

5. 常量

Java 语言中的常量是用关键字 final 来定义的。其定义格式为:

```
final Type varName = value [, varName [ =value] …];
```

例如:

```
final int StuNum = 50, Cnum=6;
```

6. 变量

变量是 Java 程序中的基本存储单元,它的定义包括变量名、变量类型和作用域几个部分。其定义格式为:

```
Type varName [= value ][{, varName [=value]}];
```

例如:

```
int n = 3, n1 = 4;
char c='a';
```

3.2.3 Java 语言的运算符与表达式

1. 运算符

在程序设计中,我们经常要进行各种运算,而运算符正是用来表示某一种运算的符号。按照运算符功能来分,Java 语言所提供的运算符可分为算术运算符(见表 3-4)、赋值运算符、关系运算符、逻辑运算符、位运算符、条件运算符等。

表 3-4 Java 语言的算术运算符

运　算　符	功　　能	运　算　符	功　　能
＋(一元)	取正值	/	除法
－(一元)	取负值	％	求模运算(即求余数)
＋	加法	＋＋	加 1
－	减法	－－	减 1
＊	乘法		

1) 算术运算符

(1) 自增运算符在操作数左右出现的不同。i＋＋,i－－先使用变量的值,然后再自增或自减,而＋＋i,－－i 先自增或自减然后再使用变量的值。

(2) Java 语言中,运算符"＋"除完成普通的加法运算外,还能够进行字符串的连接。如"ab"＋"cd",结果为"abcd"。

(3) 与 C、C++ 语言不同的是取模运算(％)其操作数可以是浮点数,例如 13.4％4＝1.4。

2) 赋值运算符

赋值运算符就是用来为变量赋值的。最基本的赋值运算符就是等号"＝",其格式为:

```
变量名=值
```

例如:

```
int a=1;
```

在 Java 语言中,还提供了一种叫算术赋值运算符(见表 3-5)。

表 3-5　Java 语言的赋值运算符

运　算　符	实　例	说　明
+=	X+=2	等价于 X=X+2
−=	X−=2	等价于 X=X−2
*=	X*=2	等价于 X=X*2
/=	X/=2	等价于 X=X/2
%=	X%=2	等价于 X=X%2

3) 关系运算符

在使用 Java 语言进行程序设计时,也常常需要对两个对象进行比较,关系运算符用来比较两个值。关系运算符都是二元运算,关系运算的结果返回布尔类型的值 true 或 false(注意不是 C 或 C++ 中的 1 或 0)。关系运算符常与布尔逻辑运算符一起使用,作为流控制语句的判断条件。

Java 语言提供了 6 种关系运算符:>、>=、<、<=、==、!=。Java 语言中,任何数据类型的数据(包括基本类型和组合类型)都可以通过 == 或!= 来比较是否相等(这与 C 或 C++ 不同)。

4) 逻辑运算符

逻辑运算符(见表 3-6)又称为布尔运算符,是用来处理一些逻辑关系的运算符,它最常应用于流程控制。Java 语言中逻辑运算符包括与运算符"&&"、或运算符"‖"、非运算符"!"。&&、‖ 为二元运算符,实现逻辑与、逻辑或;! 为一元运算符,实现逻辑非。

表 3-6　Java 语言的逻辑运算符

op1	op2	op1 && op2	op1 ‖ op2	!op1
false	false	false	false	true
false	true	false	true	true
true	false	false	true	false
true	true	true	true	false

对于布尔逻辑运算,先求出运算符左边的表达式的值。对或运算如果为 true,则整个表达式的结果为 true,不必对运算符右边的表达式再进行运算;同样,对与运算,如果左边表达式的值为 false,则不必对右边的表达式求值,整个表达式的结果为 false。

5) 位运算符

位运算符用来对二进制位进行操作。Java 中提供的位运算符有:&(按位与)、|(按位或)、^(按位异或)、~(按位取反)、>>(向右移位)、<<(向左移位)、>>>(向右移位,用零来填充高位)。位运算符中,除~以外,其余均为二元运算符,操作数只能为整型和字符型数据。

Java 语言使用补码来表示二进制数,在补码表示中,最高位为符号位,正数的符号位为 0,负数的符号位为 1。补码的规定如下:对正数来说,最高位为 0,其余各位代表数值本身(以二进制表示),如+42 的补码为 00101010。对负数而言,把该数绝对值的补码按位取反,然后对整个数加 1,即得该数的补码。如-42 的补码为 11010110(即+42 的补码 00101010 按位取反 11010101,加 1 即为 11010110)用补码来表示数,0 的补码是唯一的,都为 00000000。

(1) 按位与运算(&):参与运算的两个值,如果两个相应位都为 1,则该位的结果为 1,否则为 0。按位或运算(|):参与运算的两个值,如果两个相应位都是 0,则该位结果为 0,否则为 1。按位异或运算(^):参与运算的两个值,如果两个相应位的某一个是 1,另一个是 0,那么按位异或(^)在该位的结果为 1;也就是说,如果两个相应位相同,输出为 0,否则为 1。

(2) 按位取反运算(~):按位取反生成与输入位相反的值——若输入 0,则输出 1;输入 1,则输出 0。

(3) 右移位运算符>>:执行一个右移位(带符号),左边按符号位补 0 或 1。例如:

```
int a=16,b;
b=a>>2;          //b=4
```

(4) 运算符>>>:同样是执行一个右移位,只是它执行的是不带符号的移位。也就是说,对以补码表示的二进制数操作时,在带符号的右移中,右移后左边留下的空位中填入的是原数的符号位(正数为 0,负数为 1);在不带符号的右移中,右移后左边留下的空位中填入的一律是 0。

(5) 左移位运算符(<<):执行一个左移位。做左移位运算时,右边的空位补 0。在不产生溢出的情况下,数据左移 1 位相当于乘以 2。例如:

```
int a=64,b;
b=a<<1;          //b=128
```

6) 条件运算符

在 Java 语言中,条件运算符(?:)使用的形式是:

```
表达式 1 ?表达式 2 : 表达式 3;
```

其运算规则与 C 语言中的完全一致:先计算表达式 1 的值,若为真,则整个表达式的结果是表达式 2 的值,否则,整个表达式的结果取表达式 3 的值。

7) 其他运算符

(1) 分量运算符.:用于访问对象实例或者类的类成员函数。

(2) 下标运算符[ ]:是数组运算符。

(3) 对象运算符 instanceof:用来判断一个对象是不是某一个类或者其子类的实例。如果对象是该类或者其子类的实例,返回 true;否则返回 false。

(4) 内存分配运算符 new:new 运算符用于创建一个新的对象或者新的数组。

(5) 强制类型转换运算符(类型):强制类型转换的格式是:

```
(数据类型) 变量名
```

经过强制类型转换,将得到一个在"()"中声明的数据类型的数据,该数据是从指定变量所包含的数据转换而来的。值得注意的是,指定变量本身不会发生任何变化。

将占用位数较长的数据转化成占用位数较短的数据时,可能会造成数据超出较短数据类型的取值范围,造成"溢出"。如:

```
long  i=10000000000;
int  j=(int)i;
```

因为转换的结果已经超出了int型数据所能表示的最大整数(4294967295),造成溢出,产生了错误。

方法调用运算符()：表示方法或函数的调用。

下面给出Java语言中各种运算符的优先级,如表3-7所示。

表 3-7　Java 语言的运算符优先级

优 先 次 序	运　算　符
1	.　[]　()(方法调用)
2	!　~　++　--　+(一元)　-(一元)　instanceof
3	(类型)　new
4	*　/　%
5	+　-
6	<<　>>　>>>
7	<　<=　>=　>
8	==　!=
9	&
10	^
11		
12	&&
13			
14	?:
15	=　+=　-=　*=　/=　&=　|=　^=　<<=　>>=　.　>>=

2. 表达式与数值类型的相互转换

1) 表达式

表达式是由操作数和运算符按一定的语法形式组成的符号序列。一个常量或一个变量名是最简单的表达式,其值即该常量或变量的值;表达式的值还可以用作其他运算的操作数,形成更复杂的表达式。例如:

```
y=--x;
```

表达式的计算方法可以归纳成以下两点。

(1) 有括号先算括号内的,有乘除先乘除,最后算加减。

(2) 存在多个加减或多个乘除,则从左到右进行。

2) 数值类型的互相转换

当不同数据类型的数据参加运算时,会涉及不同数据类型的转换问题。Java 程序里,类型转换有两种:自动类型转换(或称隐含类型转换)和强制类型转换。

在实际中常会将一种类型的值赋给另外一种变量类型,如果这两种类型是兼容的,Java 将执行自动类型转换。Java 语言赋值运算的自动类型转换规则如下:

byte→short→int→long→float→double 或者 byte→char→int→long→float→double。

以上规则表明 byte 可以转换成 char、short、int、long、float 和 double 类型。short 可以转换成 int、long、float 和 double 类型。不是所有的数据类型都允许自动(隐含)转换。例如,下面的语句把 long 型数据赋值给 int 型数据,在编译时就会发生错误:

```
long  a=100;
int  b=a;
```

这是因为当把占用位数较长的数据转换成占用位数较短的数据时,会出现信息丢失的情况,因而不能够自动转换。这时就需要利用强制类型转换,执行非兼容类型之间的类型转换。上面的语句写成下面的形式就不会发生错误:

```
long  a=100;
int  b=(int)a;
```

3.2.4　Java 语言的基本控制语句

与 C、C++ 相同,Java 程序通过控制语句来执行程序。语句可以是单一的一条语句(如 c=a+b;),也可以是复合语句。

Java 中的流控制语句包括以下几种。

(1) 分支语句:if-else,break,switch,return。

(2) 循环语句:while,do-while,for,continue。

(3) 例外处理语句:try-catch-finally,throw。

(4) 注释语句。

1. 分支语句

分支语句是在多条执行路径中选择一条执行的控制结构。

1) 条件语句 if-else

if-else 语句根据判定条件的真假来执行两种操作中的一种,格式为:

```
if(条件表达式)
{语句序列 1;}
[else
{语句序列 2;}]
```

注意:条件表达式是任意一个返回布尔型数据的表达式(这比 C、C++ 的限制要严格)。

(1) 每个单一的语句后都必须有分号。

(2) 语句序列 1、语句序列 2 可以为复合语句,这时要用花括号{}括起来。{}外面不加分号。

(3) else 子句是任选的。

(4) 若条件表达式的值为 true,则程序执行语句序列 1,否则执行语句序列 2。

(5) else 子句不能单独作为语句使用,它必须和 if 配对使用。else 总是与离它最近的 if 配对。可以通过使用花括号{}来改变配对关系。

如:

```
if(x>0)     y=1;
else        y=-1;
```

if-else 语句的一种特殊形式为:

```
if(条件表达式 1){
语句序列 1
}else if(条件表达式 2){
语句序列 2
}
...
}else if(条件表达式 M){
语句序列 M
}else{
语句序列 N
}
```

如:

```
if(x<0)     y=-1;
else
    if(x>0)   y=1;
    else      y=0;
```

2) 多分支语句 switch

switch 语句(又称开关语句)是和 case 语句一起使用的,其功能是根据某个表达式的值在多个 case 引导的多个分支语句中选择一个来执行,它的一般格式如下:

```
switch(表达式){
case 值 1: 语句序列 1;break;
case 值 2: 语句序列 2;break;
...
case 值 N: 语句序列 N;break;
[default: 语句序列 N+1;]
}
```

注意:

(1) 表达式的值必须是符合 byte,char,short,int 类型的常量表达式,而且所有 case 子句中的值是不同的。

(2) default 子句是任选的。当表达式的值与任一 case 子句中的值都不匹配时,程序执行 default 后面的语句。如果表达式的值与任一 case 子句中的值都不匹配且没有 default 子句,则程序不作任何操作,而是直接跳出 switch 语句。

（3）case 表达式只是起语句标号作用,并不是在该处进行条件判断,因此应该在执行一个 case 分支后,可以用 break 语句来使流程跳出 switch 结构。在一些特殊情况下,多个不同的 case 值要执行一组相同的操作,这时可以不用 break 语句。

（4）case 分支中包括多个执行语句时,可以不用花括号{}括起。

下面我们给出使用 switch 语句的例程 ex3-3.java,该程序能够根据考试成绩的等级打印出百分制分数段。其源程序如下。

```java
ex3-3.java 源程序
public class ex3-3
{
public static void main(String args[])
 {
char grade='B';
switch(grade)
  {
    case 'A':System.out.println("85-100");break;
    case 'B':System.out.println("70-84");break;
    case 'C':System.out.println("60-69");break;
    case 'D':System.out.println("<60"); break;
    default:System.out.println("error");
  }
 }
}
```

运行结果如图 3-3 所示。

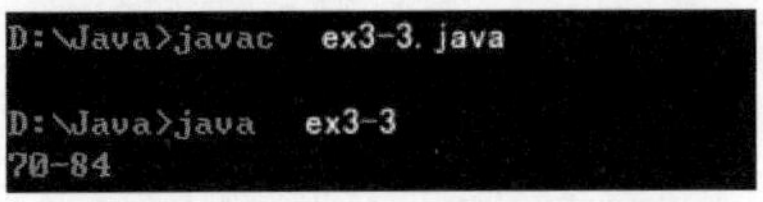

图 3-3　ex3-3.java 的运行结果

上述程序如果写成下面形式:

```java
public class ex3-3
{
public static void main(String args[])
 {
char grade='B';
switch(grade)
  {
    case 'A':System.out.println("85-100");
    case 'B':System.out.println("70-84");
    case 'C':System.out.println("60-69");
    case 'D':System.out.println("<60");
    default:System.out.println("error");
  }
 }
}
```

运行结果如图 3-4 所示。

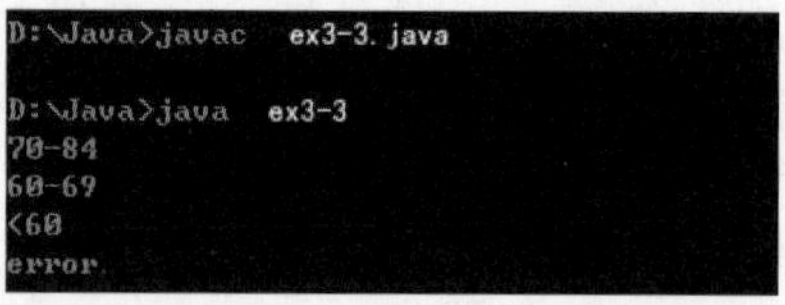

图 3-4　改写后的 ex3-3.java 的运行结果

2. 循环语句

在程序中经常需要在一定的条件下反复执行某段程序,这时可以通过循环结构来控制实现。Java 语言中有三种循环控制语句,分别是 while、do-while 和 for 语句。

1) while 语句

while 语句的格式如下:

```
while(条件表达式)
  {
      循环体语句组;
  }
```

在循环刚开始时,先计算一次"条件表达式"的值,当结果为真时,便执行循环体,否则,将不执行循环体,直接跳转到循环体外执行后续语句。每执行完一次循环体,都会重新计算一次条件表达式,当结果为真时,便继续执行循环体,直到结果为假时结束循环。下面我们给出用 while 语句实现 1~100 累计求和的例程 ex3-4.java,其源程序如下。

```
ex3-4.java 源程序
public class ex3-4{
public static void main(String args[]){
int n=1,sum=0;
while(n<101){
sum+=n++;
}
System.out.println("\nThe sum is "+sum);
}
}
```

运行结果如图 3-5 所示。

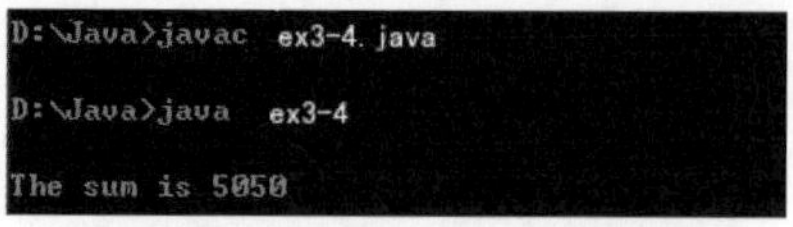

图 3-5　ex3-4.java 的运行结果

2) do-while 语句

do-while 语句的格式如下:

```
do
{
    循环体语句组;
}while(条件表达式);
```

do-while 循环与 while 循环的不同在于：它先执行循环中的语句,然后再判断结果是否为真,如果为真则继续循环;如果为假,则终止循环。因此,do-while 循环至少要执行一次循环语句。下面我们给出用 do-while 语句实现 1～100 累计求和的例程 ex3-5. java,其源程序如下。

```
ex3-5.java 源程序
public class ex3-5
{
 public static void main(String args[])
  {
int n=1,sum=0;
 do{
    sum+=n++;
   }while(n<101);
  System.out.println("\nThe sum is"+sum);
  }
}
```

3) for 语句

for 语句的格式如下：

```
for(表达式 1;表达式 2;表达式 3)
  {
    循环体语句组;
  }
```

表达式 1 一般是一个赋值语句,用来给循环控制变量赋初值;表达式 2 是一个布尔类型的表达式,用来决定什么时候终止循环;表达式 3 一般用来修改循环变量,控制变量每循环一次后如何变化。这三部分之间用“;”分开。

for 语句的执行过程如下。

(1) 在循环刚开始时,先计算表达式 1。

(2) 根据表达式 2 的值来决定是否执行循环体。表达式 2 是一个返回布尔值的表达式,若该值为假,将不执行循环体,并退出循环;若该值为真,将执行循环体。

(3) 执行完一次循环体后,计算表达式 3。

(4) 转入第(2)步继续执行。

for 语句通常用来执行循环次数确定的情况(如对数组元素进行操作),也可以根据循环结束条件执行循环次数不确定的情况。初始化、终止以及迭代部分都可以为空语句(但分号不能省),三者均为空时,相当于一个无限循环。for 语句是三个循环语句中功能最强,使用最广泛的一个。下面我们给出用 for 语句实现 1～100 累计求和的例程 ex3-6. java,其源程序如下。

```
ex3-6.java 源程序
public class ex3-6
{
public static void main(String args[])
  {  int sum=0;
```

```
for(int i=1;i<=100;i++)
  {
    sum+=i;
  }
System.out.println("\n The sum is"+sum);
  }
}
```

4）跳转语句

跳转语句用来实现循环执行过程中的流程转移。在 Java 语言中有两种跳转语句：break 语句和 continue 语句。break 语句用于强行退出循环，不再执行循环体中剩余的语句。而 continue 语句用来结束本次循环，跳过循环体中剩余的语句，接着进行循环条件的判断，以决定是否继续循环。下面我们给出用 continue 语句计算 1～100 的奇数和的例程 ex3-7.java，其源程序如下。

```
ex3-7.java 源程序
public class ex3-7
{
public static void main(String args[])
{
  int sum=0;
for(int i=1;i<100; i++)
  {
  if(i%2==0) continue;
  sum+=i;
    }
System.out.println("\nThe sum of odd numbers(1~100)is:"+sum);
}
}
```

运行结果如图 3-6 所示。

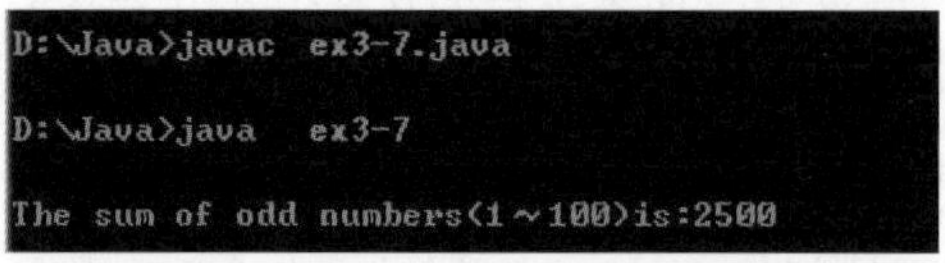

```
D:\Java>javac  ex3-7.java

D:\Java>java    ex3-7

The sum of odd numbers(1～100)is:2500
```

图 3-6　ex3-7.java 的运行结果

3. 例外处理语句

例外处理语句包括 try、catch、finally 以及 throw 语句。与 C、C++ 相比，例外处理语句是 Java 所特有的。

4. 注释语句

Java 语言中的注释语句有以下三种形式。

//：用于单行注释，注释从 // 开始，终止于行尾。

/ * ... * /：用于多行注释，注释从 / * 开始，到 * /结束，且这种注释不能互相嵌套。

/**…*/：是 Java 所特有的 doc 注释，它以/**开始，到 */结束。这种注释主要是为支持 JDK 工具 javadoc 而采用的。

3.3　Java 语言的类与对象

Java 语言是完全面向对象的程序设计语言，Java 语言程序的基本单位是类。Java 语言中不允许有独立的变量、常量或函数，即 Java 程序中的所有元素都要通过类或对象来访问。

3.3.1　Java 语言的类

1. 类声明

Java 语言类声明的一般格式如下：

```
［修饰符］class 类名［extends 父类］［implements 接口名］
{
       类体}
```

其中，class 是声明类的关键字，类名与变量名的命名规则一样。修饰符是该类的访问权限，如 public、private 等。extends 项表明该类是由其父类继承而来的，implements 项用来说明当前类中实现了哪个接口定义的功能和方法。

例如：定义两个类 student 和 catclass：

```
class  student
{…
}

public class catclass extends animalclass{
…
}
```

2. 类体

每个类中通常都包含数据与函数两种类型的元素，我们一般把它叫作属性和成员函数（也称为方法），所以类体中包含了该类中所有成员变量的定义和该类所支持的所有方法。

```
class 类名
{   类成员变量声明
    类方法声明
}
```

1）成员变量的声明

简单的成员变量声明的格式为：

```
［修饰符］　变量类型　变量名［=变量初值］;
```

例如：

```
int   x,y;
float  f=5.0;
```

2）类方法的声明

类方法相当于 C 或 C++ 中的函数。类方法声明的格式为：

［修饰符］ 返回值类型 方法名(参数列表)
    {方法体}

注意：每一个类方法必须返回一个值或声明返回为空(void)。

3）构造方法

在 Java 程序设计语言中,每个类都有一个特殊的方法即构造方法。构造方法名必须与类名相同,且没有返回类型。构造方法的作用是构造并初始化对象,构造方法不能由编程人员显式地直接调用,是在创建一个类的新对象的时候,由系统来自动调用的。另外,Java 语言支持方法重载,所以类可以有多个构造方法,它们可以通过参数的数目或类型的不同来加以区分。

例如：

```
class  MyAnimals
    {
      int dog,cat;
      count()
        {
            dog=10;
            cat=20;
        }
      count(int dognumber,int catnumber)
        {
          this.dog=dognumber;
          this.cat=catnumber;
        }
    }
```

这里的关键字 this 是用来在方法中引用创建它的对象,this.dog 应用的是当前对象的成员变量 dog。

3.3.2 Java 语言的对象

当我们创建了自己的类之后,通常需要使用它来完成某种工作。这时可以通过定义类的实例——对象来实现这种需求。

1. 对象的生成

对象的生成包括声明、实例化和初始化三方面。首先必须为对象声明一个变量,其格式为：

```
类型　对象名;
```

其中,类型为复合数据类型(包括类和接口)。

例如:

```
student  st1;
```

但仅有对象的声明是不够的,还要为对象分配内存空间,即实例化。创建类实例,要使用关键字运算符 new。用 new 可以为一个类实例化多个不同的对象,这些对象分别占用不同的内存空间。例如:

```
st1=new student();
```

也可表示为:

```
student st1=new student();
student st2=new student("zhang",68,72,85);
```

2. 对象的引用

1) 引用对象的成员变量

其引用格式为:

```
objectReference.variable;
```

其中,objectReference 是一个已生成的对象,例如上例中生成了对象 st1,就可以用 st1.name 来访问其成员变量了。

2) 调用对象的方法

其引用格式为:

```
objectReference.method();
```

下面给出一个有关对象成员变量的引用及方法调用的例程 ex3-8.java。

ex3-8.java 源程序
```
class ex3-8{
String name;
float sc1,sc2,sc3,ave;
Student(){
name="wang";
sc1=60;
sc2=82;
sc3=74;
}
Student(String str,float a,float b,float c){
name=str;
sc1=a;
sc2=b;
sc3=c;
}
```

```
float average(){
ave=(sc1+sc2+sc3)/3;
return ave;
}
public static void main(String args[]){
Student st1=new Student();
Student st2=new Student("zhang",78,89,92);
System.out.println("\nName  score1  score2  score3  average");
System.out.println(st1.name+" "+st1.sc1+" "+st1.sc2+" "+st1.sc3+"
 "+st1.average());
System.out.println(st2.name+"   "+st2.sc1+"   "+st2.sc2+"   "+st2.sc3+"
  "+st2.average());
}
}
```

运行结果如图 3-7 所示。

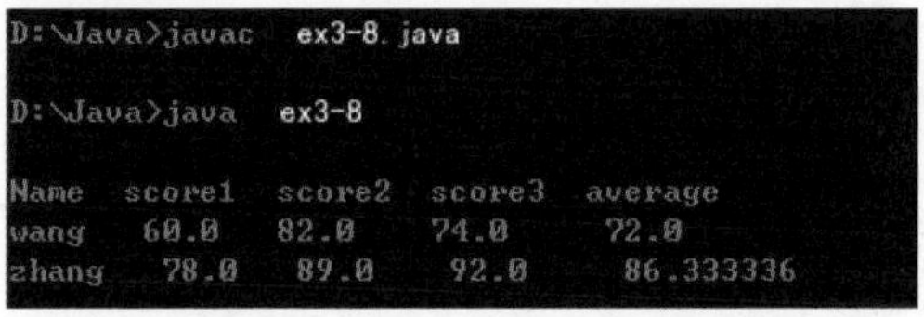

图 3-7　ex3-8.java 的运行结果

<h1 style="text-align:center">本 章 小 结</h1>

　　Java 是由 Sun 公司推出的 Java 程序设计语言和 Java 平台的总称。用 Java 实现的 HotJava 浏览器(支持 Java Applet)显示了 Java 的魅力:跨平台、强安全性、动态的 Web、语言简洁、Internet 计算、面向对象以及适用于网络,已成为 Internet 网络编程语言事实上的标准。本章要求重点理解 Java 语言的语法基础,掌握 Java 面向对象编程的思想,了解 Java Applet 编程技术。Java 技术的出现推动了 Web 的迅速发展,常用的浏览器现在均支持 Java Applet。

<h1 style="text-align:center">习题及实训</h1>

　　1. 简述 Java 面向对象程序设计语言的特点。

　　2. Java 语言包含了哪些基本数据类型? 各自是如何规定的?

　　3. Java 语言包括几种不同类型的控制语句?

　　4. 什么是类和对象? 请说出 Java 中类和对象之间的关系。

　　5. 请定义一个 Java 类。

　　6. 给出如下一个 Java 源程序 MyJavaFile.java。请检查其正确性,在 JDK 环境下编译运行该程序并说出该程序实现的功能。

```
public class myJavaFile
{
    public static void main(string args[  ])
        {
            for(int i=1, i<100,  i+=2)
                {
                    if!(i%2＝0) continue;
                    sum+=i;
                }
            System.out.println("\nThe result is :"+sum);
        }
}
```

第 4 章

JSP 语法入门

本章要点

本章重点介绍 JSP 的基本语法、JSP 的编译指令以及 JSP 的操作指令,其中 JSP 的编译指令包括 page、include、taglib。JSP 的操作指令包括 jsp：useBean、jsp：setProperty、jsp：getProperty、jsp：include、jsp：forward、jsp：param、jsp：plugin。

4.1 JSP 程序的基本语法

一个 JSP 页面的基本结构通常包含三部分：普通的 HTML 标记、JSP 标签、JSP 脚本(变量和方法的声明、Java 程序片和 Java 表达式)。下面我们详细介绍 JSP 的基本语法。

4.1.1 HTML 注释

我们知道在网页中加入注释可以增强文件的可读性,以后维护起来也比较容易。在 JSP 文档中嵌入 HTML 注释的格式如下:

```
<!-- 注释 [<%= 表达式%>] -->
```

功能：产生一个注释并通过 JSP 引擎将其发送到客户端。

JSP 页面中的 HTML 注释跟其他 HTML 注释非常相似,它就是一段文本,并且在浏览器端用查看源代码功能可以看得到。JSP 页面的注释和其他 HTML 的注释有一个不同就是可以使用表达式。表达式的内容是动态的,页面的每次读取和刷新都有可能是不同的内容。用户可以使用任何页面中的脚本语言。下面给出一个使用 HTML 注释的 JSP 例程 ex4-1.jsp,其源程序如下。

ex4-1.jsp 的源程序
```
<html>
<head>
<title>
示例 4-1
</title>
</head>
```

```
<body>
<h1>HTML 注释通过浏览器查看 JSP 源文件时可以看到</h1>
<!--这是一个 HTML 注释 -->
</body>
</html>
```

在浏览器查看 ex4-1.jsp 的源代码为：

```
<html>
<head>
<title>
HTML 注释
</title>
</head>
<body>
<h1>HTML 注释通过浏览器查看 JSP 源文件时可以看到</h1>
<!--这是一个 HTML 注释 -->
</body>
</html>
```

4.1.2　隐藏注释

如果希望用户无法看到 JSP 网页中的注释，我们可以采用如下格式：

```
<%-- 注释 --%>
```

功能：写在 JSP 程序中的注释并不发给客户端。

下面我们给出一个使用隐藏注释的 JSP 例程 ex4-2.jsp，其源程序如下。

ex4-2.jsp 源程序
```
<%@ page language="java" %>
<html>
<head><title>示例 4-2 </title></head>
<body>
<h1>隐藏注释在浏览器中是查看不到的</h1>
<%--这是一个隐藏注释--%>
</body>
</html>
```

在浏览器查看 ex4-2.jsp 源代码为：

```
<html>
<head><title>ec4-2.jsp</title></head>
<body>
<h1>隐藏注释在浏览器中是查看不到的</h1>
</body>
</html>
```

注意：用隐藏注释标记的字符会在 JSP 编译时被忽略，因此用户可以用隐藏注释来标记不愿被别人看到的注释。它不会在源代码中显示，也不会显示在客户的浏览器中。如果要在<%--和--%>之间的注释语句中使用"--%>"，要用"--%\>"。

4.1.3 声明变量和方法

变量和方法的声明在 JSP 程序中非常重要。其语法格式如下：

```
<%! declaration; [ declaration; ] … %>
```

1. 声明变量

只需在<％!和％>标记之间放置 Java 的变量声明语句即可。而且所声明变量在整个 JSP 页面中有效。例如：

```
<%! int a,b=0; %>
<%! int a, b, c;
string s="hello";
float f=1.0;
%>
```

下面给出例程 ex4-3.jsp 来说明变量的声明过程,其源程序如下。

ex4-3.jsp 源程序
```
<%@ page contentType="text/html;charset=GB2312" %>
<html>
<head><title>示例 4-3 </title></head>
<body>
<h1>
<%! int count=0; %>
<% count++; %>
<p>您是第<%=count%>个登录客户。
</h1>
</body>
</html>
```

效果如图 4-1 所示。

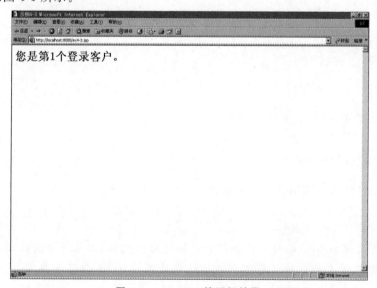

图 4-1　ex4-3.jsp 的运行结果

2. 声明方法

我们只需在<%!和 %>之间加入声明方法的语句即可。所声明方法在整个 JSP 页面内都有效,但要注意在该方法内定义的变量仅在该方法内有效。下面给出例程 ex4-4.jsp 来说明方法的声明过程,其源程序如下。

```
ex4-4.jsp 源程序
<%@ page contentType="text/html;charset=GB2312" %>
<html>
<head><title>示例 4-4 </title></head>
<body>
<%! int number=0;
    void countnumber()
        {  number++;  }
%>
<% countnumber();  %>
<h3>变量 number 的值现在为</h3>
<br><br>
<h1>
<%=number%>
</h1>
</body>
</html>
```

效果如图 4-2 所示。

图 4-2　ex4-4.jsp 的运行结果

当声明方法或变量时,我们还需遵循如下规则:

(1) 声明必须以";"结尾。

(2) 可以一次声明多个变量和方法,但必须以";"结束。

(3) 必须在使用变量或方法之前在 JSP 文件中声明它们。

(4) 可以直接使用在编译指令<%@ page %>中所包含进来的变量和方法,无须对它们重新声明。

(5) 一个声明仅在一个页面中有效。如果希望每个页面都能用到一些声明,最好把这些声明写成一个单独的文件,然后用<%@include %>或<jsp:include >包含进来。

4.1.4　表达式

JSP 表达式是一个在脚本语言中被定义的表达式,表达式结果会以字符串的形式发送到客户端显示。其语法格式如下:

```
<%= expression %>
```

下面给出一个使用表达式的 JSP 例程 ex4-5.jsp,其源程序如下。

ex4-5.jsp 源程序
```
<%@ page import="java.io. * "%>
<html>
<head><title>示例 4-5 </title></head>
<body>
<h3>以下声明一个整型变量 a 并赋初值 66</h3>
<%! int a=66; %><br>
<h3>以下声明两个整型变量 b、c 和一个字符串变量 s,并给变量 c 赋初值 7</h3>
<%! int b,c=7;
String s="hello";
%>
<h3>输出表达式 b+c 以及字符串 s 的值</h3>
<h1>
<br>b+c=<%=b+c%>
<br>字符串 s 的值为: <%=s%>
</h1></body>
</html>
```

程序运行结果如图 4-3 所示。

注意:在 JSP 中引用表达式时,必须遵循如下规则。

(1) 不能用分号";"来作为表达式的结束符。

(2) 构成表达式的元素必须符合 Java 语言的语法规则。

(3) 表达式可以嵌套,这时表达式的求解顺序为从左到右。

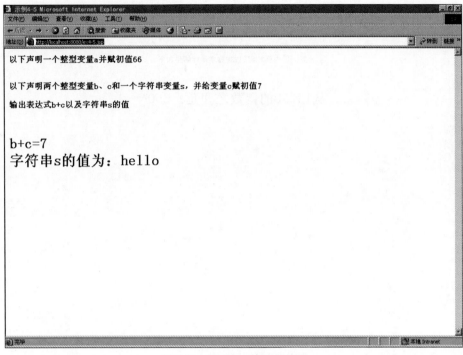

图 4-3 ex4-5.jsp 的运行结果

4.1.5 Java 程序片

Java 程序片实际上就是 JSP 脚本,即在<％和％>标记之间所插入的代码。当客户端向服务器提交了包含 JSP 脚本的 JSP 页面请求时,Web 服务器将执行脚本并将结果发送到客户端浏览器中。下面给出一个使用 JSP 脚本的 JSP 例程 ex4-6.jsp,其源程序如下。

```
ex4-6.jsp 源程序
<html>
<head><title>示例 4-6 </title></head>
<body><center>
<h3>计算 50 以内偶数和的 JSP 脚本运行结果如下</h3>
<br><br>
<h1>
<%  int i, sum=0;
    for(i=2;i<=50;i=i+2)
    { sum=sum+i;
        }
 %>
从 1 到 50 的偶数之和是:<%=sum %>
</center></body>
</html>
```

程序运行结果如图 4-4 所示。

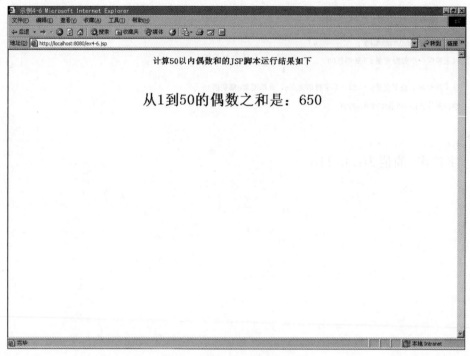

图 4-4　ex4-6.jsp 的运行结果

4.2　JSP 的编译指令

JSP 的编译指令就是告诉 JSP 的引擎,如何处理其他的 JSP 网页。JSP 编译指令的语法格式如下:

```
<%@ 指令名 属性="属性值"%>
```

下面分别介绍 JSP 中的三种编译指令:page 指令、include 指令以及 taglib 指令。

4.2.1　page 编译指令

功能:定义整个 JSP 页面的属性及其属性值。
语法格式:

```
<%@ page 属性 1=值 属性 2=值 … %>
```

该指令所包含的属性如下:

(1) language:定义 JSP 网页所使用的脚本语言的种类,其默认值是 Java。

(2) import:指定 JSP 网页中需要导入的 Java 包列表。

(3) extends:说明 JSP 编译时需要加入的 Java 类的名字。

(4) session:设置此网页是否要加入到一个 session 中(其值为布尔类型)。如果为 true,则 session 是有用的,否则,就不能使用 session 对象以及定义了 scope="session"的

<jsp:useBean>元素,这样的使用会导致错误。其默认值是 true。

(5) buffer:设置此网页输出时所使用缓冲区的大小。buffer 的值可以为"none",也可以是一个数值。其默认值是 8KB。

(6) autoFlush:指定当缓冲区满时是否自动输出缓冲区的数据(其值为布尔类型)。如果为 true,输出正常,否则当缓冲区满时将抛出异常。其默认值是 true。

注意:如果把 buffer 的值设置为 none,那么把 autoFlush 的值设置为 false 就是非法的。

(7) info:指明网页的说明信息,可使用 Servlet 类的 getServletInfo 方法获取此信息。

(8) isThreadSafe:设置 JSP 文件是否能多线程访问,其默认值是 true。如果为 true,JSP 能够同时处理多个用户的请求,否则 JSP 一次只能处理一个用户请求。

(9) isErrorPage:设置此网页是不是另一个 JSP 页面的错误信息的提示页面。如果为 true,就能使用 exception 对象,否则 exception 对象不可用。

(10) errorPage:设置 JSP 网页发生错误时的信息提示页面的 URL 路径。该属性的值必须是一个用"URL 路径"来描述的 JSP 页面。

(11) contentType:定义了 JSP 网页所使用的字符集及 JSP 响应的 MIME 类型。默认 MIME 类型是 text/html,默认字符集是 ISO-8859-1。

注意:page 指令作用于整个 JSP 页面和由 include 指令和<jsp:include>包含进来的静态文件中,但不能用于动态包含文件。可以在一个页面上使用多个 page 指令,但是其中的属性只能使用一次(import 属性例外)。page 指令可以放在 JSP 文件的任何地方,它的作用范围都是 JSP 页面,但好的编程习惯一般把它放在文件的顶部。

下面给出一个使用 page 指令的 JSP 例程 ex4-7.jsp,其源程序如下。

```
ex4-7.jsp 源程序
<%@ page contentType="text/html;charset=GB2312" %>
<%@ page info="这是存放在 info 中的信息" %>
<html>
<head><title>示例 4-7 </title></head>
<body><br><br><br><br><center>
<h1>
  <% String s=getServletInfo();
     out.print(s);
  %>
</center>
</body>
</html>
```

程序运行结果如图 4-5 所示。

4.2.2　include 指令

功能:指定在 JSP 文件中包含的一个静态的文件,即在 JSP 文件被编译时需要插入的文本或代码。

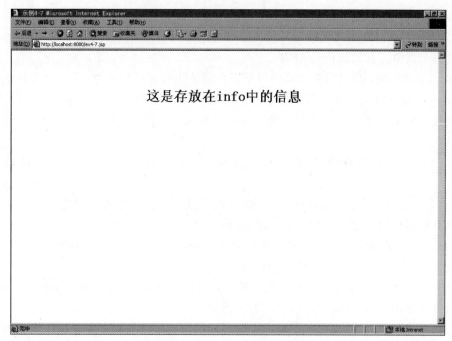

图 4-5   ex4-7.jsp 的运行结果

语法格式如下：

<%@   include file= "文件名称"%>

当使用 include 指令时，包含文件是静态包含，即这个被包含的文件将被插入 JSP 文件中。所包含的文件可以是 JSP 文件、HTML 文件、文本文件，甚至一段 Java 代码。但是在所包含的文件中不能使用"<html></html>"，"<body></body>"标记，因为这将会影响到原有的 JSP 文件中所使用的相同标记。如果所包含的是一个 JSP 文件，则该文件将会执行。

注意：属性 file 指出了被包含文件的路径，这个路径一般指相对路径，不需要端口、协议和域名。

下面我们给出一个使用 include 指令的 JSP 例程 ex4-8.jsp，其源程序如下。

ex4-8.jsp 源程序
```
<%@ page contentType="text/html;charset=GB2312" %>
<html>
<head>
<title>示例 4-8 </title>
</head>
<body><center><br><br><br><br>
<h1>
现在是北京时间：
<%@ include file="nowtime.jsp" %>
</h1>
</body>
</html>
```

其中 nowtime.jsp 的源程序如下：

nowtime.jsp 源程序

```
<%@ page import="java.util.*" %>
<%= (new java.util.Date()).toLocaleString() %>
```

ex4-8.jsp 程序运行结果如图 4-6 所示。

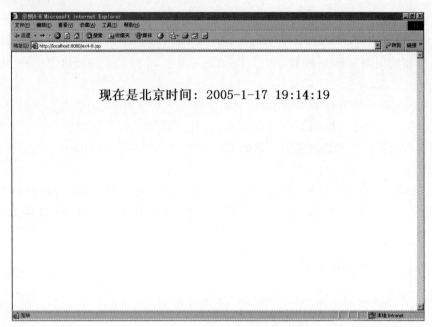

图 4-6　ex4-8.jsp 的运行结果

4.2.3　taglib 指令

功能：声明 JSP 文件使用了自定义的标签，同时引用标签库，也指定了它们的标签的前缀。

语法格式如下：

```
<%@ taglib uri="URIToTagLibrary" prefix="tagPrefix" %>
```

属性说明如下：

（1）uri：解释为统一资源标记符，根据标签的前缀对自定义的标签进行唯一的命名。URI 可以是 URL(Uniform Resource Locator)、URN(Uniform Resource Name)或一个路径（相对或绝对）。

（2）prefix：在自定义标签之前的前缀，例如，在<public:moon>中的 public，如果这里不写 public，则标签 moon 的定义是非法的。

注意：jsp、jspx、java、javax、servlet、sun 和 sunw 等保留字不允许作自定义标签的前缀。用户必须在使用自定义标签之前使用 taglib 指令，而且可以在一个页面中多次使用，但是前缀只能使用一次。

4.3　JSP 的操作指令

在介绍 JSP 的操作指令前,我们有必要简单说明有关 JavaBean 的概念(第9章会详细地讨论)。JavaBean 是 Java 程序的一种组件,其实就是 Java 类。JavaBean 规范将"组件软件"的概念引入到 Java 编程的领域。我们知道组件是一个自行进行内部管理的一个或几个类所组成的软件单元;对于 JavaBean 我们可以使用基于 IDE 的应用程序开发工具,可视地将它们编写到 Java 程序中。JavaBean 为 Java 开发人员提供了一种"组件化"其 Java 类的方法。

JavaBean 是一些 Java 类,我们可以使用任何的文本编辑器(记事本),当然也可以在一个可视的 Java 程序开发工具中操作它们,并且可以将它们一起嵌入 JSP 程序中。其实,任何具有某种特性和事件接口约定的 Java 类都可以是一个 JavaBean。为简便起见以下简称 Bean。

JSP 的操作指令与编译指令的不同之处是,操作指令是在客户端请求时执行的,而且基本上是客户每请求一次操作指令就会执行一次。而编译指令是在转换时期即被编译执行,仅被编译一次。

4.3.1　jsp:useBean 操作指令

功能：在 JSP 页面中声明一个 JavaBean 组件实例,如果该实例不存在,则创建一个 Bean 实例并指定它的名字和作用范围。

语法格式如下：

```
<jsp:useBean
id="beanInstanceName"
scope="page / request / session / application"
{
class="package.class" /
type="package.class" /
class="package.class" type="package.class" /
beanName="{package.class / <%= expression %>}" type="package.class"
}
/>
/　other elements
</jsp:useBean>
```

属性说明如下。

(1) id="beanInstanceName"：在其作用域内确认 Bean 的变量名,使得后面的程序能够通过此变量名来访问不同的 Bean。注意该属性值区分大小写,并且必须符合所使用的脚本语言的命名规则。如果要引用别的<jsp:useBean>中所创建的 Bean,那么它们的 id 值必须一致。

(2) scope="page / request / session / application"：定义了 Bean 的作用域。其默

认值是 page(详见第 9 章)。

(3) class="package.class"：说明实例化一个 Bean 所引用的类的名字。实例化可以通过使用 new 关键字以及类构造方法实现。但要求这个类不能是抽象的,而且必须有一个公用的、没有参数的构造方法。

注意：类的名字区分大小写。

(4) type="package.class"：如果这个 Bean 已经在指定的作用域中存在,那么 type 定义了脚本变量定义的类型。如果在没有使用 class 或 beanName 的情况下使用 type,Bean 将不会被实例化。

注意：包和类的名字区分大小写。

(5) beanName="{package.class / <%= expression %>}" type="package.class"：BeanName 的属性值可以是包或类的名字,也可以是表达式,它作参数传给 java.beans.BeansBeans 的方法 instantiate()。该方法检查参数是一个类还是一个连续模板,然后调用相应的方法来实例化一个 Bean。tupe 的值可以和 Bean 相同。

注意：包和类的名字区分大小写。

下面我们给出通过<jsp:useBean>标签来定义及实例化一个 Bean 的过程：

(1) 根据 id 属性和 scope 属性的值尝试定位一个 Bean。

(2) 定义一个带有指定名字的 Bean 对象引用变量。

(3) 找到指定的对象 Bean 变量,在这个变量中存储这个引用,并为 Bean 设置相应的类型。

(4) 如果没有找到指定的对象 Bean 变量,将从指定的类中实例化一个 Bean,并将对这个 Bean 的引用存储到一个新的变量中。若 beanName 属性值表示一个连续模板,则方法 instantiate()将被调用来实例化一个 Bean。

<jsp:useBean>标签的具体用法详见第 9 章。

4.3.2　jsp:setProperty 操作指令

功能：在 Bean 中设置一个或多个属性值。

语法格式如下：

```
<jsp:setProperty
    name="beanInstanceName"
    property= "*" /
    property="propertyName" [ param="parameterName" ] /
    property="propertyName" value="string / <%= expression %>"
/>
```

属性说明如下。

(1) name="beanInstanceName"：属性值指明要引用<jsp:useBean>标签中所定义的 Bean 的名字。

(2) property="*",property="propertyName"：属性值作为 Bean 中的属性来匹配通过 request 对象所获取的用户的输入。要求 Bean 中的属性名必须和 request 对象的某个参数名一致。否则 Bean 中相应的属性值将不会被修改。若该属性值为"＊",则 Bean 中所有属性将逐一匹配 request 对象的参数。

(3) property＝"propertyName"[param＝"parameterName"]:如果想使用 request 中的一个不同于 Bean 中属性名的参数来匹配 Bean 中的属性。就必须同时指定 property 和 param。其中 propertyName 表示 Bean 的属性名,parameterName 表示 request 对象中的参数名。

注意:param 的值不能为空(或未初始化),否则对应的 Bean 属性不被修改。

(4) property＝"propertyName" value＝"string ／ <％＝ expression ％>":表示用指定的值来修改 Bean 的属性。这个值可以是字符串,也可以是表达式。

注意:在同一个<jsp:setProperty>标签中不能同时使用 param 和 value 两个属性。

通过 Request 对象所获取的客户的输入一般都是 String 类型,这些字符串为了能够匹配 Bean 中相应的属性就必须转换成属性的类型,表 4-1 列出了 Bean 中属性的常见类型以及相应的转换方法。

表 4-1 不同类型的 Bean 以及转换方法

类　　型	转 换 方 法
boolean or Boolean	java.lang.Boolean.valueOf(String)
byte or Byte	java.lang.Byte.valueOf(String)
char or Character	java.lang.Character.valueOf(String)
double or Double	java.lang.Double.valueOf(String)
integer or Integer	java.lang.Integer.valueOf(String)
float or Float	java.lang.Float.valueOf(String)
long or Long	java.lang.Long.valueOf(String)

注意:在使用 jsp:setProperty 之前必须要使用<jsp:useBean>声明此 Bean。因为<jsp:useBean>和<jsp:setProperty>是联系在一起的,同时二者的 Bean 名也应当相匹配,即在<jsp:setProperty>中的 name 的值应当和<jsp:useBean>中 id 的值相同。

<jsp:setProperty>标签的具体用法详见第 9 章。

4.3.3　jsp:getProperty 操作指令

功能:获取 Bean 的属性值,在 JSP 中使用此标签可以提取 JavaBean 中的属性值,并将结果以字符串的形式显示给客户。

注意:在使用<jsp:getProperty>标签前,必须用<jsp:useBean>标签定义 Bean。
语法格式如下:

```
<jsp:getProperty name="beanInstanceName" property="propertyName" />
```

属性说明如下。

(1) name＝"beanInstanceName":Bean 的名字,由<jsp:useBean>定义。

（2）property＝"propertyName"：指定所获取的 Bean 中的属性名字。

<jsp:getProperty>标签的具体用法详见第 9 章。

4.3.4 jsp:include 操作指令

功能：在 JSP 文件中包含一个静态或动态文件。

语法格式如下：

```
<jsp:include   page="relativeURL / <%= expression%>"        />
```

属性说明如下。

page＝"relativeURL / <％＝ expression ％>"：属性值指明所包含文件的相对路径，或者是由 expression 所代表的相对路径的表达式。

注意：<jsp:include>动作标签可以包含静态文件或者动态文件。但二者有很大的不同。若包含静态文件，被包含文件的内容将直接嵌入 JSP 文件中存放<jsp:include>指令的位置，而且当静态文件改变时，必须将 JSP 文件重新保存（重新转译），然后才能访问到变化了的文件。如果包含的文件是动态文件，那么将把动态执行的结果传回包含它的 JSP 页面中。若动态文件被修改，则重新运行 JSP 文件就会同步发生变化。而且书写该标签时，"jsp""："以及"include"三者之间不要留有空格，否则会出错。

下面我们给出一个使用<jsp:include>动作标签的例程 ex4-9.jsp，其源程序如下。

```
ex4-9.jsp 源程序
<%@ page contentType="text/html;charset=GB2312" %>
<html>
<head><title>示例 4-9 </title></head>
<body>
<h1>以下将显示 JSP 中所包含的一个静态文本</h1>
<h3>
<jsp:include   page="Java/hello.txt">
</jsp:include>
</h3>
</body>
</html>
```

ex4-9.jsp 文件中所包含的静态文本文件 hello.txt 的源程序如下。

```
hello.txt 源程序
<br>
<br>
我们可以使用<jsp:include>标签把一个静态文件嵌入 JSP 文件中！
<br>
<br>
```

我们将 ex4-9.jsp 存放在 D:\Tomcat\webapps\ROOT 下。在 ROOT 目录下建立一个子目录 Java，将 hello.txt 存放在 D:\Tomcat\webapps\ROOT\Java 下。然后在浏览器中输入"http://localhost:8080/ex4-9.jsp"，按 Enter 键后将显示如图 4-7 所示的结果。

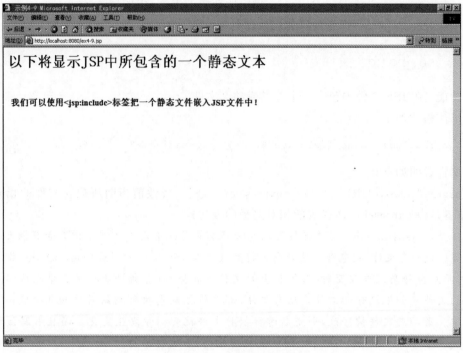

图 4-7　ex4-9.jsp 的运行结果

4.3.5　jsp:forward 操作指令

功能：用于将浏览器显示的网页重定向到另一个 HTML 文件或 JSP 文件。

语法格式如下：

```
<jsp:forward    page="relativeURL" | "<%= expression %>"    >
</jsp:forward>
```

或

```
<jsp:forward    page="relativeURL" |"<%= expression %>"    />
```

属性说明如下。

page＝"relativeURL / <％＝ expression ％>"：属性值可以是表达式或字符串，指明将要定向的文件的 URL 地址。

注意：page 属性所指定的转向文件可以是 JSP、程序段，或者其他能够处理 request 对象的文件。

下面我们给出一个使用<jsp:forward>操作指令的例程 ex4-10.jsp，其源程序如下。

ex4-10.jsp 源程序

```
<%@ page contentType="text/html;charset=GB2312" %>
<html>
<head><title>示例 4-10 </title></head>
<body>
```

```
<jsp:forward  page="Java/hello.html">
</jsp:forward>
</body>
</html>
```

ex4-10.jsp 所转向的 hello.html 文件的源程序如下。

hello.html 源程序
```
<html>
<body>
<center>
<br><br><br><br>
<h2>
```

以下显示的是从 ex4-10.jsp 页面所转向的文件 hello.html 的内容

。

我们可以使用<jsp:forward>标签将 JSP 页面重定向到另一个 HTML 文件或 JSP
文件!

```
</h2></center>
</body>
</html>
```

我们将 ex4-10.jsp 存放在 D:\Tomcat\webapps\ROOT 下。然后将 ex4-10.jsp 所包含的 hello.txt 存放在 D:\Tomcat\webapps\ROOT\Java 下。在浏览器中输入"http://localhost:8080/ex4-10.jsp",按 Enter 键将显示如图 4-8 所示的结果。

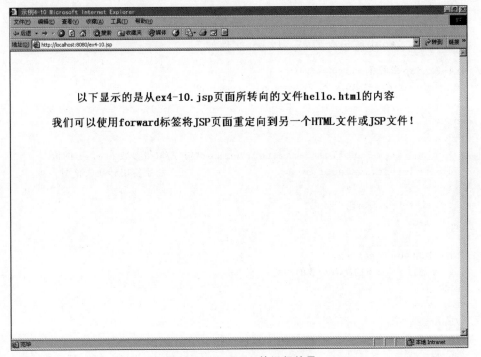

图 4-8   ex4-10.jsp 的运行结果

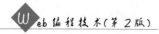

4.3.6　jsp：param 操作指令

功能：为其他标签提供附加信息。

语法格式如下：

```
<jsp:param        name="参数名字"      value="参数的值"        />
```

注意：该标签必须配合<jsp：include>、<jsp：forward>动作标签一起使用。当与<jsp：include>标签一起使用时，可以将 param 组件中的参数值传递到 include 指令要包含的文件中。

下面我们给出一个使用<jsp：param>操作指令的例程 ex4-11.jsp，其源程序如下。

ex4-11.jsp 源程序
```jsp
<%@ page contentType="text/html;charset=GB2312" %>
<html>
<head><title>示例 4-11 </title></head>
<body>
<center>
<h1>将 ex4-12.jsp 文件中的信息传给 ex4-11.jsp 后所得结果如下：</h1>
</center>
<jsp:include page="ex4-12.jsp">
<jsp:param name="number" value="24"/>
</jsp:include>
</body>
</html>
```

ex4-11.jsp 文件中所包含的 ex4-12.jsp 文件如下：

ex4-12.jsp 源程序
```jsp
<%@ page contentType="text/html;charset=GB2312" %>
<html>
<body>
<%
   String str=request.getParameter("number"); //取得参数 number 的值
   int m=Integer.valueOf(str);                 //将字符串转换成整型
   int s=0;
   for(int i=1;i<=m;i=i+2)
       s=s+i ;
%>
<br><br><br><center>
<h2>不超过<%=m%>的所有奇数的和为：
<br>
<%=s%>
</center>
</body>
</html>
```

我们将 ex4-11.jsp 以及 ex4-12.jsp 存放在 D：\Tomcat\webapps\ROOT 下。然后在

浏览器中输入"http://localhost:8080/ex4-11.jsp",按 Enter 键后将显示如图 4-9 所示的结果。

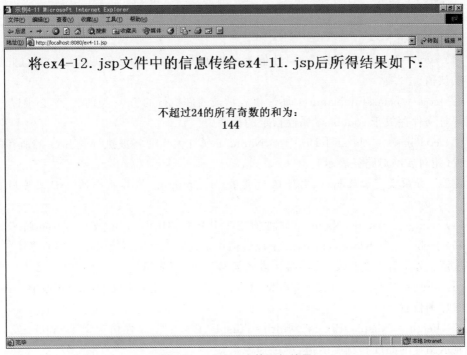

图 4-9 ex4-11.jsp 的运行结果

4.3.7 jsp:plugin 操作指令

功能:让客户端执行一个小 Java 程序(applet 或 Bean),有可能的话还要下载一个 Java 插件,用于执行它。

语法格式如下:

```
<jsp:plugin
type="bean|applet"
code="classFileName"
codebase="classFileDirectoryName"
[ name="instanceName" ]
[ archive="URIToArchive, ..." ]
[ align="bottom | top| middle| left| right" ]
[ height="displayPixels" ]
[ width="displayPixels" ]
[ hspace="leftRightPixels" ]
[ vspace="topBottomPixels" ]
[ jreversion="JREVersionNumber|1.1" ]
[ nspluginurl="URLToPlugin" ]
[ iepluginurl="URLToPlugin" ] >
```

```
[ <jsp:param name="parameterName"  value="parameterValue / <%=expression
%>"/> ]
[ <jsp:fallback> text message for user </jsp:fallback> ]
</jsp:plugin>
```

属性说明如下。

(1) type="bean / applet"：属性值表示将被执行的插件对象的类型。注意此属性没有默认值。

(2) code="classFileName"：属性值表示被插件执行的 Java 类的名字,必须以.class 结尾并且文件存放于 codebase 属性指定的目录中。

(3) codebase="classFileDirectoryName"：属性值指明将被执行的 Java 类所在的目录位置(相对或绝对路径表示)。

注意：如果没有设此属性,则默认为调用<jsp:plugin>操作指令的 JSP 文件所在的目录。

(4) name="instanceName"：属性值指明 JSP 所调用的 Bean 或 applet 的名字。

(5) archive="URIToArchive,..."：属性值用来说明 JSP 中将要引用的类的路径名。

注意：若要引用多个类,这些路径名之间必须用“,”分隔。

(6) align="bottom | top| middle| left| right"：属性值定义了 applet 或 Bean 中所显示图片的位置。

(7) height="displayPixels" width="displayPixels"：属性值定义了 applet 或 Bean 中所显示图片的高度和宽度的值,单位为像素。

(8) hspace="leftRightPixels" vspace="topBottomPixels"：属性值定义了 applet 或 Bean 中所显示图片距屏幕左右或上下边界的距离,单位为像素。

(9) jreversion="JREVersionNumber / 1.1"：属性值描述了 applet 或 Bean 运行所需的 Java 虚拟机的版本号,默认值是 1.1。

(10) nspluginurl="URLToPlugin"：属性值给出用户可以下载 Netscape 公司的 Navigator 浏览器的 URL 地址(包括协议名、端口号、文件名)。

(11) iepluginurl="URLToPlugin"：属性值为用户可以下载 IE 的 JRE 插件的 URL,此值为一个标准的带有协议名、可选的端口号和文件名的全 URL。

(12) <jsp:param name="parameterName" value="parameterValue / <%= expression %>" />：属性值规定了向 applet 或 Bean 所传送的参数值。

(13) <jsp:fallback>text message for user </jsp:fallback>：此标签中的信息作为当 Java 插件不能启动时显示给用户的文本。

注意：若插件能够启动但是 applet 或 Bean 不能正常启动,浏览器则会弹出一个出错信息窗口。

下面我们给出一个使用<jsp:param>操作指令的例程 ex4-13.jsp,其源程序如下。

ex4-13.jsp 源程序

```
<%@ page contentType="text/html;charset=GB2312" %>
<html>
<body>
```

```
<center>
<h1>ex4-13.jsp 文件中所加载的 HelloApplet.class 文件的结果如下: </h1>
</center>
<jsp:plugin type="applet"  code="HelloApplet.class"  jreversion="1.2"
width="500"  height="50">
<jsp:fallback>
不能启动插件!
</jsp:fallback>
</jsp:plugin>
</body>
</html>
```

其中插件所执行的类 HelloApplet 的源文件为 HelloApplet.java,其源程序如下。

```
import java.applet.*;
import java.awt.*;
public class HelloApplet extends Applet
{
   public void paint(Graphics g)
    {
    g.setColor(Color.red);
    g.drawString("我们要学会使用<jsp:plugin>标签",5,10);
    g.setColor(Color.blue);
    g.drawString("将一个 applet 小程序嵌入 JSP 中",5,30);
    }
}
```

我们将 ex4-13.jsp 存放在 D:\Tomcat\webapps\ROOT 下。将 HelloApplet.java 文件经过 Java 编译器编译成功后生成的 HelloApplet.class 字节码文件存放在 D:\Tomcat\webapps\ROOT 下,然后在浏览器中输入“http://localhost:8080/ex4-13.jsp”,按 Enter 键将导致访问 Sun 公司的网站,并且弹出下载 Java Plug-in 的界面。显示结果如图 4-10 所示。

图 4-10　Java Plug-in 的下载界面

下载完毕出现 Java Plug-in 插件的安装界面,按照向导提示逐步完成安装过程,如图 4-11 所示。

然后就可以使用 JVM(Java 虚拟机)而不是 IE 自带的 JVM 来加载执行 HelloApplet.class 字节码文件了,其运行结果如图 4-12 所示。

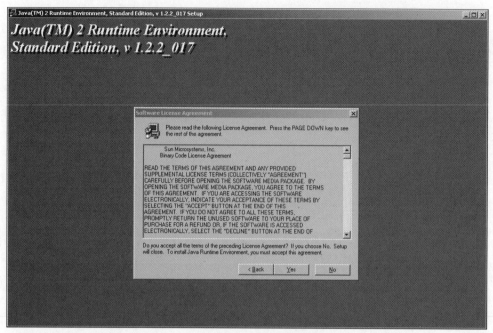

图 4-11　Java Plug-in 插件的安装界面

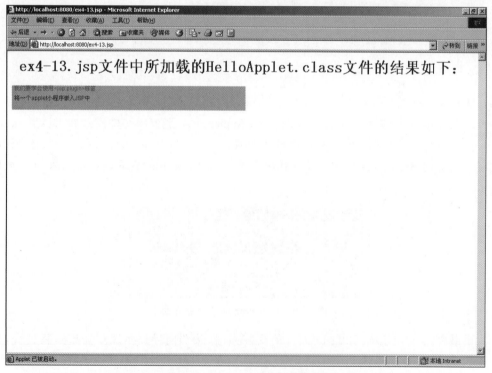

图 4-12　ex4-13.jsp 的运行结果

本 章 小 结

JSP 是由 Sun 公司为创建动态 Web 内容而定义的一种技术。JSP 页面看起来像普通的 HTML 页面，但它允许嵌入执行代码，这一点和 ASP 技术非常相似。JSP 使得我们能够分离页面的静态 HTML 和动态部分。JSP 可用任何文本编辑器（如记事本等）编写，只要以"jsp"为扩展名保存即可。在编写 JSP 文件时，可以先编写 HTML 文档，然后在其中嵌入 Java 代码创建动态内容。本章重点介绍了 JSP 的基本语法、JSP 的编译指令以及 JSP 的操作指令；要求读者熟练掌握 JSP 的编译指令、操作指令的使用。

习题及实训

1. 请说出一个 JSP 页面的基本组成。

2. JSP 的编译指令包括哪些？请叙述各自的特点。

3. JSP 的操作指令包括哪些？这些操作指令有什么作用？

4. 利用<jsp:include>操作指令可以在 JSP 页面中包含静态文件和动态文件，这两种方式有什么区别？

5. 编写两个文档，一个是 JSP 文档命名为 MYJSP.jsp，另一个是普通的 HTML 文档，命名为 MYPHOTO.html。

要求：在 MYPHOTO.html 中插入自己的照片，在 MYJSP.jsp 中嵌入<jsp:include>操作指令，当在 IE 中运行 MYJSP.jsp 时能够将 MYPHOTO.html 中的照片显示出来。

第5章

chapter 5

JSP 常用对象

本章要点

本章重点介绍了 JSP 编程时常见的 8 种内部对象，它们分别是 request、response、session、application、out、pageContext、config 和 exception，通过本章学习，读者可以掌握 JSP 常见内部对象的语法、原理及使用方法，并结合案例加以练习，最终掌握基于 JSP 常见内部对象的编程技术。

表 5-1 列出了 JSP 中常见的 8 种内部对象。

表 5-1　JSP 中常见的 8 种内部对象

内部对象名	主要功能
request	封装用户提交的请求信息
response	封装响应用户请求的信息
session	在用户请求时期保存对象属性
application	提供存取 servlet class 环境信息的方法
out	向客户端输出信息
pageContext	存取 JSP 执行过程中需要用到的属性和方法
config	提供存取 servlet class 初始参数及 Server 环境信息
exception	在页面出错时产生无法控制的 Throwable

5.1　request

request 对象的类型是一个执行 javax.servlet.http.HttpServletRequest 界面的类。当客户端请求一个 JSP 网页时，客户端的请求信息将被 JSP 引擎封装在这个 request 对象中。该对象调用相应的方法便可以获取用户提交的信息。下面介绍 request 对象中的常用方法。

（1）getCookies()：返回客户端的 cookie 对象，结果是一个 cookie 数组。

（2）getHeader(String name)：获得 HTTP 协议定义的传送文件头信息，如 request.getHeader("User-agent")返回客户端浏览器的版本号、类型等信息。

（3）getAttribute(String name)：返回 name 指定的属性值,若不存在指定的属性,就返回空值(null)。

（4）getattributeNames()：返回 request 对象所有属性的名字,结果集是一个 Enumeration 类的实例。

（5）getHeaderNames()：返回所有请求标头(request header)的名字,结果集是一个 Enumeration 类的实例。

（6）getHeaders(String name)：返回指定名字的请求标头的所有值,结果集是一个 Enumeration 类的实例。

（7）getMethod()：获得客户端向服务器端传送数据的方法(如 GET、POST 和 PUT 等类型)。

（8）getParameter(String name)：获得客户端传送给服务器端的参数值,该参数由 name 指定。

（9）get parameterNames()：获得客户端传送给服务器端的所有参数名,结果集是一个 Enumeration 类的实例。

（10）getParameterValues(String name)：获得参数 name 所包含的值(一个或多个)。

（11）getQueryString()：获得由客户端以 GET 方式向服务器端传送的字符串。

（12）getRequestURI()：获得发出请求字符串的客户端地址。

（13）getServletPath()：获得客户端所请求的脚本文件的文件路径。

（14）setAttribute(String strname,Java.lang.Object obj)：设定名字为 strname 的 request 参数值,该值由 Object 类型的 obj 指定。

（15）getServerName()：获得服务器的名字。

（16）getServerPort()：获得服务器的端口号。

（17）getRemoteAddr()：获得客户端的 IP 地址。

（18）getRemoteHost()：获得客户端电脑的名字,若失败,则返回客户端电脑的 IP 地址。

（19）getProtocol()：获取客户端向服务器端传送数据所使用的协议名称(如 http/1.1)。

通常用户向 JSP 页面提交信息是借助于表单来实现的。我们知道表单中包含文本框、列表、按钮等输入标记。当用户在表单中输入完信息后,单击 Submit 按钮这些信息将被提交。客户端可以使用 post 以及 get 两种方法实现提交。它们的区别是 get 方法提交的信息会显示在 IE 浏览器的地址栏中,而 post 方法不会显示,提交后的信息就被封装在 request 对象中。通常 request 对象调用 getParameter()方法获取用户提交的信息。下面我们给出利用 request 对象获取客户提交页面信息的例程 ex5-1.jsp,其源程序如下。

ex5-1.jsp 源程序
```
<%@ page  contentType="text/html;charset=GB2312"%>
<html>
<head>
<title>示例 5-1 </title>
</head>
<body><h1><center>
```

```
<form method="POST" action="do51.jsp" name="fm">
<br> <br>
请输入您的尊姓大名：<input type="text" name="user" size="20">
</h1><br> <br>
<input type="submit" value="我要提交" name="sm">
</center>
</form>
</body>
</html>
```

程序 ex5-1.jsp 通过表单向 do51.jsp 提交信息。do51.jsp 通过 request 对象获取用户提交页面的信息。do51.jsp 的源程序如下。

do51.jsp 源程序

```
<%@ page   contentType="text/html;charset=GB2312"%>
<%@ page   import="java.util. * "%>
<html>
<head>
<title></title>
</head>
<body>
<h4><center>
<br>
<%
out.println("客户协议： " + request.getProtocol());
out.println("<br>");
out.println("服务器名： " + request.getServerName());
out.println("<br>");
out.println("服务器端口号： " + request.getServerPort());
out.println("<br>");
out.println("客户端 IP 地址： " + request.getRemoteAddr());
out.println("<br>");
out.println("客户机名： " + request.getRemoteHost());
out.println("<br>");
out.println("客户提交信息长度： " + request.getContentLength());
out.println("<br>");
out.println("客户提交信息类型： "+ request.getContentType());
out.println("<br>");
out.println("客户提交信息方式： " + request.getMethod());
out.println("<br>");
out.println("Path Info: " + request.getPathInfo());
out.println("<br>");
out.println("Query String: " + request.getQueryString());
out.println("<br>");
out.println("客户提交信息页面位置： " + request.getServletPath());
out.println("<br>");
```

```
out.println("HTTP头文件中 accept-encoding 的值: " + request.getHeader
("Accept-Encoding"));
out.println("<br>");
out.println("HTTP头文件中 User-Agent 的值 : " + request.getHeader("User-
Agent"));
out.println("<br>");
%>
</h4>
<h2>
您的名字是:
</h2>
<h1>
<% String  username=request.getParameter("user"); %>
<%=username%>
</h1>
</body>
</html>
```

将 ex5-1.jsp 和 do51.jsp 保存到 D:\Tomcat\webapps\ROOT 下面,然后在 IE 浏览器的地址栏中输入"http://localhost:8080/ex5-1.jsp",按 Enter 键后屏幕显示如图 5-1 所示。

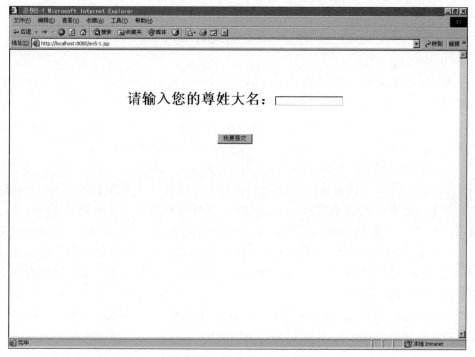

图 5-1　ex5-1.jsp 的运行结果

在文本框中输入名字后单击"我要提交"按钮,效果如图 5-2 所示。

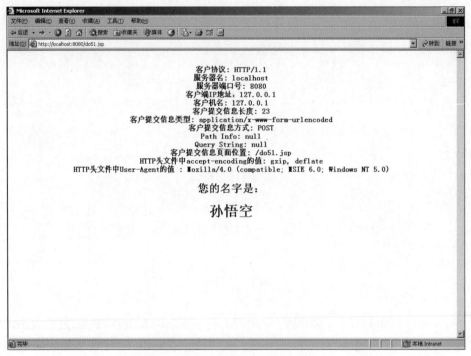

图 5-2　提交后 ex5-1.jsp 的运行结果

5.2　response

　　response 对象的类型为 javax.servlet.http.HttpServletResponse 类。当用户向服务器端提交了 HTTP 请求后,服务器将会根据用户的请求建立一个默认的 response 对象,然后传入 JspService()函数中,给客户端提供响应的信息。下面介绍 response 对象中所包含的方法。

　　(1) setContentType(String s):该方法可以改变 ContentType 的属性值。当用户访问一个 ContentType 属性值是“text/html”的 JPS 页面时,JPS 引擎将按照 ContentType 属性的值来响应客户的请求信息。response 对象可以调用该方法来设置 ContentType 的值,其中参数 s 可取“text/html”“application/x-msexcel”和“application/msword”等。

　　(2) sendRedirect(URL):该方法将实现客户的重定向。即在处理客户请求的过程中,可能会根据不同事件将客户重新引导至另一个页面。其中参数 URL 的值为重定向页面所在的相对路径。

　　(3) addCookie(Cookie cookie):该方法将实现添加 1 个 Cookie 对象。Cookie 可以保存客户端的用户信息。通过 request 对象调用 getCookies()方法可获得这个 Cookie。

　　(4) addHeader(String name,String value):该方法将实现添加 HTTP 文件头。该 Header 将会传到客户端,若同名的 Header 存在,原来的 Header 会被覆盖。其中参数 name 指定 HTTP 头的名字,参数 value 指定 HTTP 头的值。

（5）containsHeader(String name)：该方法判断参数 name 所指名字的 HTTP 文件头是否存在，如果存在返回 true，否则返回 false。

（6）sendError(int ernum)：该方法实现向客户端发送错误信息。其中参数 ernum 表示错误代码。例如当 ernum 为 404 时，表示网页找不到。

（7）setHeader(String name, String value)：该方法将根据 HTTP 文件头的名字来设定它的值。如果 HTTP 头原来有值，则它将会被新值覆盖。其中参数 name 表示 HTTP 头的名字，参数 value 指定 HTTP 头的值。

下面我们给出利用 response 对象实现客户重定向的例程 ex5-2.jsp 和 do52.jsp，源程序如下。

ex5-2.jsp 源程序

```
<%@ page   contentType="text/html;charset=GB2312"%>
<html>
<head>
<title>示例 5-2 </title>
<head>
<body>
<form method="POST" action="do52.jsp" name="fm">
<p align="center">
音乐前沿网——用户注册
<p align="center">
您的尊姓大名: < input type=" text" name=" user" size=" 20" >    
   
您的密码: <input type="password" name="pwd" size="20"><br> <br>
<p>您最喜欢的歌星:
<input type="checkbox" name="sports" value=ldh>刘德华
<input type="checkbox" name="sports" value=lry>刘若英
   
   
您的性别:
<input type="radio" name="sexy" value=male> 男
<input type="radio" name="sexy" value=female> 女 <br><br>
<p>请填写一条您最欣赏的歌词: </p>
<textarea NAME="Computer" ROWS=6   COLS=64>
    不经历风雨,怎么见彩虹。
</textarea><br><br>
您的家庭所在地:
<select   name="area" style="width"50"   size="1">
    <option value="fz"   selected > 福州 </option>
    <option value="xm" > 厦门 </option>
    <option value="qz" > 泉州 </option>
    <option value="cq" > 三明 </option>
</select> <br><br>
<p>您最喜欢的小动物的图片:
<input type="image" name="os" src="c:\image\cat.jpg">
   
   
```

```
<br><br>
<center>
<input type="submit" value="提交">
<input type="reset" value="重填">
</p>
</center>
</form>
</body>
</html>
```

do52.jsp 源程序

```
<%@ page  contentType="text/html;charset=GB2312"%>
<%@ page  import="java.util. * "%>
<html>
<head>
<title></title>
</head>
<body>
<h1><center>
<br><br><br>
<%
   String username=request.getParameter("user");
    if(username==null)
      {
      username="";
      }
    byte userbyte[]=username.getBytes("ISO-8859-1");
    username=new String(userbyte);
    if(username.equals(""))
     {
     response.sendRedirect("ex5-2.jsp");
     }
    else
     {
     out.println("<br>");
     out.print("欢迎");
     out.println(username);
     out.print("进入音乐前沿网站!");
     out.println("<br>");
     }
%>
</h1>
</body>
</html>
```

将 ex5-2.jsp 和 do52.jsp 保存到 D:\Tomcat\webapps\ROOT 下面,然后在 IE 浏览器的地址栏中输入"http://localhost:8080/ex5-2.jsp",按 Enter 键后屏幕显示如图 5-3 所示。

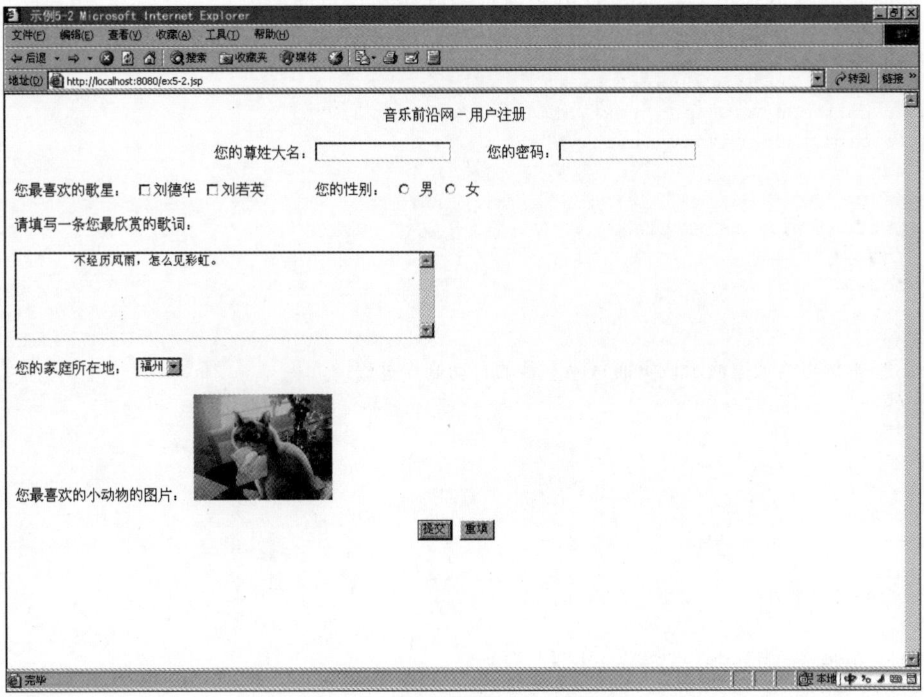

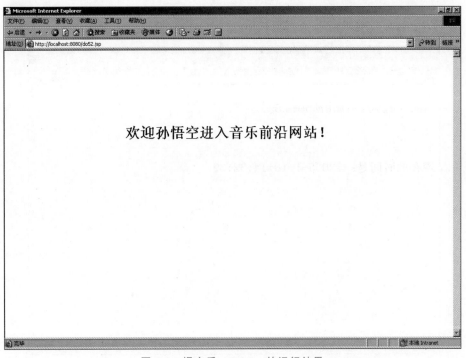

图 5-3　ex5-2.jsp 的运行结果

当输入完信息（注意要输入用户名）单击"提交"按钮后，效果如图 5-4 所示。

图 5-4　提交后 ex5-2.jsp 的运行结果

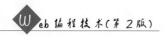

下面我们给出利用 response 对象实现自动刷新客户页面的例程 ex5-3.jsp,源程序如下。

```
ex5-3.jsp 源程序
<%@ page language="java" %>
<%@ page contentType="text/html;charset=gb2312"%>
<%@ page import="java.util. * "%>
<html>
<head>
<title>示例 5-3 </title>
</head>
<body>
<br>
<br>
<h3>本例将给大家演示该页面每隔 1 秒的自动刷新过程
</h3>
<br>
<br>
<br>
<br>
<br>
<h1>
现在的时间是:
<%
response.setHeader("refresh","1");
out.println(new Date().toLocaleString());
%>
</h1>
</body>
</html>
```

ex5-3.jsp 的运行结果如图 5-5 所示。

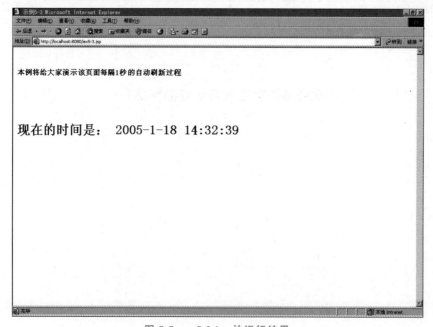

图 5-5 ex5-3.jsp 的运行结果

5.3　session

session 是会话的意思。其实它指的是当一个用户从在客户端打开 IE 浏览器并连接到服务器端开始，一直到该用户关闭 IE 浏览器为止的这段时期。在这段时期内，该用户会在这个服务器的不同页面之间跳转（按照经验，没有哪个用户登录网站后只锁定一个页面），甚至会反复刷新服务器上的某一个页面。那么服务器用什么办法才能知道和当前页面连接的用户是不是同一个用户呢？服务器又是怎样获取用户在访问各个页面期间所提交的信息的呢（连接一旦关闭，服务器是不会保留先前连接的信息的）？要解决这些问题就需要 session 对象。

session 对象在第一个 JSP 页面被装载时自动创建，完成会话期管理。当用户第一次登录网站时，服务器端的 JSP 引擎将为该用户生成一个独一无二的 session 对象，用以记录该用户的个人信息，一旦该用户退出网站，那么属于他的 session 对象将会注销。session 对象可以绑定若干人的信息或者 Java 对象。如果不同 session 对象内部定义了相同的变量名，那么这些同名变量是不会相互干扰的。需要说明的是，session 对象中所保存和检索的信息不能是基本数据类型，必须是 Java 语言中相应的 Object 对象。下面我们给大家介绍 session 对象中所包含的方法。

（1）setAttribute(String key, Object obj)：该方法实现将参数 obj 所指定的对象添加到 session 对象中，并为添加的对象指定一个索引关键字。索引关键字的值由参数 key 确定。

（2）getAttribute(String name)：该方法实现从 session 对象中提取由参数 name 指定的对象。若该对象不存在，将返回 null。

（3）getattributeNames()：该方法返回 session 对象中存储的第一个对象，结果集是一个 Enumeration 类的对象。我们可以使用 nextElements() 来遍历 session 中的全部对象。

（4）getCreationTime()：该方法将返回创建 session 对象的时间，以毫秒为单位，从 1970 年 1 月 1 日起计数。

（5）getId()：每生成一个 session 对象，服务器都会给其分配一个独一无二的编号，该方法将返回当前 session 对象的编号。

（6）getLastAccessedTime()：该方法将实现返回当前 session 对象最后一次被操作的时间，即 1970 年 1 月 1 日起至今的毫秒数。

（7）getMaxInactiveInterval()：该方法将获得 session 对象的生存时间，单位为秒。

（8）removeAttribute(String name)：该方法将实现从 session 中删除由参数 name 所指定的对象。

（9）isNew()：该方法判断是不是一个新的用户。如果是返回 true，否则返回 false。

为了说明 session 对象的具体应用，下面我们用三个页面模拟一个多页面的 Web 应用。用户访问 ex5-4.jsp 时所输入的姓名在 do54.jsp 中被保存在 session 对象中，它对其后继的页面 newdo54.jsp 一样有效。它们的源程序如下。

ex5-4.jsp 源程序

```jsp
<%@ page   contentType="text/html;charset=GB2312"%>
<html>
<head>
<title>示例 5-4 </title>
<head>
<body>
<form method="POST" action="do54.jsp" name="fm">
<center>
<br>
<br>
<br>
<h1>
请输入您的尊姓大名: <input type="text" name="user" size="20">
<br>
<br>
<input type="submit" value="提交">
<input type="reset" value="重填">
</center>
</form>
</body>
</html>
```

do54.jsp 源程序

```jsp
<%@page   contentType="text/html;charset=GB2312"%>
<html>
<head>
<title></title>
<head>
<body>
<center>
<h1>
<br>
<br>
<br>
<%@page language="java"%>
<%! String username="";%>
<%
    username=request.getParameter("user");
    session.putValue("name",username);
%>
很高兴认识<%=username%>!
<br>
<form method="POST" action="newdo54.jsp" name="fom">
请输入您最欣赏的歌星的名字: <input type="text" name="singer" size="20">
<br>
<br>
<input type="submit" value="提交">
<input type="reset" value="重填">
</center>
</h1>
</form>
</body>
</html>
```

newdo54.jsp 源程序

```
<html>
<head>
<title></title>
<head>
<body>
<center>
<h1>
<br>
<br>
<br>
<%@page language="java"%>
<%! String singername="";%>
<%
    String name;
    singername=request.getParameter("singer");
    name=(String)session.getValue("name");
%>
<%=name%>最欣赏的歌星是<%=singername%>
</center>
</h1>
</form>
</body>
</html>
```

　　将 ex5-4.jsp、do54.jsp 和 newdo54.jsp 保存到 D：\Tomcat\webapps\ROOT 下面,然后在 IE 浏览器的地址栏中输入"http://localhost:8080/ex5-4.jsp",按 Enter 键后屏幕效果如图 5-6 所示。

图 5-6　ex5-4.jsp 的运行结果

在文本框中输入姓名"孙梨花",单击"提交"按钮后屏幕效果如图 5-7 所示。

图 5-7　提交后 ex5-4.jsp 的运行结果

在文本框中输入歌星名"张学友",单击"提交"按钮后屏幕效果如图 5-8 所示。

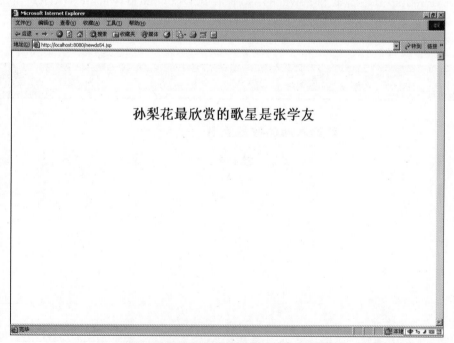

图 5-8　再次提交后 ex5-4.jsp 的运行结果

5.4　out

out 对象的类型是一个继承自抽象的 javax.servlet.jsp.JspWriter 类。实际上 out 对象是一个输出流，可以向客户端输出数据。同时 out 对象还可以管理应用服务器上的输出缓冲区。下面我们给大家介绍 out 对象中的方法。

（1）out.print（类型名）：此方法实现向客户端输出各种类型的数据，如 out.print(char)。

（2）out.println（类型名）：此方法实现向客户端换行输出各种类型的数据。

（3）out.newLine()：此方法实现向客户端输出一个换行符。

（4）out.flush()：此方法实现向客户端输出缓冲区的数据。

（5）out.close()：此方法用来关闭输出流。

（6）out.clearBuffer()：此方法实现清除缓冲区中的数据，并把数据写到客户端。

（7）out.clear()：此方法清除缓冲区中的数据，但不把数据写到客户端。

（8）out.getBufferSize()：此方法用来获得缓冲区的大小，缓冲区的大小可用<%@ page buffer="size" %>设置。

（9）out.getRemaining()：此方法用来获得缓冲区没有使用的空间的大小。

（10）out.isAutoFlush()：此方法用来设置是否自动向客户端输出缓冲区中的数据。返回值为布尔类型，如果是则返回 true，否则返回 false。是否 auto flush 我们可用<%@ page is AutoFlush="true/false"%>来设置。

下面我们给出利用 out 对象向客户端输出信息的例程 ex5-5.jsp，源程序如下。

ex5-5.jsp 源程序

```
<%@ page contentType="text/html;charset=GB2312" %>
<%@ page  import="java.util. * "%>
<html>
<head>
<title>示例 5-5
</title></head>
<body>
<h1>
<br>
<br>
<br>
<br>
<center>
<%
  Date  Nowdate = new Date();
  String nowhour=String.valueOf(Nowdate.getHours());
  String nowmin=String.valueOf(Nowdate.getMinutes());
  String nowsec=String.valueOf(Nowdate.getSeconds());
%>
```

```
现在是北京时间:
<%out.print(nowhour);%>
时
<%out.print(nowmin);%>
分
<%out.print(nowsec);%>
秒
</center>
</h1>
</body>
</html>
```

ex5-5.jsp 的运行结果如图 5-9 所示。

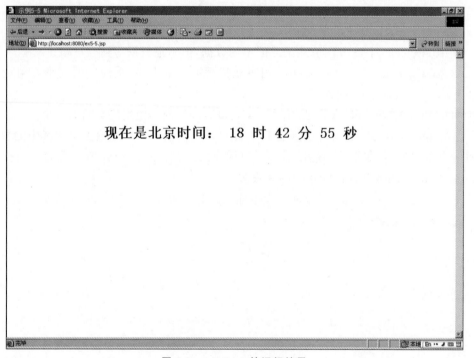

图 5-9   ex5-5.jsp 的运行结果

5.5 application

与 session 对象相似,当一个用户首次访问服务器上的一个 JSP 页面时,服务器的 JSP 引擎就为该用户创建了 application 对象,当客户在服务器的各个页面之间浏览时,这个 application 对象都是同一个,直到服务器关闭。但是与 session 对象不同的是,所有用户的 application 对象都是同一个,即所有用户共享这个 application 对象。Application 对象由服务器创建,也由服务器自动清除,不能被用户创建和清除。下面我们给大家介绍 application 对象中的方法。

（1）getAttribute(String name)：该方法返回由参数 name 指定的、存放在 application 中的对象。注意返回时应该使用强制类型转换成为对象原来的类型。

（2）getattributeNames()：该方法返回所有存放在 application 中的对象，结果集是一个 Enumeration 类的对象。

（3）getInitParameter(String name)：该方法返回由参数 name 所指定的 application 中某个属性的初始值。

（4）getServerInfo()：该方法获得当前版本 Servlet 编译器的信息。

（5）setAttribute(String name,Object ob)：该方法用来将参数 ob 指定的对象添加到 application 中，并为添加的对象指定一个关键字。该关键字由 name 指定。

下面我们给出利用 application 对象实现统计来访者（只统计新用户，同一用户只计数一次）的例程 ex5-6.jsp，源程序如下。

ex5-6.jsp 源程序

```
<%@page language="java"%>
<%@page contentType="text/html;charset=gb2312"%>
<html>
<head>
<title>示例 5-6 </title>
</head>
<body>
<br>
<br>
<br>
<br>
<h1>
<center>
<%
String myname="吴大维";
int    myage=68;
String mypassword="4325255326";
application.setAttribute("myname",myname);
application.setAttribute("myage",(Integer.toString(myage)));
application.setAttribute("mypassword",mypassword);
out.println("我的姓名是: "+application.getAttribute("myname")+"<BR>");
out.println("我的年龄是: "+application.getAttribute("myage")+"<BR>");
out.println("我的口令是: "+application.getAttribute("mypassword")+"<BR>");
application.removeAttribute("password");
out.println("口令被移除了!"+application.getAttribute("password")+"<BR>");
%>
</h1>
</center>
</body>
</html>
```

ex5-6.jsp 的运行结果如图 5-10 所示。

图 5-10　ex5-6.jsp 的运行结果

5.6　exception

我们无法保证在进行 JSP 编程时不发生错误。那么当 JSP 文件执行过程中发生了错误该如何处理呢？实际上 exception 对象是专门负责处理这个问题的。但要注意 exception 对象一般要和 page 指令一起配合使用，通过指定某个页面为错误处理页面，把 JSP 文件执行时所有发生的错误和异常都集中到那个页面去进行处理，这不仅提高了系统的统一性，程序流程也变得更加简单清晰。下面我们给大家介绍 exception 对象中的方法。

（1）getMessage()：该方法返回错误信息。

（2）printStackTrace()：该方法以标准错误的形式输出一个错误和错误的堆栈。

（3）toString()：该方法以字符串的形式返回一个对异常的描述。

下面我们给出例程 ex5-7.jsp、do57.jsp 以及 er.jsp，它们利用 exception 对象处理当用户输入的数据不是整数时所发生的错误。它们的源程序如下。

ex5-7.jsp 源程序

```
<%@page language="java"%>
<%@page contentType="text/html;charset=gb2312"%>
<html>
<head>
<title>示例 5-7</title>
</head>
```

```
<body>
<br>
<br>
<br>
<br>
<h1>
<center>
<form method="POST" action="do57.jsp" name="fom">
请输入整数：<input type="text" name="number" size="20">
<br>
<br>
<input type="submit" value="提交">
<input type="reset" value="重填">
</h1>
</center>
</body>
</html>
```

do57.jsp 源程序

```
<%@page contentType="text/html;charset=gb2312" errorPage="er.jsp"%>
<html>
<head>
<title>
</title>
</head>
<body>
<%
    int number=0;
    try
      {
       number=Integer.parseInt(request.getParameter("number"));
      }
    catch(NumberFormatException e)
      {
        throw new  NumberFormatException("您输入的数字不是整数!");
      }
    %>
<%="您输入的整数是"+number%>
<br>
</body>
</html>
```

er.jsp 源程序

```
<%@page language="java"%>
<%@page isErrorPage="true"%>
<%@page contentType="text/html;charset=gb2312"%>
```

```
<head>
<title></title>
<head>
<body>
<center>
<h1>
<br>
<br>
<br>
<%=exception.toString()%>
</h1>
</center>
</body>
</html>
```

将 ex5-7.jsp、do57.jsp 和 er.jsp 保存到 D:\Tomcat\webapps\ROOT 下面,然后在 IE 浏览器的地址栏中输入"http://localhost:8080/ex5-7.jsp",按 Enter 键后结果如图 5-11 所示。

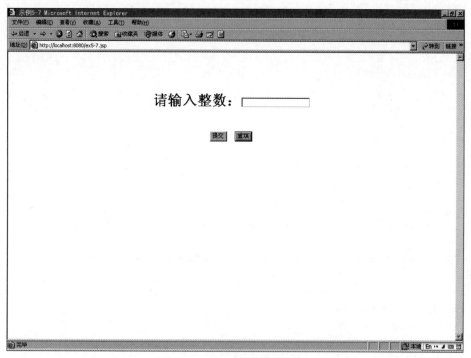

图 5-11　ex5-7.jsp 的运行结果

我们在文本框中输入"188",单击"提交"按钮后运行结果如图 5-12 所示。

我们在文本框中任意输入一个非整数"46.23",单击"提交"按钮后运行结果如图 5-13 所示。

图 5-12　正确提交后 ex5-7.jsp 的运行结果

图 5-13　错误提交后 ex5-7.jsp 的运行结果

5.7　pageContext

　　我们在进行 JSP 网页编程过程中，会用到大量的对象属性，如 session、application、out 等。事实上 pageContext 对象为我们提供了所有 JSP 程序执行过程中所需要的属性以及方法。pageContext 对象的类型是 javax.servlet.jsp.pageContext 抽象类。JSP 引擎通过 JspFactory.getDefaultFactory()方法取得默认的 JspFactory 对象,JspFactory 对象通过调用 getpageContext()方法取得 pageContext 对象。

5.8　config

config 对象主要为我们提供 servlet 类的初始参数以及有关服务器环境信息的 ServletContext 对象。config 对象的类型是 javax.servlet.ServletConfig 类。我们可以通过 pageContext 对象并调用它的 getServletConfig()方法来得到 config 对象。

本 章 小 结

本章主要介绍了 JSP 页面中常用的八大内置对象:request 对象、response 对象、session 对象、application 对象、out 对象、pageContext 对象、config 对象、exception 对象;这 8 个内置对象都是 Servlet API 的类或者接口的实例,只是 JSP 规范将它们完成了默认初始化,即它们已经是对象,可以直接使用。本章需要重点理解 Request 对象、Response 对象、Session 对象、Application 对象,并熟练掌握这些对象的使用。

习题及实训

1. 请说出 JSP 中常用的内置对象。
2. 简述 request 对象和 response 对象的作用。
3. session 对象与 application 对象有何区别?
4. 请编写 JSP 程序实现如图 5-14 所示的简易加法器。要求:输入完加数和被加数后,单击"提交计算"按钮,结果将显示在"答案"文本框中。

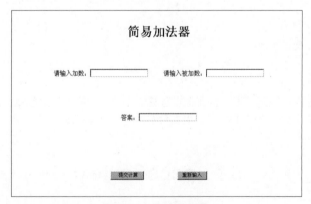

图 5-14　简易加法器

第 6 章

JDBC 数据库访问

本章要点

我们在进行网页编程时经常会处理大量的数据,这些数据不可能都放在 JSP 页面中。理想的办法是将数据存入数据库,然后在 JSP 页面中访问数据库来完成数据处理的过程。为实现这一环节我们必须在 JSP 中实现与数据库的连接。本章所用的后台数据库服务器是 SQL Server 2000(企业版),本章首先介绍 JDBC 技术与连接 SQL Server,然后详细说明数据库的各种基本操作。

6.1 SQL 和 JDBC

6.1.1 SQL 简介

1. 如何理解 SQL

SQL(Structured Query Language,结构化查询语言)起源于一种查询语言。这种语言是 IBM 的圣约瑟研究实验室为其关系数据库管理系统 SYSTEM R 开发的,它的前身是 SQUARE 语言。鉴于 SQL 结构简洁、功能强大、简单易学的特点,所以自 IBM 公司 1981 年推出 SQL 时便得到了广泛的应用。目前不管是大型的数据库管理系统(如 Oracle、Sybase、Informix、SQL Server 等),还是像 Visual FoxPro,PowerBuilder 这些微机上常用的数据库开发系统,都支持 SQL 作为查询语言。SQL 包含了 4 部分,它们分别如下。

(1) 数据查询语言(DQL-Data Query Language),如 SELECT。

(2) 数据操纵语言(DML-Data Manipulation Language),如 INSERT、UPDATE、DELETE。

(3) 数据定义语言(DDL-Data Definition Language),如 CREATE、ALTER、DROP。

(4) 数据控制语言(DCL-Data Control Language),如 COMMIT WORK、ROLLBACK WORK。

2. SQL 的技术优势

1) 非过程化语言

SQL 是一种非过程化的语言,因为它一次处理一个记录,对数据提供自动导航。

SQL 允许用户在高层的数据结构上工作,而不对单个记录进行操作,可操作记录集。所有 SQL 语句接受集合作为输入,返回集合作为输出。SQL 的集合特性允许一条 SQL 语句的结果作为另一条 SQL 语句的输入。SQL 不要求用户指定对数据的存放方法。这种特性使用户更易集中精力于要得到的结果。所有 SQL 语句使用查询优化器,它是 RDBMS 的一部分,由它决定对指定数据存取的最快速的手段。查询优化器知道存在什么索引,哪儿使用合适,而用户从不需要知道表是否有索引,表有什么类型的索引。

2) 数据库操作语言的统一

SQL 可用于所有用户的数据库活动模型,包括系统管理员、数据库管理员、应用程序员、决策支持系统人员及许多其他类型的终端用户。基本的 SQL 命令只需很少时间就能学会,最高级的命令在几天内便可掌握。SQL 为许多任务提供了命令,包括:

(1) 查询数据;

(2) 在表中插入、修改和删除记录;

(3) 建立、修改和删除数据对象;

(4) 控制对数据和数据对象的存取;

(5) 保证数据库一致性和完整性。

以前的数据库管理系统为上述各类操作提供单独的语言,而 SQL 将全部任务统一在一种语言中。

3) 支持所有的关系数据库

由于所有主要的关系数据库管理系统都支持 SQL,用户可将使用 SQL 的技能从一个关系数据库管理系统转到另一个关系数据库管理系统。所有用 SQL 编写的程序都有良好的可移植性。

6.1.2　JDBC 简介

1. JDBC 的概念

JDBC(Java DataBase Connectivity)是一个产品的商标名。相对于 ODBC(Open Database Connectivity,开放数据库连接)而言,也可以把 JDBC 看作是 Java 数据库连接。JDBC 由一些 Java 语言编写的类和界面组成,通过 SQL 为基于 Java 开发的访问大部分数据库系统的应用程序提供接口。Web 应用程序开发人员可以用纯 Java 语言编写完整的数据库应用程序。一般而言,JDBC 可以完成以下工作。

(1) 与一个数据库建立连接;

(2) 向数据库发送 SQL 语句;

(3) 处理数据库返回的结果。

JDBC 的这些特点完全适合 Web 编程的需要。JDBC 帮助 Java 实现了和各种不同类型的数据库连接,从而扩展了基于 Java 的 Web 编程能力。离开了 JDBC 我们在编程时就变得相当复杂。例如 JSP 要同时访问两个数据库,一个是 Oracle,另一个是 SQL Server,我们就必须写两个程序来实现,一个访问 Oracle,另一个访问 SQL Server。而这对于 JDBC 来说非常容易,因为它能够将 SQL 语句发往任何一种数据库管理系统。

2. JDBC 的工作方式

JDBC 有以下 4 种工作方式。

1）JDBC-ODBC Bridge＋ODBC 驱动（图 6-1）

JDBC-ODBC Bridge 驱动将 JDBC 调用翻译成 ODBC 调用，再由 ODBC 驱动翻译成访问数据库命令。

优点：可以利用现存的 ODBC 数据源来访问数据库。

缺点：从效率和安全性的角度来说效果比较差，不适合用于实际项目。

2）基于本地 API 的部分 Java 驱动（图 6-2）

我们的应用程序通过本地协议跟数据库打交道。然后将数据库执行的结果通过驱动程序中的 Java 部分返回给客户端程序。

优点：效率较高。

缺点：安全性较差。

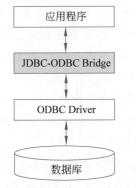

图 6-1　JDBC-ODBC Bridge＋ODBC 驱动　　图 6-2　基于本地 API 的部分 Java 驱动

3）基于 JDBC-middleware 驱动（图 6-3）

应用程序通过中间件访问数据库。

缺点：两段通信，效率比较差。

优点：安全性较好。

4）纯 Java 本地协议：通过本地协议用纯 Java 直接访问数据库（图 6-4）

特点：效率高，安全性好。

3. 剖析 ODBC 与 JDBC

目前市面上最流行的两种数据库接口就是 ODBC 和 JDBC。Microsoft 公司推出的 ODBC 是最早的整合不同类型数据库的数据库接口，获得极大的成功，现在已成为一种事实上的标准。ODBC 是基于 SQL 的，是在相关或不相关的数据库管理系统中存取数据的标准应用程序数据接口。它可以作为访问数据库的标准。这个接口提供了最大限度的相互可操作性：一个应用程序可以通过一组通用的代码访问不同的数据库管理系统。这样说似乎 ODBC 完全可以取代 JDBC，其实不然。我们可以从以下几点来说明。

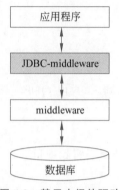

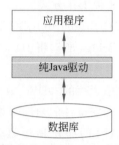

图 6-3   基于中间件驱动   图 6-4   通过本地协议用纯 Java 直接访问数据库

（1）因为 ODBC 是一个 C 语言接口，所以 ODBC 在 Java 中直接使用不合适。从 Java 中来调用 C 代码在安全性、健壮性、实现的方便性、可移植性等方面有许多不便。它使得 Java 在这些方面的许多优点得不到发挥。

（2）基于 C 语言的 ODBC 到基于 Java API 的 ODBC 的实现容易产生问题。毕竟 Java 和 C 在很多方面存在着差异，比如 C 语言中定义了指针类型，而 Java 语言中没有指针。

（3）从掌握难易程度而言，JDBC 要比 ODBC 更容易学习一些。因为 ODBC 对非常简单的操作，比如查询一个数据库都需设置复杂的选项。

（4）考虑到客户端的环境，ODBC 不能保证在任何一台客户机上使用（除非事先在这台客户机上安装了 ODBC 的驱动程序以及驱动管理器）。如果 JDBC 的驱动程序是由纯 Java 代码编写的，那么 JDBC 将适合任何的 Java 平台环境。

总之，JDBC 是基于 ODBC 的基础上建立起来的。它除了继承原有的 ODBC 的特征外还突出了 Java 语言的风格，成为支持 SQL 概念的最直接的 Java 编程 API。目前市面上的数据库产品五花八门，而 JDBC 给 Web 程序提供了独立于不同类型数据库的统一的访问方式。JDBC 实现这一功能必须安装相应的驱动程序，JDBC-ODBC 桥接器就是其中的一种，通过 JDBC-ODBC 桥，开发人员实现了将基于 Java 的 JDBC 调用映射为 ODBC 调用，而 ODBC 驱动程序已经被广泛采用，因此经过 JDBC-ODBC 桥的映射，JDBC 可以访问几乎所有类型的数据库。

注意：使用 JDBC-ODBC Bridge 访问数据库前必须设置数据源。

6.1.3   设置数据源

要开发数据库应用程序首先要解决数据源的问题，那么什么是数据源呢？简单来讲数据源就是实实在在的数据，通常指的是各种数据表。比如我们编写 JSP 页面时需要访问 SQL Server 中的表 studentinformation，启动 MicroSoft SQL Server 中的"企业管理器"，不难发现此表位于"控制台根目录\MicroSoft SQL Servers\SQL Server 组\(local)(Windows NT)\数据库\pubs\表"中，如图 6-5 所示。

要访问 studentinformation 表我们必须建立和 SQL Server 数据库的连接。其操作

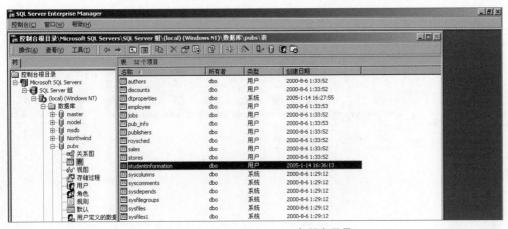

图 6-5   studentinformation 表所在目录

步骤如下。

（1）设置数据源。单击"开始"按钮，选择"设置"，选择"控制面板"，进入"控制面板"界面，如图 6-6 所示。

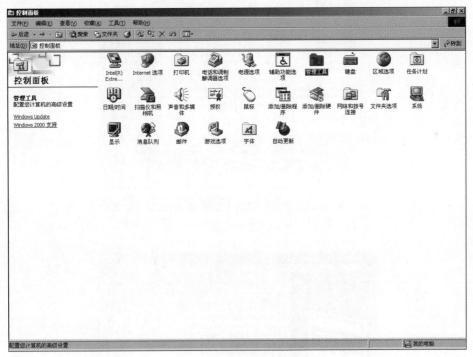

图 6-6   "控制面板"界面

（2）双击"管理工具"图标，进入"管理工具"界面，如图 6-7 所示。

（3）双击"数据源（ODBC）"图标出现 ODBC Data Source Administrator 对话框，如图 6-8 所示。

（4）选择 User DSN 标签，然后单击 Add 按钮以便添加新的数据源，如图 6-9 所示。

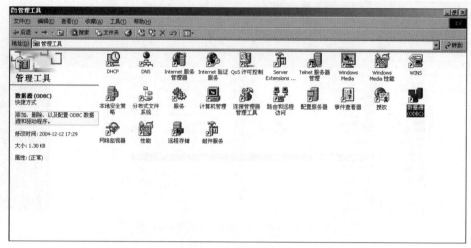

图 6-7 "管理工具"界面

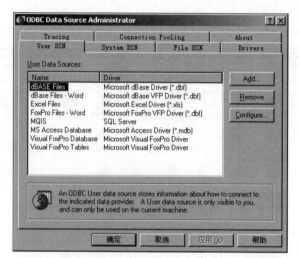

图 6-8 ODBC Data Source Administrator 对话框

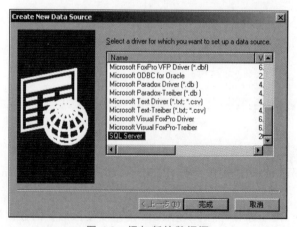

图 6-9 添加新的数据源

（5）选中 SQL Server 数据库，单击"完成"按钮，出现 Creat a New Data Source to SQL Server 对话框，然后在 Name 框中输入数据源的名字"dog"（根据自己的习惯），在 Server 框中输入安装了 SQL Server 的服务器的名字 ANDY2004（可以是本机也可以是异地机），如图 6-10 所示。

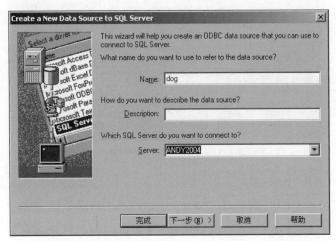

图 6-10　Creat a New Data Source to SQL Server 对话框 1

（6）单击"下一步"按钮进入另一个 Creat a New Data Source to SQL Server 对话框，在其中选中 With SQL Server authentication using a login ID and password entered by the user（使用用户输入登录标识号和密码的 SQL Server 验证）选项。然后选择用户为 sa 密码为空（方便访问 SQL Server，正规 Web 开发千万杜绝!），如图 6-11 所示。

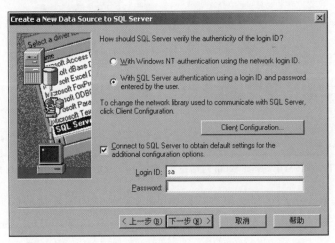

图 6-11　Creat a New Data Source to SQL Server 对话框 2

（7）单击"下一步"按钮进入另一个 Creat a New Data Source to SQL Server 对话框，在 Change the default datebase to 文本框中输入默认的数据库的名字"pubs"。然后选中"Use ANSI quoted identifiers"和"Use ANSI nulls，paddings and warnings"复选框，如图 6-12 所示。

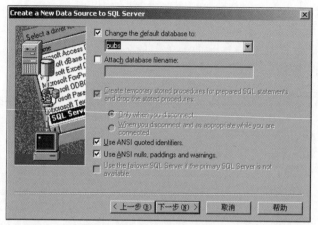

图 6-12　Creat a New Data Source to SQL Server 对话框 3

（8）单击"下一步"按钮进入另一个 Creat a New Data Source to SQL Server 对话框，单击"完成"按钮出现 ODBC Microsoft SQL Server Setup 对话框，如图 6-13 所示。

（9）单击 Test Data Source(测试数据源)按钮就会弹出数据源设置成功的界面，即 SQL Server ODBC Data Source Test 对话框，如图 6-14 所示。

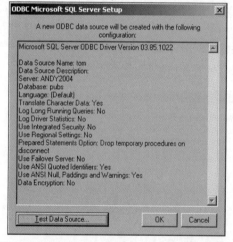

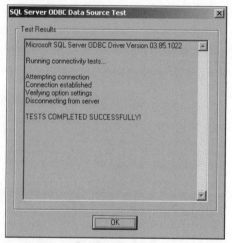

图 6-13　ODBC Microsoft SQL Server Setup 对话框　　图 6-14　SQL Server ODBC Data Source Test 对话框

至此数据库 pubs 设置完毕，显然数据库 pubs 就是我们要连接的数据源对象。现在要做的就是在 JSP 页面中嵌入 JDBC-ODBC Bridge，经过 JDBC-ODBC Bridge 的映射，使 JSP 可以访问 SQL Server 中的数据库。具体做法是在 JSP 中嵌入如下语句：

```
try { Connection con = DriverManager.getConnection(" jdbc:odbc:数据源的名字",
  "loginname", "password");
catch(SQLException e) {}
```

注意：其中参数 loginname 是登录数据源的用户名字，参数 password 是登录口令。如果在设置数据源的过程中没有设置这两项，那么在 getConnection 方法中也不能省略它们,参数写成""的形式。如果连接数据源不成功,系统将抛出一个 SQLException 异常。

现在我们很容易写出 JSP 和 SQL Server 中 pubs 数据库建立连接的命令。

```
try {Connection con = DriverManager.getConnection("jdbc:odbc:dog", "", "");
catch(SQLException  e)    {}
```

6.2　JDBC 的常用对象及数据库操作

6.2.1　JDBC 的常用对象

1. Statement 对象

Statement 对象用于把 SQL 语句发送到数据库。我们只需简单地创建一个 Statement 对象然后执行它,使用适当的方法执行我们发送的 SQL 语句。

我们需要一个活跃的连接创建 Statement 对象的实例。在下面的例子中,我们使用 Connection 对象 con 创建 Statement 对象 stmt:

```
Statement stmt = con.createStatement();
```

到此,stmt 已经存在了,但它还没有把 SQL 语句传递到 DBMS。我们需要调用带有 SQL 语句参数的 Statement 的方法,具体如下。

(1) executeUpdate:使用该方法可以创建表,改变表,删除表,也被用于执行更新表 SQL 语句。实际上,相对于创建表来说,executeUpdate 更多用于更新表,因为表只需要创建一次,但经常被更新。executeUpdate()会传一个数值结果,表示语句影响的行数。

(2) executeQuery:被用来执行 select 语句,它几乎是使用最多的执行语句。该语句执行后会将结果集返回给 java.sql.ResultSet,可以使用 ResultSet 的 next()来移动至下一条记录,它会传回 true 或 false 表示是否有下一条记录,使用 getXXX()取得相应记录所对应的值。

(3) execute:用于执行返回多个结果集、多个更新计数或二者组合的语句。

例如:

```
Statement sta=con.createStatement();              //创建 Statement
String sql="insert into test(id,name) values(1,"+"'"+"test"+"'"+")";
sta. executeUpdate(sql);                          //执行 SQL 语句
String sql="select * from test";
ResultSet rs=sta. executeQuery(String sql);       //执行 SQL 语句,执行 select 语句
                                                  //后有结果集

//遍历处理结果集信息
while(rs.next()){
System.out.println(rs.getInt("id"));
System.out.println(rs.getString("name"))
}
```

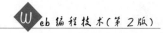

2. PreparedStatement 对象

PreparedStatement 实例包含已编译的 SQL 语句。这就是使语句"准备好"。包含于 PreparedStatement 对象中的 SQL 语句可具有一个或多个 IN 参数。IN 参数的值在 SQL 语句创建时未被指定。相反地,该语句为每个 IN 参数保留一个问号("?")作为占位符。每个问号的值必须在该语句执行之前,通过适当的 setXXX()方法来提供。

由于 PreparedStatement 对象已预编译过,所以其执行速度要快于 Statement 对象。因此,多次执行的 SQL 语句经常创建为 PreparedStatement 对象,以提高效率。

作为 Statement 的子类,PreparedStatement 继承了 Statement 的所有功能。另外它还添加了一整套方法,用于设置发送给数据库以取代 IN 参数占位符的值。同时,三种方法 execute、executeQuery 和 executeUpdate 已被更改以使之不再需要参数。这些方法的 Statement 形式(接收 SQL 语句参数的形式)不应该用于 PreparedStatement 对象。

(1) 通过连接获得 PreparedStatement 对象,用带占位符(?)的 SQL 语句构造。

```
PreparedStatement pstm = con.preparedStatement("select * from test where
id=?");
```

(2) 设置参数。

```
pstm.setString(1,1);        //将? 替换为1
```

(3) 执行 SQL 语句。

```
ResultSet  Rs = pstm.excuteQuery();
```

Statement 发送完整的 SQL 语句到数据库不是直接执行而是由数据库先编译,再运行。而 PreparedStatement 是先发送带参数的 SQL 语句,再发送一组参数值。如果是同构的 SQL 语句,PreparedStatement 的效率要比 Statement 高。而对于异构的 SQL 则两者效率差不多。

同构:两个 SQL 语句可编译部分是相同的,只有参数值不同。

异构:整个 SQL 语句的格式是不同的。

注意:

① 可使用预编译的 Statement 编译多条 SQL 语句一次执行。

② PreparedStatement 可以跨数据库使用,用来编写通用程序。

③ 能用预编译时尽量用预编译。

3. ResultSet 对象

结果集(ResultSet)是数据中查询结果返回的一种对象,可以说结果集是一个存储查询结果的对象,但是结果集并不仅仅具有存储的功能,它同时还具有操纵数据的功能,可以完成对数据的更新等。

结果集读取数据的方法主要是 getXXX(),它的参数可以是整型数(表示第几列,从 1 开始计数),还可以是列名。返回的是对应的 XXX 类型的值。如果对应那列是空值,XXX 是对象返回 XXX 型的空值,如果 XXX 是数字类型,如 float 等则返回 0,boolean 则返回 false。使用 getString( )可以返回所有列的值，不过返回的都是字符串类型的。
XXX 可以代表的类型有：基本的数据类型如整型（int），布尔型（boolean），浮点型（float，
double）等；比特型（byte）；还包括一些特殊的类型，如日期类型（java.sql.Date），时间类型
（java.sql.Time），时间戳类型（java.sql.Timestamp），大数型（BigDecimal 和 BigInteger
等）等。

结果集从其使用的特点上可以分为 4 类，这 4 类结果集所具备的特点都是和 Statement
语句的创建有关，因为结果集是通过 Statement 语句执行后产生的。

1）基本的 ResultSet

ResultSet 的作用就是完成查询结果的存储功能，而且只能读一次，不能够来回地滚
动读取。这种结果集的创建方式如下：

```
Statement st = conn.CreateStatement
ResultSet rs = Statement.excuteQuery(sqlStr);
```

由于这种结果集不支持滚动的读取功能，如果获得这样一个结果集，只能使用它里
面的 next( )方法，逐个读取数据。

2）可滚动的 ResultSet 类型

该类型支持前后滚动取得记录，如 next( )（下一个）、previous( )（前一个），first( )（第
一个），同时还支持去 ResultSet 中的第 i 行（absolute(int i)），以及移动到相对当前行的
第 i 行（relative(int i)），要实现这样的功能，ResultSet 在创建 Statement 时用如下的
方法：

```
Statement st = conn.createStatement(int resultSetType, int resultSetConcurrency)
ResultSet rs = st.executeQuery(sqlStr)
```

其中两个参数的含义如下。

（1）resultSetType 设置 ResultSet 对象的类型可滚动，或者是不可滚动。取值如下。

① ResultSet.TYPE_FORWARD_ONLY：只能向前滚动。

② ResultSet.TYPE_SCROLL_INSENSITIVE：实现任意的前后滚动，使用各种移
动的 ResultSet 指针的方法，对于修改不敏感。

③ ResultSet.TYPE_SCROLL_SENSITIVE：实现任意的前后滚动，使用各种移动
的 ResultSet 指针的方法，对于修改敏感。

（2）resultSetConcurency 是设置 ResultSet 对象能够修改的参数，取值如下。

① ResultSet.CONCUR_READ_ONLY：设置为只读类型的参数。

② ResultSet.CONCUR_UPDATABLE：设置为可修改类型的参数。

所以如果我们只是想要可以滚动的类型的 Result 时只要把 Statement 如下赋值就
可以了：

```
Statement st = conn.createStatement(Result.TYPE_SCROLL_INSENITIVE,
                    ResultSet.CONCUR_READ_ONLY);
ResultSet rs = st.excuteQuery(sqlStr);
```

3）可更新的 ResultSet

可更新的 ResultSet 对象可以完成对数据库中表的修改，但是我们知道，ResultSet 只是相当于数据库中表的视图，所以并不是所有的 ResultSet 只要设置了可更新就能够完成更新的，能够完成更新的 ResultSet 的 SQL 语句必须要具备如下属性。

（1）只引用了单个表；

（2）不能含有 join 或者 group by 子句；

（3）ResultSet 列中要包含主关键字。

具有上述条件时，可更新的 ResultSet 可以完成对数据的修改，可更新的结果集的创建方法是：

```
Statement st = createstatement
(Result.TYPE_SCROLL_INSENSITIVE,Result.CONCUR_UPDATABLE)
```

这样 Statement 的执行结果就是可更新的结果集。更新的方法是把 ResultSet 的游标移动到要更新的行，然后调用 updateXXX()方法，这个方法 XXX 的含义与 getXXX()中 XXX 的含义是相同的。updateXXX()方法有两个参数，第一个是要更新的列，可以是列名或者序号。第二个是要更新的数据，这个数据类型要和 XXX 相同。每完成对一行的更新都要调用 updateRow()完成对数据库的写入，而且是在 ResultSet 的游标没有离开该修改行之前，否则修改将不会被提交。

使用 updateXXX()方法还可以完成插入操作。这里先介绍以下两个方法。

（1）moveToInsertRow()：ResultSet 移动到插入行，这个插入行是表中特殊的一行，不需要指定具体哪一行，只要调用这个方法系统会自动移动到那一行。

（2）moveToCurrentRow()：ResultSet 移动到记忆中的某个行，通常是当前行。如果没有使用插入操作，这个方法没有什么效果，如果使用了插入操作，这个方法用于返回到插入操作之前的那一行，离开插入行，当然我们也可以通过 next()，previous()等方法离开插入行。

要完成对数据库的插入，首先调用 moveToInsertRow()移动到插入行，然后调用 updateXXX()方法完成对每一列的数据更新，最后将更新后的数据写回数据库，不过这里使用的是 insertRow()，也要保证在该方法执行之前 ResultSet 没有离开插入列，否则插入不被执行，并且对插入行的更新将丢失。

4）可保持的 ResultSet

正常情况下，如果使用 Statement 执行完一个查询，又去执行另一个查询时第一个查询的结果集就会被关闭，也就是说，所有的 Statement 的查询对应的结果集是一个，如果调用 Connection 的 commit()方法也会关闭 ResultSet。可保持性就是指当 ResultSet 的结果被提交时，是被关闭还是不被关闭。JDBC 2.0 和 JDBC 1.0 提供的都是提交后 ResultSet 就会被关闭。不过在 JDBC 3.0 中，我们可以设置 ResultSet 是否关闭。要完成这样的 ResultSet 对象的创建，Statement 的创建要具有以下三个参数。

```
Statement st=createStatement(int resultsetscrollable,int resultsetupdateable,
int resultsetSetHoldability)
ResultSet rs = st.excuteQuery(sqlStr);
```

前两个参数和 createStatement( )方法中的前两个参数是完全相同的,这里只介绍第三个参数——ResultSetHoldability,它表示在结果集提交后结果集是否打开,取值有以下两个。

(1) ResultSet.HOLD_CURSORS_OVER_COMMIT:修改提交时,不关闭数据库。

(2) ResultSet.CLOSE_CURSORS_AT_COMMIT:修改提交时 ResultSet 关闭。

不过这种功能只在 JDBC 3.0 的驱动下才能成立。

4. ResultSetMetaData 与 DatabaseMetaData 对象

ResultSetMetaData 是对结果集元数据进行操作的接口,可以实现很多高级功能。我们可以认为,此接口是 SQL 语言的一种反射机制。ResultSetMetaData 接口可以通过数组的形式,遍历结果集的各个字段的属性,对于开发者来说,此机制的意义重大。

结果集元数据 Result Set MetaData 使用 resultSet.getMetaData( )获得,JDBC 通过元数据(MetaData)来获得具体的表的相关信息,例如,可以查询数据库中有哪些表,表有哪些字段,以及字段的属性等。MetaData 中通过一系列 getXXX( )方法将这些信息返回。

比较重要的获得相关信息的指令如下。

(1) 结果集元数据对象:ResultSetMetaData meta = rs.getMetaData( );

(2) 字段个数:meta.getColomnCount( );

(3) 字段名字:meta.getColumnName( );

(4) 字段 JDBC 类型:meta.getColumnType( );

(5) 字段数据库类型:meta.getColumnTypeName( );

ResultSetMetaData 程序范例如下。

```
Connection conn = DriverManager.getConnection(url,user,password); //创建的连接
Statement st = conn.CreateStatement
ResultSet rs = Statement.excuteQuery("select * from test");
ResultSetMetaData rsmd = rs.getMetaData();
System.out.println("下面这些方法是 ResultSetMetaData 中的方法");
System.out.println("获得 1 列所在的 Catalog 名字 : " + rsmd.getCatalogName(1));
System.out.println("获得 1 列对应数据类型的类 " + rsmd.getColumnClassName(1));
System.out.println("获得该 ResultSet 所有列的数目 " + rsmd.getColumnCount());
System.out.println("1 列在数据库中类型的最大字符个数" + rsmd.getColumnDisplaySize
(1));
System.out.println(" 1 列的默认的列标题" + rsmd.getColumnLabel(1));
System.out.println("1 列的模式" + rsmd.GetSchemaName(1));
System.out.println("1 列的类型,返回 SqlType 中的编号 " + rsmd.getColumnType(1));
System.out.println("1 列在数据库中的类型,返回类型全名" + rsmd.getColumnTypeName
(1));
System.out.println("1 列类型的精确度(类型的长度): " + rsmd.getPrecision(1));
System.out.println("1 列小数点后的位数 " + rsmd.getScale(1));
System.out.println("1 列对应的模式的名称(应该用于 Oracle) " + rsmd.
getSchemaName(1));
```

```
System.out.println("1 列对应的表名 " + rsmd.getTableName(1));
System.out.println("1 列是否自动递增" + rsmd.isAutoIncrement(1));
System.out.println("1 列在数据库中是否为货币型" + rsmd.isCurrency(1));
System.out.println("1 列是否为空" + rsmd.isNullable(1));
System.out.println("1 列是否为只读" + rsmd.isReadOnly(1));
System.out.println("1 列能否出现在 where 中" + rsmd.isSearchable(1));
```

DatabaseMetaData 是用来获得数据库的信息的。该对象提供的是关于数据库的各种信息,这些信息包括:数据库与用户,数据库标识符以及函数与存储过程;数据库限制;数据库支持与不支持的功能;架构、编目、表、列和视图等。通过调用 DatabaseMetaData 的各种方法,程序可以动态地了解一个数据库。

数据库元数据 Database MetaData 使用 connection.getMetaData()获得。

比较重要的获得相关信息的指令如下。

(1) 数据库元数据对象:DatabaseMetaData dbmd = con.getMetaData();

(2) 数据库名:dbmd.getDatabaseProductName();

(3) 数据库版本号:dbmd.getDatabaseProductVersion();

(4) 数据库驱动名:dbmd.getDriverName();

(5) 数据库驱动版本号:dbmd.getDriverVersion();

(6) 数据库 URL:dbmd.getURL();

(7) 该连接的登录名:dbmd.getUserName();

这个类中还有一个比较常用的方法就是获得表的信息。使用的方法是:getTables(String catalog,String schema,String tableName,String[] types),这个方法带有 4 个参数,它们的含义如下。

(1) String catalog:要获得表所在的编目。串""""意味着没有任何编目,Null 表示所有编目。

(2) String schema:要获得表所在的模式。串""""意味着没有任何模式,Null 表示所有模式。该参数可以包含单字符的通配符("_"),也可以包含多字符的通配符("%")。

(3) String tableName:指出要返回表名与该参数匹配的那些表,该参数可以包含单字符的通配符("_"),也可以包含多字符的通配符("%")。

(4) String[]types:指出返回何种表的数组。可能的数组项是"TABLE""VIEW""SYSTEM TABLE""GLOBAL TEMPORARY""LOCAL TEMPORARY""ALIAS""SYSNONYM"。

通过 getTables()方法返回一个表的信息的结果集。这个结果集包括的字段有 TABLE_CAT(表所在的编目),TABLE_SCHEM(表所在的模式),TABLE_NAME(表的名称),TABLE_TYPE(表的类型),REMARKS(一段解释性的备注)。通过这些字段可以完成表的信息的获取。

另外还有两个方法:一个是获得列的方法 getColumns(String catalog,String schema,String tablename,String columnPattern);另一个是获得关键字的方法 getPrimaryKeys(String catalog,String schema,String table)。这两个方法中的参数的含义和上面介绍

的相同。凡是 Pattern 都是可以用通配符匹配的。getColums()返回的是结果集,这个结果集包括了列的所有信息、类型、名称、可否为空等。getPrimaryKey()返回了某个表的关键字的结果集。

DatabaseMetaData 获取表信息的程序范例如下。

```
DatabaseMetaData dbmd = conn.getMetaData();
ResultSet rs = dbmd.getTables(null,null,null,null);
ResultSetMetaData rsmd = rs.getMetaData();
int j = rsmd.getColumnCount();
for(int i=1;i<=j;i++){
  out.print(rsmd.getColumnLabel(i)+"\t");
}
  out.println();
  while(rs.next()){
    for(int i=1;i<=j;i++){
      out.print(rs.getString(i)+"\t");
    }
    out.println();
  }
```

通过 getTables()、getColumns()、getPrimaryKeys()可以完成表的反向设计。主要步骤如下。

(1) 通过 getTables()获得数据库中表的信息。

(2) 对于每个表使用 getColumns()和 getPrimaryKeys()获得相应的列名、类型、限制条件、关键字等。

(3) 通过步骤(1)、(2)获得的信息可以生成相应的建表的 SQL 语句。

6.2.2 JDBC 数据库操作

1. JDBC 连接数据库

JDBC 连接数据库分为两个步骤:装载驱动程序和建立连接。

1) 装载驱动程序

装载驱动程序只需要非常简单的一行代码。例如,想要使用 JDBC-ODBC 桥驱动程序,可以用下列代码装载:

```
Class.forName("sun.jdbc.odbc.JdbcOdbcDriver");
```

驱动程序文档将告诉我们应该使用的类名。例如,如果类名是 jdbc.DriverABC,我们将用以下代码装载驱动程序:

```
Class.forName("jdbc.DriverABC");
```

2) 建立连接

建立连接就是用适当的驱动程序为数据库建立一个连接。下列代码是一般的做法:

```
Connection con = DriverManager.getConnection(url, user, password);
```

　　这个步骤也非常简单，url 表示连接的链接，user 是连接数据库的用户名，password
是连接数据库的密码。

　　3）常见数据库连接

　　下面罗列了各种数据库使用 JDBC 连接的方式，其中 localhost 表示数据库地址，后
紧跟着的数字表示数据库端口。

　　(1) Oracle 8/8i/9i 数据库(thin 模式)。

```
Class.forName("oracle.jdbc.driver.OracleDriver").newInstance();
String url="jdbc:oracle:thin:@localhost:1521:orclSID";
//orcSID 为数据库的 SID
String user="test";
String password="test";
Connection conn= DriverManager.getConnection(url,user,password);
```

　　(2) DB2 数据库。

```
Class.forName("com.ibm.db2.jdbc.app.DB2Driver ").newInstance();
String url="jdbc:db2://localhost:5000/sample";       //sample 为数据库名
String user="test";
String password="test";
Connection conn= DriverManager.getConnection(url,user,password);
```

　　(3) SQL Server 7.0/2000 数据库。

```
Class.forName("com.microsoft.sqlserver.jdbc.SQLServerDriver").newInstance();
String url="jdbc:sqlserver://localhost:1433;DatabaseName=mydb";
//mydb 为数据库名
String user="test";
String password="test";
Connection conn= DriverManager.getConnection(url,user,password);
```

　　(4) Sybase 数据库。

```
Class.forName("com.sybase.jdbc.SybDriver").newInstance();
String url =" jdbc:sybase:Tds:localhost:5007/myDB";       //myDB 为数据库名
Properties sysProps = System.getProperties();
SysProps.put("user","userid");
SysProps.put("password","user_password");
Connection conn= DriverManager.getConnection(url, SysProps);
```

　　(5) Informix 数据库。

```
Class.forName("com.informix.jdbc.IfxDriver").newInstance();
String url = " jdbc: informix - sqli://localhost: 1533/myDB: INFORMIXSERVER =
myserver;           //myDB 为数据库名
user=test;password=test";
Connection conn= DriverManager.getConnection(url);
```

（6）MySQL 数据库。

```
Class.forName("org.gjt.mm.mysql.Driver").newInstance();
String url ="jdbc:mysql://localhost/myDB?user=test&password=
test&useUnicode=true&characterEncoding=8859_1"      //myDB 为数据库名
Connection conn= DriverManager.getConnection(url);
```

（7）PostgreSQL 数据库。

```
Class.forName("org.postgresql.Driver").newInstance();
String url ="jdbc:postgresql://localhost/myDB"      //myDB 为数据库名
String user="test";
String password="test";
Connection conn= DriverManager.getConnection(url,user,password);
```

（8）Access 数据库。

```
Class.forName("sun.jdbc.odbc.JdbcOdbcDriver") ;
String url="jdbc:odbc:Driver={MicroSoft Access Driver (*.mdb)};DBQ=
"+application.getRealPath("/Data/ReportDemo.mdb");
Connection conn = DriverManager.getConnection(url,"","");
```

注意：以上每个连接驱动均要到网上去对应下载。SQL Server 7.0/2000 数据库的
驱动由于版本的不同连接的 URL 也有所不同。

2. JDBC 对数据库的基本操作

我们在 JSP 页面中建立了和数据源的连接后，就可以访问数据库了。经常使用的数
据库操作包括查询记录、更新记录、删除记录等。实现这些操作我们必须要用到几个重
要的与 SQL 相关的对象。它们分别是 Connection 对象、Statement 对象以及 ResultSet
对象。Connection 对象用来建立 JSP 与数据源的连接。Statement 对象用来声明一个
SQL 语句对象以便向数据库发送 SQL 语句。ResultSet 对象用来调用相应的方法对数
据库的表进行查询和更新。并且将对数据库的 SQL 查询语句返回一个 ResultSet 对象。
在 JSP 中，JDBC 的 ResultSet 对象一次只能看到一行数据。但是我们可以调用 next()方
法获得下一行记录。要得到一行记录中的某个字段值，可以用字段所在的列的下标数字
（1、2、3 等）或列名，并调用 getxxxx()方法取得。下面我们给出 ResultSet 对象中的常用
方法，如表 6-1 所示。

表 6-1　ResultSet 对象中的常用方法

返回值类型	方　法　名	参　　数
Boolean	next	
Byte	getByte	(int columnIndex)
Date	getDate	(int columnIndex)
Double	getDouble	(int columnIndex)
Float	getFloat	(int columnIndex)
Int	getInt	(int columnIndex)

返回值类型	方 法 名	参　　数
Long	getLong	(int columnIndex)
String	getString	(int columnIndex)
Byte	getByte	(String columnName)
Date	getDate	(String columnName)
Double	getDouble	(String columnName)
Float	getFloat	(String columnName)
Int	getInt	(String columnName)
Long	getLong	(String columnName)
String	getString	(String columnName)

1) 查询数据库中的记录

我们可以在 JSP 中使用 ResultSet 对象的 next()方法来查询数据库记录。下面给出例程 ex6-1.jsp 来实现查询 SQL Server 的 pubs 数据库中的表 st 记录。其源程序如下。

```
ex6-1.jsp 源程序
<%@ page contentType="text/html;charset=GB2312"%>
<%@ page import="java.sql.*" %>
<html>
<head>
<title>示例 6-1</title>
</head>
<body>
<%
    Connection con;            //声明数据库连接对象
    Statement sql;             //声明 SQL 语句对象
    ResultSet rs;              //声明存放查询结果的记录集对象
    try {
        Class.forName("dog.jdbc.odbc.JdbcOdbcDriver");
        }
    catch(ClassNotFoundException  e)   {}
    try {
        con=DriverManager.getConnection("jdbc:odbc:dog","sa","");
        sql=con.createStatement();
        rs=sql.executeQuery("Select *  FROM  st");
    out.print("<br><br><br>");
    out.print("<center>");
    out.print("<h1><font color=red>"+"学生基本情况表"+"</h1>");
    out.print("</font>");
    out.print("<table border=2>");
    out.print("<tr>");
    out.print("<th width=150>"+"学号");
    out.print("<th width=150>"+"姓名");
    out.print("<th width=150>"+"性别");
```

```
    out.print("<th width=150>"+"身高");
    out.print("<th width=150>"+"住址");
    out.print("</tr>");
    while(rs.next())
        {
        out.print("<tr>");
        out.print("<td>"+rs.getString("学号")+"</td>");
        out.print("<td>"+rs.getString(2)+"</td>");
        out.print("<td>"+rs.getString(3)+"</td>");
        out.print("<td>"+rs.getFloat("身高")+"</td>");
        out.print("<td>"+rs.getString("住址")+"</td>");
        out.print("</tr>");
        }
    out.print("</table>");
    out.print("</center>");
    con.close();
    }
  catch(SQLException e)    {}
%>
</body>
</html>
```

将 ex6-1.jsp 保存在 D:\Tomcat\Webapps\ROOT 下,然后在 IE 浏览器的地址栏中输入"http://localhost:8080/ex6-1.jsp",结果显示如图 6-15 所示。

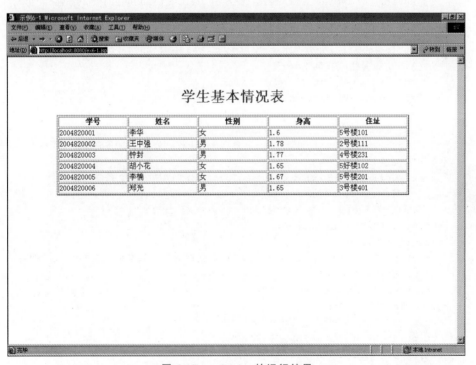

图 6-15 ex6-1.jsp 的运行结果

2) 更新数据库中的记录

我们可以在 JSP 中通过 Statement 对象的 executeUpdate()方法来修改数据库中的记录字段值，或者插入一条新的记录。但需注意每次更新完毕后，都要重新返回 ResultSet 对象来输出结果。下面给出例程 ex6-2.jsp 来实现更新 pubs 数据库中表 st 的记录。其源程序如下。

```
ex6-2.jsp 源程序
<head>
<title>示例 6-2 </title>
</head>
<body>
<%
    Connection con;          //声明数据库连接对象
    Statement sql;           //声明 SQL 语句对象
    ResultSet rs;            //声明存放查询结果的记录集对象
  try {
        Class.forName("dog.jdbc.odbc.JdbcOdbcDriver");
        }
    catch(ClassNotFoundException  e)    {}
  try {
        con=DriverManager.getConnection("jdbc:odbc:dog","sa","");
        sql=con.createStatement();
        String condition1="Update st SET  姓名='李花' WHERE 姓名='李华'";
        String condition2="Insert into st values('200482017','鄂强','男',
        1.55,'3 号楼 411') ";
        String condition3="Update st SET  身高=1.66  WHERE 姓名='郑光'";
        String condition4="Insert into st values('200482033','寇艳','女',
        1.55,'5 号楼 108') ";
        sql.executeUpdate(condition1);
        sql.executeUpdate(condition2);
        sql.executeUpdate(condition3);
        sql.executeUpdate(condition4);
        out.print("<br><h2><font color=red>"+"修改了 2 条学生记录!"+
        "</font></h2>");
        out.print("<br><h2><font color=red>"+"插入了 2 条学生记录!"+
        "</font></h2>");
        rs=sql.executeQuery("Select *  FROM  st");
    out.print("<br><br><br>");
    out.print("<center>");
    out.print("<h1><font color=red>"+"更新后的学生基本情况表"+"</h1>");
    out.print("</font>");
    out.print("<table border=2>");
    out.print("<tr>");
    out.print("<th width=150>"+"学号");
    out.print("<th width=150>"+"姓名");
    out.print("<th width=150>"+"性别");
    out.print("<th width=150>"+"身高");
    out.print("<th width=150>"+"住址");
```

```
    out.print("</tr>");
    while(rs.next())
        {
        out.print("<tr>");
        out.print("<td>"+rs.getString("学号")+"</td>");
        out.print("<td>"+rs.getString(2)+"</td>");
        out.print("<td>"+rs.getString(3)+"</td>");
        out.print("<td>"+rs.getFloat("身高")+"</td>");
        out.print("<td>"+rs.getString("住址")+"</td>");
        out.print("</tr>");
        }
    out.print("</table>");
    out.print("</center>");
    con.close();
        }
  catch(SQLException e)    {}
%>
</body>
</html>
```

将 ex6-2.jsp 保存在 D:\Tomcat\Webapps\ROOT 下,然后在 IE 浏览器的地址栏中输入"http://localhost:8080/ex6-2.jsp",结果显示如图 6-16 所示。

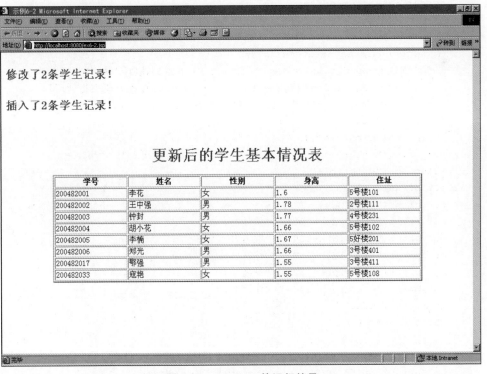

图 6-16   ex6-2.jsp 的运行结果

3）删除数据库中的记录

SQL 语言的 Delete 语句是用于删除表中的记录的。在 JSP 中我们通过 Statement 对象的 executeUpdate（）方法，并且使用删除 SQL 语句作为该方法的参数来实现对数据库中记录的删除。但需注意，每次删除完毕后，都要重新返回 ResultSet 对象来存放新的输出结果。下面给出例程 ex6-3.jsp 来实现删除 pubs 数据库中表 st 的记录。其源程序如下。

```
ex6-3.jsp 源程序
<%@ page contentType="text/html;charset=GB2312"%>
<%@ page import="java.sql.*" %>
<html>
<head>
<title>示例 6-3</title>
</head>
<body>
<%
    Connection con;            //声明数据库连接对象
    Statement sql;             //声明 SQL 语句对象
    ResultSet rs;              //声明存放查询结果的记录集对象
  try {
        Class.forName("sun.jdbc.odbc.JdbcOdbcDriver");
        }
      catch(ClassNotFoundException  e)    {}
  try {
        con=DriverManager.getConnection("jdbc:odbc:sun","sa","");
        sql=con.createStatement();
        String  condition1="Delete from st    WHERE 姓名='钟封'";
        String  condition2="Delete from st    WHERE 姓名='胡小花'";
    rs=sql.executeQuery("Select *    FROM  st");
    out.print("<br>");
    out.print("<center>");
    out.print("<h1><font color=red>"+"原学生基本情况表"+"</h1>");
    out.print("</font>");
    out.print("<table border=2>");
    out.print("<tr>");
    out.print("<th width=150>"+"学号");
    out.print("<th width=150>"+"姓名");
    out.print("<th width=150>"+"性别");
    out.print("<th width=150>"+"身高");
    out.print("<th width=150>"+"住址");
    out.print("</tr>");
    while(rs.next())
        {
        out.print("<tr>");
        out.print("<td>"+rs.getString("学号")+"</td>");
```

```
        out.print("<td>"+rs.getString(2)+"</td>");
        out.print("<td>"+rs.getString(3)+"</td>");
        out.print("<td>"+rs.getFloat("身高")+"</td>");
        out.print("<td>"+rs.getString("住址")+"</td>");
        out.print("</tr>");
        }
    out.print("</table>");
        sql.executeUpdate(condition1);
        sql.executeUpdate(condition2);
        out.print("<br>");
        out.print("<br><h2><font color=red>"+"删除了 2 条学生记录!"+
        "</font></h2>");
        rs=sql.executeQuery("Select *　FROM　st");
    out.print("<br>");
    out.print("<h1><font color=red>"+"现学生基本情况表"+"</h1>");
    out.print("</font>");
    out.print("<table border=2>");
    out.print("<tr>");
    out.print("<th width=150>"+"学号");
    out.print("<th width=150>"+"姓名");
    out.print("<th width=150>"+"性别");
    out.print("<th width=150>"+"身高");
    out.print("<th width=150>"+"住址");
    out.print("</tr>");
    while(rs.next())
        {
        out.print("<tr>");
        out.print("<td>"+rs.getString("学号")+"</td>");
        out.print("<td>"+rs.getString(2)+"</td>");
        out.print("<td>"+rs.getString(3)+"</td>");
        out.print("<td>"+rs.getFloat("身高")+"</td>");
        out.print("<td>"+rs.getString("住址")+"</td>");
        out.print("</tr>");
        }
    out.print("</table>");
    out.print("</center>");
    con.close();
        }
  catch(SQLException e)　{}
%>
</body>
</html>
```

　　将 ex6-3.jsp 保存在 D:\Tomcat\Webapps\ROOT 下,然后在 IE 浏览器的地址栏中输入"http://localhost:8080/ex6-3.jsp",结果显示如图 6-17 所示。

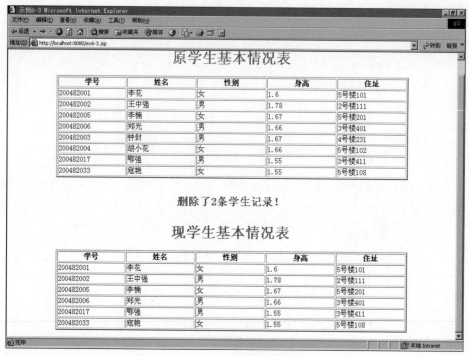

图 6-17　ex6-3.jsp 的运行结果

6.3　JDBC 的异常处理

JDBC 中和异常相关的两个类是 SQLException 和 SQLWarning。

6.3.1　SQLException 类

SQLException 类用来处理以下较为严重的异常情况：
（1）传输的 SQL 语句语法有错误；
（2）JDBC 程序连接断开；
（3）SQL 语句中使用了错误的函数。

SQLException 类提供以下方法。

getNextException()：用来返回异常栈中的下一个相关异常。

getErrorCode()：用来返回代表异常的整数代码（error code）。

getMessage()：用来返回异常的描述信息（error message）。

6.3.2　SQLWarning 类

SQLWarning 类用来处理不太严重的异常情况，也就是一些警告性的异常。其提供的方法与 SQLException 基本相似。

6.4　JDBC 的事务编程

6.4.1　事务的概念

事务是现代数据库理论中的核心概念之一。如果一组处理步骤全部发生或者一步也不执行,我们称该组处理步骤为一个事务。当所有的步骤像一个操作一样被完整地执行,我们称该事务被提交。由于其中的一部分或多步执行失败,导致没有步骤被提交,则事务必须回滚(回到最初的系统状态)。

事务是具备以下特征的工作单元。

(1) 原子性(Atomicity):表示事务执行过程中的任何失败都将导致事务所做的任何修改失效。

(2) 一致性(Consistency):当事务执行失败时,所有被该事务影响的数据都应该恢复到事务执行前的状态。

(3) 孤立性(Isolation):表示在事务执行过程中对数据的修改,在事务提交之前对其他事务不可见。

(4) 持久性(Durability):已提交的数据在事务执行失败时,数据的状态都应该正确。

6.4.2　事务的处理步骤

事务的处理步骤如下。

① connection.setAutoCommit(false);(把自动提交关闭)。

② 正常的 DB 操作。若有一条 SQL 语句失败了,自动回滚。

③ connection.commit()(主动提交)或 connection.rollback()(主动回滚)。

事务程序代码示例如下:

```
try{
con.setAutoCommit(false);        //① 把自动提交关闭
Statement stm = con.createStatement();
stm.executeUpdate("insert into student(id, name, age) values(520, '张三',
18)");
stm.executeUpdate("insert into student(id, name, age) values(521, '李四',
19)");                           //② 正常的 DB 操作
con.commit();                    //③ 成功主动提交
}
catch(SQLException e)
{
try{
con.rollback();                  //③ 失败则主动回滚
}catch(Exception e){ e.printStackTrace(); }
}
```

本 章 小 结

本章首先介绍了 SQL 与 JDBC 技术,并通过实际操作详细介绍了 Windows 操作系统下数据源的搭建过程。通过本章的学习读者可以全面了解 JDBC 的概念以及组成。最后借助一个留言板的编程实例来详细介绍如何在数据库编程中使用 JDBC 技术。本章所应用的是数据库编程过程中非常重要的部分。

习题及实训

1. 简述 JDBC 和 ODBC 的联系。

2. 试说明在 JSP 页面中如何访问数据库。

3. 在 Windows 2000(Advanced Server 版)环境下手工配置和 SQL Server 中数据库 Northwind 的连接。

4. 按图 6-18 所示在 SQL Server 中 pubs 数据库中建立一个学生成绩表 score,要求编写一个 JSP 程序实现:

(1) 删除姓名＝"李明"的记录;

(2) 插入记录("20056","马建花",81,85,67);

(3) 修改记录("20035","张梨花",89,90,96)为("20035","张梨花",89,94,90)。

学生成绩表				
学号	姓名	大学英语	高等数学	C语言程序设计
200012	李明	77	84	56
200035	张梨花	89	90	96
200028	孙海亮	84	77	80

图 6-18   学生成绩表 score

第 7 章 chapter 7

JSP 表单处理

本章要点

一般情况下，我们所设计的网页都是向网上发布信息，以方便其他浏览者查看。但如果要实现用户和网络之间的信息交互，例如在网络上进行质量调查、电子购物、人才招聘、远程交易时，就必须在网页上创建表单，然后使用特定方法收集表单数据并进行处理。本章介绍如何在网页中创建表单，以及表单在客户端及服务器端确认的方法，最后还向大家介绍 JSP 与客户之间的交互。

7.1 再谈表单

大家对表单应该很熟悉，随便进入一个网站，如果想在线注册成为该网站的会员，就必须填写一张表单，然后提交给服务器处理。图 7-1 显示的是新浪网站的会员注册表单。

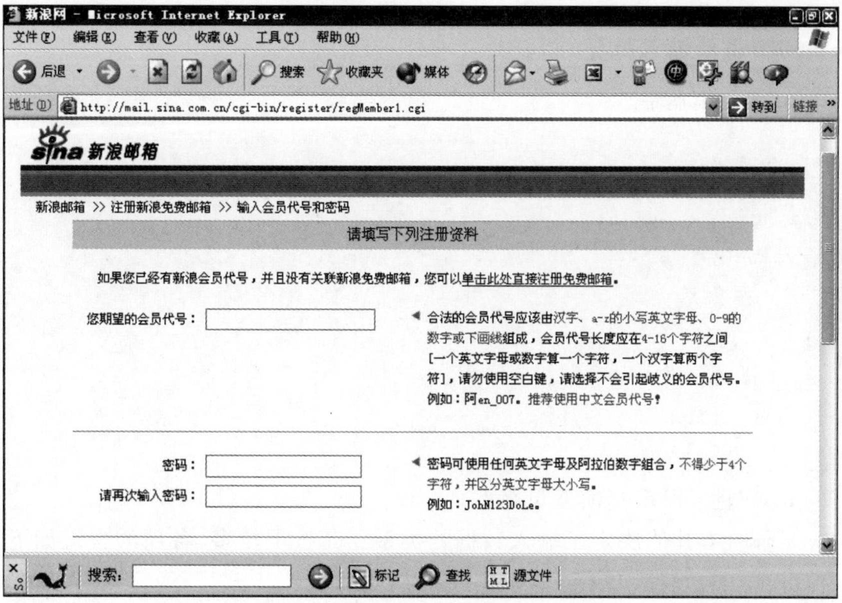

图 7-1　新浪网站的会员注册表单

表单在 HTML 页面中起着非常重要的作用，它是实现与用户信息交互的重要手段。如图 7-1 所示，一个表单至少应该包括说明性文字、用户填写的表格、提交和重填按钮等内容。用户填写了所需的资料之后，单击"提交资料"按钮，所填资料就会通过一个专门的接口传送到 Web 服务器上。经服务器处理后反馈给用户结果，从而完成用户和网络之间的交流。

一般情况下，表单设计时使用的标记包括<form>、<input>、<option>、<select>、<textarea>和<isindex>。

1. <form>表单标记

其基本语法结构如下：

```
< form action = url method = get|post name = value onreset = function onsubmit =
function >
</form>
```

（1）action 属性：设置或获取表单内容要发送处理的 URL。这样的程序通常是 CGI 应用程序，采用电子邮件方式时，用 action＝"mailto：目标邮件地址"。

（2）method 属性：指定数据传送到服务器的方式。有两种主要的方式，当 method＝get 时，将输入数据加在 action 指定的地址后面传送到服务器；当 method＝post 时则将输入数据按照 HTTP 传输协议中的 post 传输方式传送到服务器，用电子邮件接收用户信息采用这种方式。

（3）name 属性：用于设定表单的名称。

（4）onrest 属性（onsubmit 属性）：设定了单击 reset 按钮（submit 按钮）之后要执行的子程序。

2. <input>表单输入标记

其基本语法结构如下：

```
<input name=value
type=text|textarea|password|checkbox|radio|submit|reset|file|hidden|image|
button
value=value
src=url
checked
maxlength=n
size=n
onclick=function
onselect=function>
```

（1）name 属性：设定当前变量名。

（2）type 属性：其值决定了输入数据的类型。其选项较多，各项的含义如下。

type＝text：表示输入单行文本。

type＝textarea：表示输入多行文本。

type＝password：表示输入数据为密码，用星号表示。

type＝checkbox：表示复选框。

type＝radio：表示单选框。

type＝submit：表示提交按钮，数据将被送到服务器。

type＝reset：表示清除表单数据，以便重新输入。

type＝file：表示插入一个文件。

type＝hidden：表示隐藏按钮。

type＝image：表示插入一幅图像。

type＝button：表示普通按钮。

value＝value：用于设定输入默认值，即如果用户不输入的话，就采用此默认值。

src＝url：是针对 type＝image 的情况来说的，设定图像文件的地址。

（3）checked 属性：在 type 取值 radio/checkbox 时有效，表示该项被默认选中。

（4）maxlength 属性：在 type 取值 text 时有效，表示最大输入字符的个数。

（5）size 属性：在 type 取值 textarea 时有效，表示在输入多行文本时的最大输入字符个数。

（6）onclick 属性：表示在单击鼠标左键时调用指定的子程序。

（7）onselect 属性：表示当前项被选择时调用指定的子程序。

3. <select>下拉菜单标记

用<select>标记用于在表单中插入一个下拉菜单，它需与<option>标记配合使用，其基本语法结构如下：

```
<select   name=nametext   size=n   multiple>
    <option   selected   value=value>
    …
    <option   selected   value=value>

</select>
```

（1）name 属性：设定下拉式菜单的名称。

（2）size 属性：设定一次显示菜单项的个数，默认值为 1。

（3）multiple 属性：表示可以进行多选。

（4）<option>标记：表示下拉菜单中一个选项。

（5）selected 属性：表示当前项被默认选中。

（6）value 属性：表示该选项对应的值，在该项被选中之后，该项的值就会被送到服务器进行处理。

4. <textarea>多行文本输入标记

其基本语法结构如下：

```
<textarea   name=name   cols=n   rows=n   wrap=off|hard|soft>
</textarea>
```

（1）name 属性：表示文本框名称。

（2）clos、rows 属性：分别表示多行文本输入框的宽度和高度（行数）。

（3）wrap 属性：进行换行控制，当 wrap＝off 时不自动换行；当 wrap＝hard 时自动硬回车换行，换行标记一同被传送到服务器中去；当 wrap＝soft 时自动软回车换行，换行标记不会传送到服务器中去。

下面我们给出表单实例 ex7-1.html，介绍一些常用标记的应用技巧。

```
ex7-1.html 源程序
<%@ page contentType="text/html;charset=gb2312"%>
<html>
<head><title>示例 7-1 </title><head>
<body>
<form method="POST" action="">
<p align="center">用户注册
<p align="center">
您的尊姓大名: < input type =" text" name =" User" size =" 20" >    
   
您的密码: <input type="password" name="pwd" size="20"><br> <br>
<p>您最喜欢的运动:
<input type="checkbox" name="sports" value=football> 足球
<input type="checkbox" name="sports" value=bastketball> 排球
       
您的性别:
<input type="radio" name="sexy" value=male> 男
<input type="radio" name="sexy" value=female> 女 <br><br>
<p>请填写您的计算机配置: </p>
<textarea NAME="Computer" ROWS=6  COLS=64>
    CPU  PIV 2700
    Memory  256M DDR
</textarea><br><br>
<p>您的计算机操作系统图标
<input type="image" name="os" src="c:\image\mycomputer.jpg">
       
您的家庭所在地:
<select  name="area" style="width"50"  size="1">
    <option value="北京"  selected > 福州 </option>
    <option value="天津" > 厦门 </option>
    <option value="上海" > 泉州 </option>
    <option value="重庆" > 三明 </option>
</select>
<br> <br>
<input type="submit" value=" 我要提交">
<input type="reset" value="全部重填"></p>
</form>
</body>
</html>
```

该程序的运行结果如图 7-2 所示。

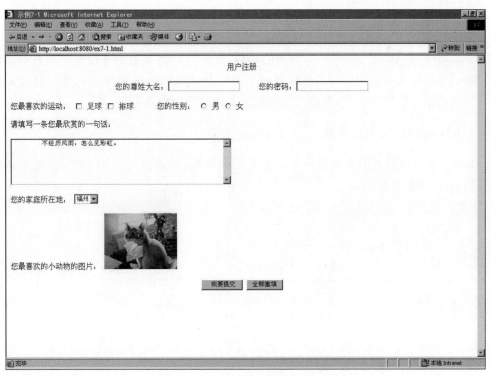

图 7-2　ex7-1.html 的运行结果

7.2　表单在客户端的确认

7.2.1　表单在客户端确认的利弊

　　7.1 节我们已经认识到当用户填写完表单数据后,应将表单提交,然后由服务器端一个特定的程序来处理表单数据。然而有一个过程我们不能忽视,那就是表单确认的过程。换句话说,确认用户填写的表单数据是否合法,比如姓名输入框中是否填写了内容,密码输入框中所输入的密码的位数是否正确等。在客户端脚本技术出现之前,确认表单只能在服务器端完成,但是这样不仅会占用服务器端资源,也会占用网络资源。特别是用户多次修改表单数据仍不符合要求时,就需要不断的网络连接和服务器响应,效率较低。但如果在网页中引入了客户端脚本技术(JavaScript),即将表单确认程序跟随网页一起从服务器端下载到客户端的浏览器上,这样当用户填写完表单中的数据后,提交时就可以由浏览器解释执行表单确认程序,而不需要服务器端响应,从而大大减轻了网络负载并提高了响应速度。很明显,用户的等待时间减少了。

　　当然,考虑到客户端浏览器的多样化,特别是不同浏览器所支持的脚本语言不完全相同,因此,不能保证数据一定能够在浏览器被确认。如果客户端所安装的浏览器是 IE 5.0 以上的版本,那么表单是可以在客户端被确认的。

7.2.2　表单在客户端确认的方法

下面将介绍一些用 JavaScript 编写的函数,这些函数经常用来进行客户端表单的确认。我们可以将这些常用的函数存放到一个文件中(比如 Jspconfirm.js),然后将此文件包含到我们编写的网页中,当然也可以根据需要在网页中单独引用。

1. isDate ()日期确认函数

功能:确认所输入的数据是不是一个有效的日期(格式为:月/日/年),如果是函数则返回 true,否则返回 false。

```
function  isDate(myStr)
{ var the1st=myStr.indexof('/') ;
  var the2nd=theStr.lastIndexof('/') ;
  if(the1st==the2nd) { return(false); }
  else { var m=myStr.substring(0,the1st);
        var d= myStr.substring(the1st+1,the2nd);
        var y= myStr.substring(the2nd+1, myStr.length);
        var maxDays=31;
         if(isInt(m)==false || isInt(d)==false || isInt(y)==false)
               { return(false);}
         else if (y.length<4) {return(false);}
            else if(!isBetween(m,1,12)) {return(false);}
              else if(m==4 || m==6 || m==9 || m==11) maxDays=30;
                else if(m==2) {if (y%4 >0) maxDays=28; else maxDays=29;}
                    if(isBetween(d,1,maxDays)==false) {return(false);}
                    else  {return(true);}
      }
}
```

2. isBetween (val,low,high)范围确定函数

功能:确认所输入的数据是否位于参数 low 和 high 之间,如果是函数则返回 true,否则返回 false。

```
function isBetween(val,low,high)
{
    if((val<low) || (val>high)  { return(false); }
    else {return(true);}
}
```

3. isTime ()时间确认函数

功能:确认所输入的数据是不是一个合法的时间值(格式:HH:MM)。如果是函数则返回 true,否则返回 false。

```
function isTime(timeStr)
{ var colondex=myStr.indexof(':') ;
  if(colonDex<1)||(colonDex>2))  { return(false); }
  else { var hh=timeStr.substring(0, colonDex);
    var ss=timeStr.substring(colonDex+1, timeStr.length);
       if((hh.length<1)||(hh.length>2)|| (!isInt(hh)))  {return(false);}
       else if((ss.length<1)||(ss.length>2) (!isInt(ss))) {return(false);}
         else if((!isBetween(hh,0,23))|| (!isBetween(ss,0,59))){return(false);}
            else {return(true);}
       }
}
```

4. isDigit（myNum）数字确认函数

功能：确认所输入的数据是不是一个合法数字。如果是函数则返回 true，否则返回 false。

```
function  isDigit(myNum)
{ var mask='0123456789';
  if(isEmpty(myNum))  { return(false); }
  else if (mask.indexOf(myNum)==-1)  {return(false);}
      return(true); }
```

5. isEmail（myStr）电子邮件确认函数

功能：确认所输入的数据是不是一个合法的电子邮件地址。如果是函数则返回 true，否则返回 false。

```
function isEmail(myStr)
{ var atIndex=myStr.indexOf('@') ;
  var dotIndex= myStr.indexOf('.',atIndex);
  var flag=true;
  theSub=myStr.substring(0,dotIndex+1);
  if((atIndex<1)||(atIndex!=myStr.lastIndexOf('@'))||(dotIndex<atIndex+2)||
(myStr.length<=theSub.length)) { flag=false}; }
  else {flag=true;}
  return(flag);
              }
```

6. isEmpty（myStr）函数

功能：确认所输入的数据是否为空。如果是空函数则返回 true，否则返回 false。

```
function isEmpty(myStr)
{ if((myStr==null) || (myStr.length==0))  return(true);
  else   return(false);       }
```

7. isInt（myStr）函数

功能：确认所输入的数据是不是一个合法的整数。如果是函数则返回 true，否则返回 false。

```
function isInt(myStr)
{  var flag= true;
   if(isEmpty(myStr))  { flag=false}; }
   else {for (var i=0;i<myStr.length;i++)
       { if (isDigit(myStr.substring(i,i+1))==false)
            { flag=false; break;}
       }
    }
   return(flag);
}
```

8. isReal（myStr，decLen）函数

功能：确认所输入的数据是不是一个合法的实数。如果是函数则返回 true，否则返回 false。

```
function isReal(myStr,decLen)
{ var dot1st= myStr.indexOf('.');
  var dot2nd= myStr.lastIndexOf('.');
  var flag= true;
  if(isEmpty(myStr))  return(false);
  if(dot1st=-1)
   { if (!isInt(myStr))  return(false);
     else return(true); }
  else if (dot1st!=dot2nd) return(false);
     else if (dot1st==0) return(false);
        else {
             var intPart=myStr.substring(0,dot1st);
             var decPart= myStr.substring(dot2nd+1);
             if(decPart.length>decLen) return(false);
             else if (!isInt(intPart)||!isInt(decPart)) return(false);
                else if (isEmpty(decPart)) return(false);
                   else return(true);
             }
}
```

7.2.3 表单在客户端的确认实例

以下程序 ex7-2.html 将在客户端实现对表单的确认，防止用户输入的密码为空。

ex7-2.html 源程序
```
<%@ page contentType="text/html;charset=gb2312"%>
<html>
```

```
<head><title>示例 7-2 </title></head>
<SCRIPT language="JavaScript" src="JSPconfirm.js">
</SCRIPT>
<SCRIPT language=JavaScript>
function formcheck(Fm)
{ var flag=true;
  if(isEmpty(Fm.pwd.value))
    {  alert("您没有输入密码,请重新输入!");
       Fm.pwd.focus();
       flag=false;
}
return  flag;
        }
</SCRIPT>
<body>
<Form method="POST" name=Fm  Onsubmit="return formcheck(this) ">
 <p align="center">密码: <input type="password" name="pwd" size="20"><br>
</p>
 <p align="center"><input type="submit" name="Submit" value="我要提交"><br>
</p>
</form>
</body>
</html>
```

运行 ex7-2.html 时,当用户输入的密码为空时,浏览器将显示如图 7-3 所示的结果。

图 7-3　密码为空时 ex7-2.jsp 的运行结果

7.3　JSP 与客户端的交互

通过 7.2 节的学习,我们发现在 HTML 文档中插入合适的 JavaScript 脚本就能实现表单数据在客户端的确认。尽管这种确认是比较简单的,但实际上已经属于一种简单的人机交互方式。而大多数情况下,我们在进行网页设计时是借助于服务器来完成交互过程的。这个过程可以分为两个阶段,第一阶段,客户端浏览器通过表单获得用户输入信息,然后将信息传送到服务器端;第二阶段,服务器提取客户端发来的信息,进行相应的处理后再将结果传回到客户端。下面我们以表单为例介绍 JSP 与客户端交互过程中的实现方法。

7.3.1　从表单中提取参数

下面我们通过一个实例来讲述 JSP 是如何提取客户端表单中的数据的。首先我们建立一个 HTML 表单,其源程序 ex7-3.html 如下所示。

```
ex7-3.html 源程序
<html>
<head>
<title>示例 7-3 </title>
<head>
<body>
<form method="POST" action="formget.jsp ">
<p align="center">用户注册</p>
<p align="center">
您的尊姓大名: <input type="text" name="user" size="20">
<br> <br>
您的密码: <input type="password" name="pwd" size="20">
<br> <br>
您的性别:
<input type="radio" name="sex" value="男"> 男
<input type="radio" name="sex" value="女"> 女
<br><br>
您最喜欢的颜色:
<br>
<input type="radio" name="likecolor" value="红色"> 红色
<br>
<input type="radio" name="likecolor" value="黄色">黄色
<br>
<input type="radio" name="likecolor" value="蓝色"> 蓝色
<br>
<input type="radio" name="likecolor" value="白色"> 白色
<br>
<input type="radio" name="likecolor" value="黑色"> 黑色
<br><br>
```

```
<input type="submit" value=" 我要提交">
<input type="reset" value="全部重填">
</p>
</form>
</body>
</html>
```

该网页在浏览器上的显示结果如图 7-4 所示。

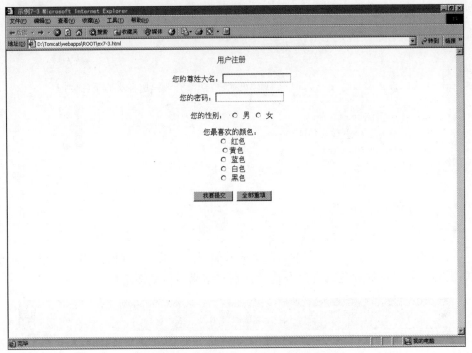

图 7-4 ex7-3.html 的运行结果

下面编写服务器端的表单信息提取程序 formget.jsp,其源程序如下。

formget.jsp 源程序
```
<html>
<head>
<title></title>
</head>
<body>
<%
String  username=request.getParameter("user");
String  pwdinfo=request.getParameter("pwd");
String  sexinfo=request.getParameter("sex");
String  colorinfo=request.getParameter("likecolor");

    out.println("<br>");
    out.println("您的姓名: ");
    out.println(username);
```

```
        out.println("<br>");
        out.println("<br>");
        out.println("您的密码: ");
        out.println(pwdinfo);
        out.println("<br>");

if(sexinfo==null) out.println("很抱歉,您没有选择性别!");
    else
  {  out.println("<br>");
     out.println("您的性别: ");
     out.println(sexinfo);
     out.println("<br>");
  }
if(colorinfo==null) out.println("很抱歉,您没有选择您喜欢的颜色!");
    else
  {  out.println("<br>");
     out.println("您喜欢的颜色: ");
     out.println(colorinfo);
  }

%>
</body>
</html>
```

当我们输入完整的个人信息时,结果显示如图 7-5 所示,当我们输入信息不完整时(例如没有输入喜欢的颜色或者没有选择性别),结果显示如图 7-6 所示。

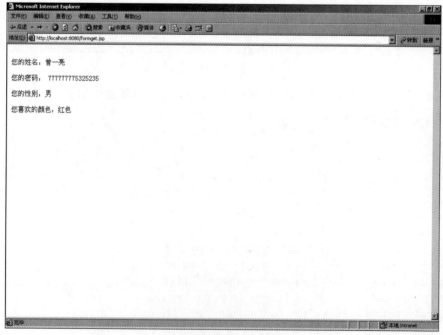

图 7-5　输入完整的信息时 ex7-3.html 的运行结果

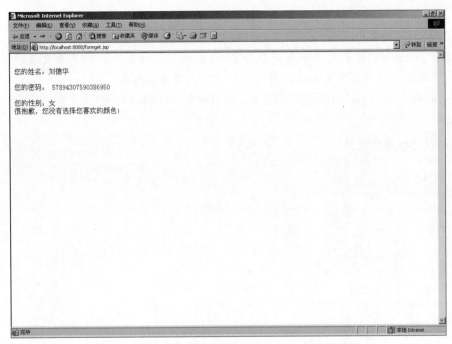

图 7-6　输入不完整的信息时 ex7-3.html 的运行结果

从这个程序中我们不难发现,JSP 主要是通过 request.getParameter()方法来提取表单中的数据的,但需要注意的是,我们在编写表单时,对于表单中任一元素的 name 必须赋值,因为 JSP 调用 request 对象的方法 getParameter()时,正是将 name 值作为该方法的形参来提取表单中相应元素中的输入数据的。

7.3.2　向客户端输出数据

向客户端输出数据是 JSP 与客户机交互的一个重要组成部分。例程 formget.jsp 中的 out.println 就是一种向客户端输出数据的方法。通常 JSP 向客户端输出数据的方法主要包括两种,一种是使用内置对象 out,因为 out 对象中包含了一个重要的方法 println(),用来向客户端输出数据。out 对象可以调用如下方法向客户端输出各种数据。

(1) out.println(boolean)。

功能：JSP 向客户端输出一个布尔值。

(2) out.println(char)。

功能：JSP 向客户端输出一个字符。

(3) out.println(double)。

功能：JSP 向客户端输出一个双精度的浮点数。

(4) out.println(float)。

功能：JSP 向客户端输出一个单精度的浮点数。

(5) out.println(long)。

功能：JSP 向客户端输出一个长整型数据。

（6）out.println(String)。

功能：JSP 向客户端输出一个字符串对象的内容。

注意：println()中的形参如果是字符串，必须用引号括起来。如果是变量就不需要了。如果既有字符串又有变量就必须使用"＋"将二者连接起来。

下面例程 ex7-4.jsp 中使用了 out.println()向客户端输出数据，请大家注意其中的使用方法。

```
ex7-4.jsp 源程序
<html>
<head>
<title>示例 7-4 </title>
</head>
<body>
<%
    boolean flag=true;
    int      x=118;
    long     y=911;
    String   myname="刘德华";
    out.println(flag);
    out.println("<br><br>");
    out.println(x);
    out.println("<br><br>");
    out.println(y);
    out.println("<br><br>");
    out.println("我最喜欢听" + myname + "的歌曲");
    out.println("<br><br>");
    out.println("我听过" + x + "首" + myname + "的歌曲");
    out.println("<br><br>");
    out.println("<h1><font color=red>" + myname + "</h1></font>");
%>
</body>
</html>
```

该程序在浏览器中执行的效果如图 7-7 所示。

JSP 向客户端输出数据的另外一种方法是使用"＝"运算符，这种方法相对第一种方法比较简单，其格式为<%＝[变量|字符串]>，使用该方法改写例程 ex7-4.jsp 的源码如下：

```
<html>
<head>
<title>示例 7-4 </title>
</head>
<body>
<%
    boolean flag=true;
    int      x=118;
    long     y=911;
    String   myname="刘德华";
```

```
%>
<%= flag  %>
<%="<br><br>" %>
<%= x      %>
<%="<br><br>" %>
<%= y      %>
<%="<br><br>" %>
<%= flag   %>
<%="<br><br>" %>
<%= flag   %>
<%="<br><br>" %>
<%="我最喜欢听" + myname + "的歌曲"  %>
<%="<br><br>" %>
<%= "我听过" + x + "首" + myname + "的歌曲"  %>
</body>
</html>
```

图 7-7   ex7-4.jsp 的运行结果

7.4 表单在服务器端的确认

7.4.1 表单在服务器端确认的利弊

通过 7.2 节的学习,我们不难发现,简单的表单确认操作可以放在客户端进行。但是对表单中数据的深入操作要在服务器端进行,而且用 JSP 编写的处理表单的脚本程序也必须在服务器端执行。表单确认放在服务器端执行的最大优点就在于屏蔽了客户端平台的异构性,因为不管客户端安装的是什么操作系统,JSP 的执行都能够顺利进行。当然表单的确认放在服务器端执行也增加了服务器的负载,并且延长了客户的等待时间。

7.4.2　表单在服务器端确认的方法

表单在服务器端的确认最终都是由服务器端的 JSP 脚本来执行的。而这些 JSP 脚本程序通常是利用 Java 语言编写一些实用的小程序片段,或者直接调用 JavaScript 的函数,然后将其嵌入 Web 文档中所生成。通过 JSP 脚本来判断客户端提交的表单数据是否合法,从而保证表单数据的正确性。

下面我们通过例程 ex7-6.jsp 来说明表单在服务器端确认的过程。首先我们建立表单程序 ex7-5.html,其源程序如下。

```
ex7-5.html 源程序
<html>
<head><title>示例 7-5</title><head>
<body>
<form method="POST" name="frm1" action="ex7-5.jsp">
<p align="center">用户登录
<p align="center">
您的尊姓大名: <input type="text" name="name" size="20">   
 
您的密码: <input type="password" name="pwd" size="20"><br> <br>
<input type="submit" value="我要提交">
<input type="reset" value="全部重写"></p>
</form>
</body>
</html>
```

该程序在浏览器中显示的结果如图 7-8 所示。

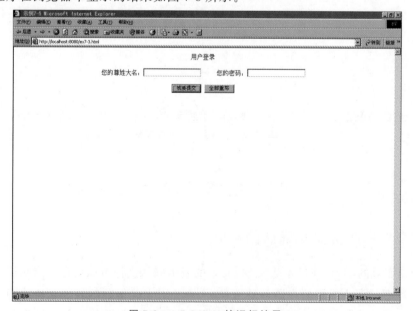

图 7-8　ex7-5.html 的运行结果

服务器端的 JSP 脚本程序 ex7-6.jsp 的源程序如下。

ex7-6.jsp 源程序
```
<%@ page contentType="text/html;charset=gb2312"%>
<html>
<head><title>示例 7-6 </title></head>
<body>
<%
    String name=request.getParameter("name");
    String pwd=request.getParameter("pwd");
    if((name!=null)&&(!name.equals("")))
    {
    name=new String(name.getBytes("ISO8859_1"), "gb2312");
    out.println("您的尊姓大名: " +name+"<br>");
    out.println("您的密码: "+pwd+"<br>");
    }
    else{
%>
<p align="center">很抱歉,您没有输入用户名! </p><br><br>
< form method="POST" name="frm1" action="ex7-5.jsp">
<p align="center">用户登录
<p align="center">
用户名: <input type="text" name="name" size="20" value="<%=name%>">
    
密码: <input type="password" name="pwd" size="20" value="<%=pwd%>"><br> <br>
<input type="submit" value=" 提交">
<input type="reset" value="全部重写"></p>
</form>
<%}%>
</body>
</html>
```

当用户在表单中没有输入姓名时,提交后经服务器端 ex7-6.jsp 确认后,显示结果如图 7-9 所示。填写完整信息经确认后结果显示如图 7-10 所示。

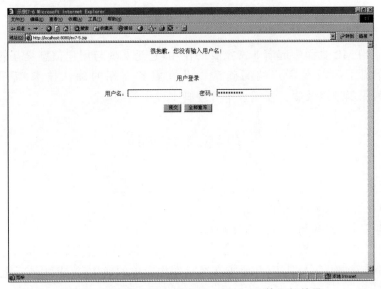

图 7-9　没有输入姓名提交后 ex7-6.html 的运行结果

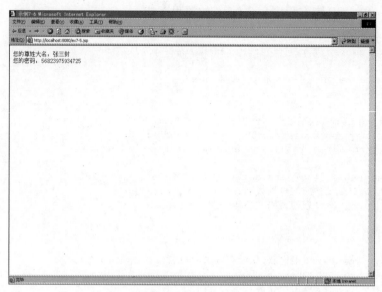

图 7-10　输入完整信息提交后 ex7-6.html 的运行结果

注意：ex7-6.jsp 程序中,使用 page 指令定义了该 JSP 页面的 contentType 属性的值为"text/html;charset＝gb2312",这样页面中就可以显示标准的汉语了。使用 request 对象的 getParameter()方法来获取表单中的姓名数据和密码数据,并将其分别存放在字符串变量 name 及 pwd 中,为防止用户名为空,设置了 if 语句,其中 if 条件利用了 String 类的一个方法 equals(),该方法是将一个字符串作为其参数然后和另一字符串变量进行比较,如果相等则返回 true,否则返回 false。该程序中将字符串变量 name 和空串进行比较来判定姓名是否为空是一种很重要的判定方法,请大家牢记。

本 章 小 结

表单在 HTML 页面中起着非常重要的作用,它是实现与用户信息交互的重要手段。本章详细介绍了表单在客户端的确认以及在服务器端的确认技术,需要重点掌握 JavaScript 常用函数以及服务器端表单处理脚本程序的编写。

习题及实训

1. 网页中的表单如何定义? 通常表单中包含哪些元素?
2. 表单在客户端确认有什么优缺点?
3. 表单在服务器端确认有什么优缺点?
4. 请利用表单技术编写"个人情况登记表"网页,网页中包含姓名、年龄、身高、婚否、身份证号、个人爱好、个人简述,并要求在客户端作简单的确认,要求姓名不能为空。

第8章 JSP 实用组件技术

chapter 8

本章要点

本章主要介绍 3 个 JSP 实用的组件技术：利用 Commons-FileUpload 组件上传；利用 Java Mail 组件发送电子邮件；利用 JFreeChart 组件制作图表。

8.1 上传文件组件

8.1.1 Commons-FileUpload 组件介绍

在我们实际开发过程中，会遇到很多重要上传文件的情况，例如图片、文件等需要上传到网站或者系统中。我们如何来处理文件的上传呢？这里给大家介绍一个组件——Commons-FileUpload，它是 Apache 开放源代码组织中的一个 Java 子项目，本节主要介绍如何使用 FileUpload 来处理浏览器提交到服务器的文件信息。

在客户端，一个文件上传请求由有序表单项的列表组成，这些表单是根据 RFC1867 的 file 类型的 input 标签，用于客户端浏览需要上传的文件。在服务器端，FileUpload 可以帮助我们解析这样的请求，将每一个项目封装成一个实现了 FileItem 接口的对象，并以列表的形式返回。所以，我们只需要了解 FileUpload 的 API 如何使用即可，不用管它们的底层实现。FileItem 接口提供了多种方法来判断它是不是一个可上传的文件，然后我们可以用最合适的方式来处理这些数据。

8.1.2 下载安装 Commons-FileUpload 组件

我们可以从 http://commons.apache.org/proper/commons-fileupload/网站下载。本节使用的是最新的 commons-fileupload-1.3-bin.zip 版本。下载后解压，主要为两个目录，一个是 lib，另一个是 site，lib 里面包括了 commons-fileupload-1.3.jar，这个就是 Commons-FileUpload 组件的上传类，注意要将它复制到我们需要网站的 WEB-INF\lib 目录或者复制到{＄TOMCAT}/common/lib 目录，而 site 目录下是一个帮助文档，打开 apidocs\index.html，在页面的左侧显示的是主要的类以及接口，单击在右侧出现的相关说明，里面包括了主要的函数以及方法，如图 8-1 所示。

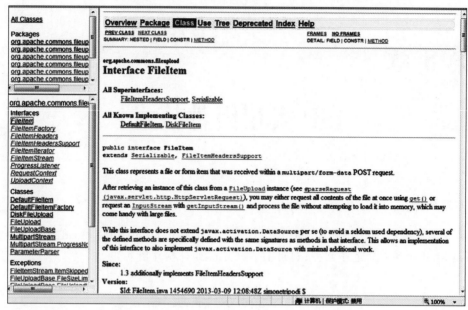

图 8-1　Commons-FileUpload 组件的主要函数及方法

8.1.3　DiskFileItemFactory 类

公共类 DiskFileItemFactory,当上传的文件项目比较小时,直接保存在内存中(速度比较快),比较大时,以临时文件的形式保存在磁盘临时文件夹。如果不配置,默认配置值为 10KB。下面介绍 DiskFileItemFactory 类中的几个常用的重要方法。

1. setSizeThreshold 方法

这个方法用来设置一个值,超出这个值后,直接将文件写入磁盘,该方法传入的参数的单位是字节。大家都知道,文件上传组件在解析和处理上传数据中的内容时,需要临时保存解析出的数据,但是默认使用的内存空间有限,当超过内存限制的时候会抛出“java.lang.OutOfMemoryError”错误,如果上传的文件很大,例如上传 800MB 的文件,在内存中将无法保存该文件内容,文件上传组件将用临时文件来保存这些数据;但如果上传的文件很小,例如上传 600B 的文件,显然将其直接保存在内存中更加有效,这时用 setSizeThreshold 就可以设置这个阈值。其完整语法定义如下:

```
setSizeThreshold(int sizeThreshold)
```

2. setRepositoryPath 方法

setRepositoryPath 方法用于设置 setSizeThreshold 方法中提到的临时文件的存放目录,这里要求使用绝对路径。其完整语法定义如下:

```
public void setRepositoryPath(String repositoryPath)
```

如果不设置存放路径，临时文件将被存储在"java.io.tmpdir"这个 JVM 环境属性所指定的目录中，Tomcat 5.5.9 将这个属性设置为"<tomcat 安装目录>/temp/"目录。

8.1.4　ServletFileUpload 类

ServletFileUpload 类是 Apache 文件上传组件的核心类，应用程序开发人员通过这个类来与 Apache 文件上传组件进行交互。下面是几个重要的方法。

1. isMultipartContent 方法

isMultipartContent 方法用于判断请求消息中的内容是不是 multipart/form-data 类型，是则返回 true，否则返回 false。isMultipartContent 方法是一个静态方法，不用创建 DiskFileUpload 类的实例对象即可被调用，其完整语法定义如下：

```
public static final boolean isMultipartContent(HttpServletRequest req)
```

2. setFileSizeMax 方法

setFileSizeMax 方法用于设置上传文件的最大允许大小，以防止客户端故意通过上传特大的文件来塞满服务器端的存储空间，单位为字节。其完整语法定义如下：

```
public void setFileSizeMax(long sizeMax)
```

3. parseRequest 方法

parseRequest 是 DiskFileUpload 的重要方法，该方法对 FORM 表单的每个字段数据进行解析，并存储在 FileItem 对象中，该方法将所有 FileItem 对象存储在 List 类型的集合中并返回。parseRequest 方法的语法定义如下：

```
public List parseRequest(HttpServletRequest req)
```

parseRequest 方法会抛出 FileUploadException 异常。

参数说明：req：servlet 请求被解析，必须非空。

返回：List 类型的 FileItem 实例。

错误抛出：FileUploadException：读取/解析请求或存储文件如果有问题，抛出 FileUploadException。

8.1.5　FileItem 类

FileItem 类表示一个文件或表格项内收到多重/表单数据 POST 请求，主要是封装了单个表单字段元素的数据，一个表单字段元素对应一个 FileItem 对象，通过调用 FileItem 对象的方法可以获得相关表单字段元素的数据。FileItem 是一个接口，在应用程序中使用的实际上是该接口的一个实现类，该实现类的名称并不重要，程序可以采用 FileItem 接口类型来对它进行引用和访问。下面介绍 FileItem 类中的几个常用的方法。

1. getName 方法

getName 方法用于在客户端的文件系统返回原来的文件名,根据客户端的浏览器(或其他客户端软件),在大多数情况下,返回的是基本文件名,不带路径信息。但是,在一些客户端,如 Opera 浏览器,包含路径信息。如果 FileItem 类对象对应的是普通表单字段,getName 方法将返回 null。如果用户通过网页表单中的文件字段没有传递任何文件,但只要设置了文件表单字段的属性,浏览器也会将文件字段的信息传递给服务器,只是文件名和文件内容部分都为空,但这个表单字段仍然对应一个 FileItem 对象,此时,getName 方法返回结果为空字符串"",我们在调用文件上传组件时要注意考虑这个情况。getName 方法的完整语法定义如下:

```
public String getName()
```

2. getFieldName 方法

getFieldName 方法用于返回多重表单中的字段所对应的名称,例如"name＝file1",则返回的是 file1。getFieldName 方法的完整语法定义如下:

```
public String getFieldName()
```

3. isFormField 方法

isFormField 方法用于判断 FileItem 类对象封装的数据是属于一个普通表单字段,还是属于一个文件表单字段,如果是普通表单字段则返回 true,如果属于一个文件表单字段则返回 false。该方法的完整语法定义如下:

```
public boolean isFormField()
```

4. write 方法

write 方法是上传文件的一个重要方法,它用来写一个上传的文件到磁盘。客户端代码中并不关心文件是存储在内存还是磁盘上的一个临时位置,只是想将一个文件上传到服务器磁盘,如果 FileItem 对象中的主体内容是保存在某个临时文件中,该方法顺利完成后,临时文件有可能会被清除。该方法也可将普通表单字段内容写入一个文件中,但它的主要用途是将上传的文件内容保存在本地文件系统中。其完整语法定义如下:

```
public void write(File file)
```

5. getString 方法

getString 方法用于将 FileItem 对象中保存的主体内容作为一个字符串返回,它有两个重载的定义形式:

```
public java.lang.String getString()
public java.lang.String getString(java.lang.String encoding)
throws java.io.UnsupportedEncodingException
```

第一个使用默认的字符集编码将主体内容转换成字符串,第二个使用参数指定的字符集编码将主体内容转换成字符串。如果在读取普通表单字段元素的内容时出现了中文乱码现象,请调用第二个 getString 方法,并为之传递正确的字符集编码名称。

6. getContentType 方法

getContentType 方法用于获得上传文件的类型,如果 FileItem 类对象对应的是普通表单字段,该方法将返回 null。getContentType 方法的完整语法定义如下:

```
public String getContentType()
```

7. isInMemory 方法

isInMemory 方法用来判断 FileItem 类对象封装的主体内容是存储在内存中,还是存储在临时文件中,如果存储在内存中则返回 true,否则返回 false。其完整语法定义如下:

```
public boolean isInMemory()
```

8. delete 方法

delete 方法用来清空 FileItem 类对象中存放的主体内容,如果主体内容被保存在临时文件中,delete 方法将删除该临时文件。尽管组件使用了多种方式来尽量及时清理临时文件,但系统出现异常时,仍有可能造成有的临时文件被永久保存在了硬盘中。在有些情况下,可以调用这个方法来及时删除临时文件。其完整语法定义如下:

```
public void delete()
```

8.1.6　一个简单的上传文件的例子

本例建立的环境是 Tomcat 7.0.42,JDK 为 JDK 1.7.0_25。主要包括两个页面:第一个是提交图片的 FORM 页面,取名为 UpfileForm.jsp,主要是一个简单的提交图片的表单;第二个是处理提交图片的页面,这里采用了 Servlet,主要功能是获取文件数据,利用 Commons-FileUpload 组件将文件上传到服务器。具体代码如下。

ex8-1.jsp 源程序
```
<%@ page language="java" contentType="text/html; charset=gb2312"
    pageEncoding="UTF-8"%>
<!DOCTYPE html PUBLIC "-//W3C//DTD HTML 4.01 Transitional//EN" "http://www.
w3.org/TR/html4/loose.dtd">
<html>
<head>
<meta http-equiv="Content-Type" content="text/html; charset=gb2312">
<title>示例 8-1</title>
</head>
<body>
<h1>文件上传演示</h1>
```

```
<form action="FileUpload" method="post" enctype="multipart/form-data">
    文件：<input type="file" name="file"/><br>
    <input type="submit" value="上传">
</form>

</body>
</html>
```

这段代码不做过多繁杂的解释，需要关注的是，表单标记中的属性 enctype＝"multipart/form-data"，主要用于设置表单的 MIME 编码。默认情况该编码格式为 application/x-www-form-urlencoded，不能用于文件上传。只有使用了 multipart/form-data，才能完整地传递文件数据，进行下面的操作。enctype＝"multipart/form-data"是上传二进制数据；form 里面的 input 的值以二进制的方式传过去。

ex8-2.jsp 源程序

```
import java.io.IOException;
import javax.servlet.ServletException;
import javax.servlet.http.HttpServletRequest;
import javax.servlet.http.HttpServletResponse;
import org.apache.commons.fileupload.*;
import org.apache.commons.fileupload.servlet.*;
import org.apache.commons.fileupload.disk.*;
import java.util.*;
public class FileUpload extends javax.servlet.http.HttpServlet implements
javax.servlet.Servlet {
    static final long serialVersionUID = 1L;

    /* (non-Java-doc)
     * @see javax.servlet.http.HttpServlet#HttpServlet()
     */
    public FileUpload() {
        super();
    }

    /* (non-Java-doc)
     * @ see javax. servlet. http. HttpServlet # doGet (HttpServletRequest
request, HttpServletResponse response)
     */
    protected void doGet (HttpServletRequest request, HttpServletResponse
response) throws ServletException, IOException {
        //TODO Auto-generated method stub
    }

    /* (non-Java-doc)
     * @ see javax. servlet. http. HttpServlet # doPost (HttpServletRequest
request, HttpServletResponse response)
     */
```

/ * 以上代码是 JBuilder 自动生成的,这里不做详细的解释,以下 doPost 是处理上传文件的主要代码部分 * /

```java
public void doPost(HttpServletRequest request, HttpServletResponse response)
    throws ServletException, IOException {

//  检查一个请求是不是一个文件上传的请求
if(ServletFileUpload.isMultipartContent(request)){
//      创建一个基于磁盘文件条目的工厂
    DiskFileItemFactory factory = new DiskFileItemFactory();
//      分别指定缓存文件路径和文件上传的目录
    String tempPath = "D:\\JBuilder\\workspace2\\UploadFileForm\\WebContent\\
temp";
    String filePath = "D:\\JBuilder\\workspace2\\UploadFileForm\\WebContent\\
uploadFile";
//      这里设置超过 1MB 大小的文件会写到给出的硬盘临时文件夹中
    factory.setSizeThreshold(1024 * 1024);
    factory.setRepository(new java.io.File(tempPath));
//      也可以使用这个构造方法
//       DiskFileItemFactory factory1 = new DiskFileItemFactory(1024 * 1024,
(new java.io.File("temp"));
//      创建了个文件上传的处理
ServletFileUpload upload = new ServletFileUpload(factory);
//       设置文件上传的最大值为 10MB
    upload.setFileSizeMax(1024 * 1024 * 10);
    try {
//          解释请求,得到一个文件条目的 List
        @SuppressWarnings("unchecked")
        List<FileItem> items = upload.parseRequest(request);
        for(FileItem item : items){

//          判断一个条目是不是一个普通的字段域
            if(item.isFormField()){
                /*
                 * 对提交过来的表单中普通的参数进行处理
                 * name 是参数名
                 * value 是参数的值
                 */
                String name = item.getFieldName();
                String value = item.getString();

            }else{
                /*
                 * 对文件进行相关的操作
                 */
                String fieldName = item.getFieldName();
                String fileName = item.getName();
//特别注意,本例中客户端获得的文件名是整个路径,所以通过判断路径的方式获取文件的
//名称
```

```
                    int start = fileName.lastIndexOf('\\');
                    String savefileName = fileName.substring(start + 1);
                    String contentType = item.getContentType();
                    boolean isInMemory = item.isInMemory();
                    long sizeInByte = item.getSize();
//把文件写入磁盘
                    item.write(new java.io.File(filePath,savefileName));
//显示文件上传结果
                    response.setCharacterEncoding("GB2312");
                    response.getWriter().println("文件"+savefileName+"上传到"+
                    filePath+"成功");
                }
            }
        } catch(Exception e) {
            //抛出错误并且显示出来
            e.printStackTrace();
        }


    }
    }
    }
```

第一个页面运行结果如图 8-2 所示，单击"浏览"按钮，选择 Book1.xls 文件，再单击"上传"按钮，提交表单到 FileUpload，上传成功后显示如图 8-3 所示。这里要特别注意的是，要在 Web 目录下面建立临时文件夹和上传文件夹，同时要保证文件夹的权限是可写的。在显示上传成功的代码前加入了：

```
response.setCharacterEncoding("GB2312");
```

图 8-2　文件上传演示效果

```
文件Book1.xls上传到D:\JBuilder\workspace2
\UploadFileForm\WebContent\uploadFile成功
```

图 8-3　文件上传成功效果

主要作用是为了能将中文显示出来，如果不加这句，显示出来的中文都为“？”，大家可以尝试看看。

8.2　发送 E-mail 组件

8.2.1　Java Mail 组件简介

如今邮件客户端多种多样，但是对于一个程序开发者来说，如果系统有这样的需求：需要自动或者定期向一些客户发送一封邮件，如果通过客户端一个一个发送，这是一件多么令人抓狂的事情，所以我们在系统开发中有处理邮件的需求，在 J2EE 中提供了邮件处理的 Java Mail 组件。Java Mail 是 Sun 公司发布用来处理 E-mail 的 API，是一种可选的、用于读取、编写和发送电子消息的包（标准扩展）。使用 Java Mail 可以创建 MUA （Mail User Agent，邮件用户代理）类型的程序，它类似于 Eudora、Pine 及 Microsoft Outlook 等邮件程序。其主要目的不是像发送邮件或提供 MTA（Mail Transfer Agent，邮件传输代理）类型程序那样用于传输、发送和转发消息，而是可以与 MUA 类型的程序交互，以阅读和撰写电子邮件。MUA 依靠 MTA 处理实际的发送任务。

下面简单介绍两个常用的邮件协议，帮助读者更好地理解 Java Mail 组件。

SMTP（Simple Mail Transfer Protocol，简单邮件传输协议）提供了一种可靠而且有效的电子邮件传输协议，SMTP 主要用于系统之间传递邮件信息，而且还可以提供来信有关的通知服务。在发送电子邮件时，可以选择这个协议，在 Java Mail 中提供了对 SMTP 协议的支持。

POP（Post Office Protocol）即邮局协议，POP3 是 POP 协议的第三个版本，这个协议规定了用户连接到邮件服务器和接收邮件的规则，是 Internet 电子邮件的第一个离线协议标准。简单来说，POP3 就是接收电子邮件的简单通信协议，用户在接收邮件时可以选择使用这个协议，在 Java Mail 中同样支持这个电子邮件协议。

8.2.2　下载和安装 Java Mail 组件

我们可以从 http://www.oracle.com/technetwork/java/javamail/index.html 下载 Java Mail 组件。本节使用的是 Java Mail 1.5.0 版本。将 javax.mail.jar 复制到需要网站的 WEB-INF\lib 目录或者复制到{ $ TOMCAT}/common/lib 目录。开发 Java Mail 程序还需要 Sun 公司的 JavaBeans Activation Framework（JAF），必须依赖它的支持，读者可以从 http://www.oracle.com/technetwork/java/javase/index-jsp-136939.html 下载最新版本。

Java Mail API 中提供很多用于处理 E-mail 的类，其中比较常用的有 Session（会话）类、Message（消息）类、Address（地址）类、Authenticator（认证方式）类、Transport（传输）类、Store（存储）类和 Folder（文件夹）类 7 个类。这 7 个类都可以在 Java Mail API 的核心包 mail.jar 中找到。

8.2.3　Session(会话)类

Java Mail API 中提供了 Session 类,用于定义保存诸如 SMTP 主机和认证的信息的基本邮件会话。通过 Session 会话可以阻止恶意代码窃取其他用户在会话中的信息(包括用户名和密码等认证信息),从而让其他工作顺利执行。Session 类定义了一个基本邮件会话,它是 Java Mail API 最高层入口类,所有其他类必须经过 Session 类才能生效。

每个基于 Java Mail 的程序都需要创建一个 Session 或多个 Session 对象。由于 Session 对象利用 java.util.Properties 对象获取诸如邮件服务器、用户名、密码等信息,以及其他可在整个应用程序中共享的信息,所以在创建 Session 对象前,需要先创建 java. util.Properties 对象。创建 java.util.Properties 对象的代码如下:

```
Properties props=new Properties();
```

创建 Session 对象可以通过以下两种方法,不过,通常情况下会使用第(2)种方法创建共享会话。

(1) 使用静态方法创建 Session 的语句如下:

```
Session session = Session.getInstance(props, authenticator);
```

props 为 java.util. Properties 类的对象,authenticator 为 Authenticator 对象,用于指定认证方式。

(2) 创建默认的共享 Session 的语句如下:

```
Session defaultSession = Session.getDefaultInstance(props, authenticator);
```

props 为 java.util. Properties 类的对象,authenticator 为 Authenticator 对象,用于指定认证方式。

如果在进行邮件发送时,不需要指定认证方式,可以使用空值(null)作为参数 authenticator 的值,例如,创建一个不需要指定认证方式的 Session 对象的代码如下:

```
Session mailSession=Session.getDefaultInstance(props,null);
```

8.2.4　Message(消息)类

Message 类是电子邮件系统的核心类,用于存储实际发送的电子邮件信息。Message 类是一个抽象类,要使用该抽象类可以使用其子类 MimeMessage,该类保存在 javax. mail.internet 包中,可以存储 MIME 类型和报头(在不同的 RFC 文档中均有定义)消息,并且将消息的报头限制成只能使用 US-ASCII 字符,尽管非 ASCII 字符可以被编码到某些报头字段中。

如果我们想对 MimeMessage 类进行操作,首先要实例化该类的一个对象,在实例化该类的对象时,需要指定一个 Session 对象,这可以通过将 Session 对象传递给 MimeMessage 的构造方法来实现,例如,实例化 MimeMessage 类的对象 message 的代码如下:

```
MimeMessage msg = new MimeMessage(mailSession);
```

实例化 MimeMessage 类的对象 msg 后,就可以通过该类的相关方法设置电子邮件信息的详细信息。MimeMessage 类中常用的方法包括以下几个。

1. setText( )方法

setText( )方法用于指定纯文本信息的邮件内容。该方法只有一个参数,用于指定邮件内容。setText( )方法的语法格式如下:

```
setText(String content)
```

content:纯文本的邮件内容。

2. setContent( )方法

setContent( )方法用于设置电子邮件内容的基本机制,多数应用在发送 HTML 等纯文本以外的信息。该方法包括两个参数,分别用于指定邮件内容和 MIME 类型。setContent( )方法的语法格式如下:

```
setContent(Object content, String type)
```

- content:用于指定邮件内容。
- type:用于指定邮件内容类型。

例如,指定邮件内容为“你现在好吗”,类型为普通的文本,则代码如下:

```
message.setContent("你现在好吗", "text/plain");
```

3. setSubject ( )方法

setSubject( )方法用于设置邮件的主题。该方法只有一个参数,用于指定主题内容。setSubject( )方法的语法格式如下:

```
setSubject(String subject)
```

subject:用于指定邮件的主题。

4. saveChanges( )方法

saveChanges( )方法能够保证报头域同会话内容保持一致。saveChanges( )方法的使用方法如下:

```
msg.saveChanges();
```

5. setFrom( )方法

setFrom( )方法用于设置发件人地址。该方法只有一个参数,用于指定发件人地址,该地址为 InternetAddress 类的一个对象。setFrom( )方法的使用方法如下:

```
msg.setFrom(new InternetAddress(from));
```

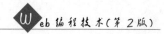

6. setRecipients()方法

setRecipients()方法用于设置收件人地址。该方法有两个参数,分别用于指定收件人类型和收件人地址。setRecipients()方法的语法格式如下:

```
setRecipients(RecipientType type, InternetAddress address);
```

type：收件人类型。可以使用以下 3 个常量来区分收件人的类型。

(1) Message.RecipientType.TO：发送。

(2) Message.RecipientType.CC：抄送。

(3) Message.RecipientType.BCC：暗送。

address：收件人地址,可以是 InternetAddress 类的一个对象或多个对象组成的数组。例如,设置收件人的地址为"jmuliu@163.com"的代码如下:

```
address=InternetAddress.parse("jmuliu@163.com",false);
msg.setRecipients(Message.RecipientType.TO, toAddrs);
```

7. setSentDate()方法

setSentDate()方法用于设置发送邮件的时间。该方法只有一个参数,用于指定发送邮件的时间。setSentDate()方法的语法格式如下:

```
setSentDate(Date date);
```

date：用于指定发送邮件的时间。

8. getContent()方法

getContent()方法用于获取消息内容,该方法无参数。

9. writeTo()方法

writeTo()方法用于获取消息内容(包括报头信息),并将其内容写到一个输出流中。该方法只有一个参数,用于指定输出流。writeTo()方法的语法格式如下:

```
writeTo(OutputStream os)
```

os：用于指定输出流。

8.2.5　Address(地址)类

Address 类用于设置电子邮件的响应地址。Address 类是一个抽象类,要使用该抽象类可以使用其子类 InternetAddress,该类保存在 javax.mail.internet 包中,可以按照指定的内容设置电子邮件的地址。

如果我们想对 InternetAddress 类进行操作,首先要实例化该类的一个对象,在实例化该类的对象时,有以下两种方法。

(1) 创建只带有电子邮件地址的地址,可以把电子邮件地址传递给 InternetAddress

类的构造方法,代码如下:

```
InternetAddress address = new InternetAddress("jmuliu@163.com ");
```

(2)创建带有电子邮件地址并显示其他标识信息的地址,可以将电子邮件地址和附加信息同时传递给 InternetAddress 类的构造方法,代码如下:

```
InternetAddress address = new InternetAddress("jmuliu@163.com ","Andy);
```

说明:Java Mail API 没有提供检查电子邮件地址有效性的机制。如果需要可以自己编写检查电子邮件地址是否有效的方法。

8.2.6 Authenticator(认证方式)类

Authenticator 类通过用户名和密码来访问受保护的资源。Authenticator 类是一个抽象类,要使用该抽象类首先需要创建一个 Authenticator 的子类,并重载 getPasswordAuthentication()方法,具体代码如下:

```
class MyAuthenticator extends Authenticator {
    public PasswordAuthentication getPasswordAuthentication() {
        String username = "Andy";        //登录账号
        String pwd = "111";              //登录密码
        return new PasswordAuthentication(username, pwd);
    }
}
```

首先从指定协议的会话中获取一个特定的实例,然后传递用户名和密码,再发送信息,最后关闭连接,代码如下:

```
Transport transport =sess.getTransport("smtp");
transport.connect(servername, from, password);
transport.sendMessage(message,message.getAllRecipients());
transport.close();
```

在发送多个消息时,建议采用实例化 Address 类对象的第二种方法,因为它将保持消息间活动服务器的连接,而使用第一种方法时,系统将为每一个方法的调用建立一条独立的连接。

注意:如果想要查看经过邮件服务器发送邮件的具体命令,可以用 session.setDebug(true)方法设置调试标志。

然后再通过以下代码实例化新创建的 Authenticator 的子类,并将其与 Session 对象绑定:

```
Authenticator auth = new WghAuthenticator();
Session session = Session.getDefaultInstance(props, auth);
```

8.2.7 Transport(传输)类

Transport 类用于使用指定的协议(通常是 SMTP)发送电子邮件。Transport 类提供了以下两种发送电子邮件的方法。

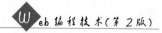
（1）只调用其静态方法 send()，按照默认协议发送电子邮件，代码如下：

```
Transport.send(message);
```

（2）从 Session 中为所使用的协议取得一个指定的实例，代码如下：

```
Transport ts= session.getTransport("smtp");
ts.sendMessage(mess, mess.getAllRecipients());
ts.close();
```

8.2.8　Store（存储）类

Store 类定义了用于保存文件夹间层级关系的数据库，以及包含在文件夹之中的信息，该类也可以定义存取协议的类型，以便存取文件夹与信息。

在获取会话后，就可以使用用户名和密码或 Authenticator 类来连接 Store 类。与 Transport 类一样，首先要告诉 Store 类将使用什么协议：

使用 POP3 协议连接 Store 类，代码如下：

```
Store store = session.getStore("pop3");
store.connect(host, username, password);
```

使用 IMAP 协议连接 Store 类，代码如下：

```
Store store = session.getStore("imap");
store.connect(host, username, password);
```

说明：如果使用 POP3 协议，只可以使用 INBOX 文件夹，但是如果使用 IMAP 协议，则可以使用其他的文件夹。

在使用 Store 类读取完邮件信息后，需要及时关闭连接。关闭 Store 类的连接可以使用以下代码：

```
store.close();
```

8.2.9　Folder（文件夹）类

Folder 类定义了获取（fetch）、备份（copy）、附加（append）及以删除（delete）信息等的方法。

在连接 Store 类后，就可以打开并获取 Folder 类中的消息。打开并获取 Folder 类中的信息的代码如下：

```
Folder folder = store.getFolder("INBOX");
folder.open(Folder.READ_ONLY);
Message message[] = folder.getMessages();
```

在使用 Folder 类读取完邮件信息后，需要及时关闭对文件夹存储的连接。关闭 Folder 类的连接的语法格式如下：

```
folder.close(Boolean boolean);
```

boolean：用于指定是否通过清除已删除的消息来更新文件夹。

8.2.10　一个通过 Web 发送 E-mail 的实例

（1）编写一个辅助类，来验证 STMP 的合法性。

代码如下：

```
MyAuthenticator.java 源程序
package bean;
import javax.mail.Authenticator;
import javax.mail.PasswordAuthentication;

public class MyAuthenticator extends Authenticator {
    String name;
    String password;

    public MyAuthenticator(String name, String password) {
        this.name = name;
        this.password = password;
        getPasswordAuthentication();
    }

    protected PasswordAuthentication getPasswordAuthentication() {
        return new PasswordAuthentication(name, password);
    }
}
```

（2）编写一个 JavaBean，主要作用就是封装 E-mail 信息。

代码如下：

```
TextMail.java 源程序
package bean;
import java.util.Properties;
import javax.mail.Message;
import javax.mail.MessagingException;
import javax.mail.NoSuchProviderException;
import javax.mail.Session;
import javax.mail.Transport;
import javax.mail.internet.AddressException;
import javax.mail.internet.InternetAddress;
import javax.mail.internet.MimeMessage;

/**
 * 功能：本段程序主要是封装文本邮件信息，并发送到指定地址
 */
public class TextMail {
    /**
     * 邮件的主要信息
     */
```

```
private MimeMessage message;
    private Properties props;
    private Session session;
    private String name = "";
    private String password = "";
    public TextMail(String host,String name,String password)
    {
        this.name = name;
        this.password = password;
        props = System.getProperties();
        //设置 SMTP 主机
        props.put("mail.smtp.host", host);
        //设置 SMTP 验证属性
        props.put("mail.smtp.auth", "true");
        //获得邮件会话对象
        MyAuthenticator auth = new MyAuthenticator(name,password);
        session = Session.getDefaultInstance(props, auth);
        //创建 MIME 邮件对象
        message = new MimeMessage(session);
    }
    /**
     * 设置邮件发送人
     */
    public void setFrom(String from)
    {
        try {
            message.setFrom(new InternetAddress(from));
        } catch(AddressException e) {
            e.printStackTrace();
        } catch(MessagingException e) {
            e.printStackTrace();
        }
    }
    /**
     * 设置邮件收件人
     */
    public void setTo(String to)
    {
        try {
            message.setRecipients(Message.RecipientType.TO,
            InternetAddress.parse(to));
        } catch(AddressException e) {
            e.printStackTrace();
        } catch(MessagingException e) {
            e.printStackTrace();
        }
    }
    /**
     * 设置邮件主题
     */
```

```
    public void setSubject(String subject)
    {
        try {
            message.setSubject(subject);
        } catch(Exception e) {
            e.printStackTrace();
        }
    }
    /**
     * 设置邮件正文
     */
    public   void setText(String text) {
        try {
            message.setText(text);
        } catch(MessagingException e) {
            e.printStackTrace();
        }
    }
    /**
     * 发送邮件
     */
    public boolean send() {
        try {
            //创建 SMTP 邮件协议发送对象
            Transport transport = session.getTransport("smtp");
            //取得与邮件服务器的连接
            transport.connect((String) props.get("mail.smtp.host"), name,
            password);
            //通过邮件服务器发送邮件
            transport.sendMessage(message, message.getRecipients(Message.
            RecipientType.TO));
            transport.close();
            return true;
        } catch(NoSuchProviderException e) {
            e.printStackTrace();
            return false;
        } catch(MessagingException e) {
            e.printStackTrace();
            return false;
        }
    }
}
```

（3）编写一个发送邮件的页面代码。

代码如下：

ex8-3.jsp 源程序

```
<%@ page language="java" import="java.util. * " pageEncoding="gb2312"%>
<html>
  <head>
```

```
    <title>示例 8-3</title>
  </head>
  <body>
   <div align="center">
   <font size="1">
    使用 JavaMail 发送文本邮件测试: <br>
    <form method="post" action="SendTextMail" >
      收信人: <input type="text" size="40" name="to"/><br>
      发信人: <input type="text" size="40" name="from"/><br>
      主题:   <input type="text" size="40" name="subject"/><br>
      内容:   <textarea rows="6" cols="38" name="content">
        </textarea><br>
        <input type="submit" value="发送"/>
        <input type="reset" value="取消"/>
   </form>
   </font>
   </div>
  </body>
</html>
```

(4) 编写提交表单处理 Servlet。

代码如下:

SendTextMail.java 源程序

```
import java.io.IOException;
import java.io.PrintWriter;
import javax.servlet.ServletException;
import javax.servlet.http.HttpServletRequest;
import javax.servlet.http.HttpServletResponse;
import bean.TextMail;
/**
 * Servlet implementation class for Servlet: SendTextMail
 *
 * /
public class SendTextMail extends javax.servlet.http.HttpServlet implements
javax.servlet.Servlet {
    static final long serialVersionUID = 1L;

    /* (non-Java-doc)
     * @see javax.servlet.http.HttpServlet#HttpServlet()
     * /
    public SendTextMail() {
        super();
    }

    /* (non-Java-doc)
     * @ see javax. servlet. http. HttpServlet # doGet (HttpServletRequest
       request, HttpServletResponse response)
     * /
    protected void doGet (HttpServletRequest request, HttpServletResponse
    response) throws ServletException, IOException {
```

```
        //TODO Auto-generated method stub
    }

    /* (non-Java-doc)
     * @ see javax. servlet. http. HttpServlet # doPost (HttpServletRequest
    request, HttpServletResponse response)
     */
    public void doPost (HttpServletRequest request, HttpServletResponse
    response)
    throws IOException, ServletException {
//设置邮箱的 SMTP 地址
String host = "smtp.163.com";
//设置邮箱账号名称
String name = "jmuliu";
//设置邮箱账号密码
String password = "****************** * ";
//设置邮件内容
request.setCharacterEncoding("GBK");
TextMail mail = new TextMail(host,name,password);
mail.setFrom(request.getParameter("from"));
mail.setTo(request.getParameter("to"));
mail.setSubject(request.getParameter("subject"));
mail.setText(request.getParameter("content"));
response.setContentType("text/html");
response.setCharacterEncoding("gb2312");
PrintWriter out = response.getWriter();
//发送邮件
if(mail.send())
    out.print("<font size='1'>邮件发送成功! </font><br>");
else
    out.print("<font size='1'>邮件发送失败! </font><br>");
}

}
```

运行 ex8-3.jsp,显示效果如图 8-4 所示。

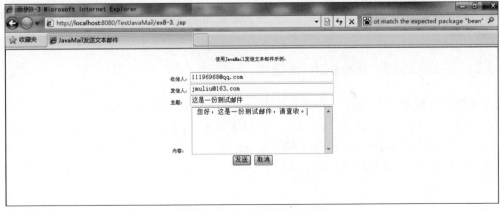

图 8-4　发送邮件显示效果

单击发送,如图 8-5 所示,邮件发送成功。

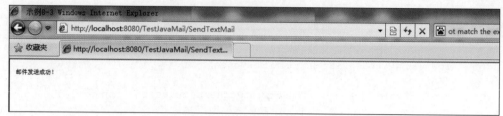

图 8-5　邮件发送成功显示效果

打开 QQ 邮箱,收到刚才发送的邮件,如图 8-6 所示。

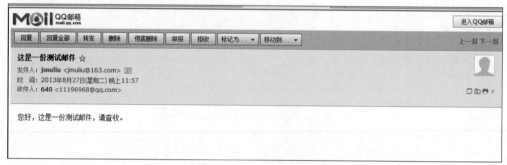

图 8-6　测试邮件收到效果

8.3　动态图表组件

8.3.1　JFreeChart 组件简介

JFreeChart 是 Java 平台上一个开放的图表绘制类库。它完全使用 Java 语言编写,是为 application、applet、servlet 以及 JSP 等使用所设计的。JFreeChart 可生成饼图(pie chart)、柱状图(bar chart)、散点图(scatter plot)、时序图(time series)、甘特图(Gantt chart)等多种图表,并且可以输出 PNG 和 JPEG 格式的图片,还可以与 PDF 文件和 Excel 关联。

8.3.2　下载和安装 JFreeChart 组件

我们可以直接从 http://sourceforge.net/projects/jfreechart/files/下载 JFreeChart 组件,现在最新的版本是 jfreechart-1.0.15。解压组件,将 jcommon-1.0.18.jar、jfreechart-1.0.15.jar 复制到需要网站的 WEB-INF\lib 目录或者复制到{$TOMCAT}/common/lib 目录,这样我们就可以在程序开发中使用了。

解压后的 jfreechart-1.0.15 目录下面有许多文件和文件夹,主要文件列表如表 8-1 所示。

表 8-1　主要文件列表

文件/目录	说　　明
Ant	该目录下面包含了一个 ant 的 build.xml 脚本。使用该脚本我们可以用现有的版本源代码重新构建 JFreeChart
checkstyle	该目录下面包含了几种检查风格的属性文件。文件定义了 JFreeChart 中的编码规范
experimental	该文件夹下面包含了一些不属于 JFreeChart 标准 API 的类文件。注意这些代码的 API 可能会改变
lib	该目录下面包含了 JFreeChart 的 jar 文件，以及 JFreeChart 依赖的 jar 文件
source	JFreeChart 源代码目录
swt	该目录下面包含了具有实践经验的 swt 源代码。注意该代码 API 有可能发生改变
Tests	JFreeChart 单元测试的源代码文件
jfreechart-1.0.12-demo.jar	一个具有实例演示的可运行的 jar 文件
CHANGELOG.txt	老的 JFreeChart 变更的日志记录
ChangeLog	JFreeChart 变更的详细日志记录
licence-LGPL.txt	JFreeChart 公共认证（GNU LGPL）
NEWS	JFreeChart 项目新闻
README.txt	重要信息

关于帮助文档有两个有效的版本：免费版本 *JFreeChart Installation Guide*，可以从 JFreeChart 主网站上下载，主要讲述的内容是 JFreeChart 的安装过程和 JFreeChart 实例的运行。收费版本 *JFreeChart Developer Guide*，需要支付一定费用才能获得，主要包括开发指南章节和 JFreeChart 类参考文档。

8.3.3　创建第一个图表

使用 JFreeChart 创建图表共有以下三个步骤。

（1）创建一个 dataset。该 dataset 包含图表要显示的数据。

（2）创建一个 JFreeChart 对象。该对象负责画这个图表。

（3）创建一个输出目标，该输出目标画这个图表。

下面我们用一个实例来讲解如何创建一个图表。我们假设要做一个 A 和 B 物品 1—4 月的销量柱状图，ex8-4.jsp 源程序代码如下：

ex8-4.jsp 源程序

```
<%@ page contentType="text/html;charset=GBK"%>
<%@ page import="org.jfree.chart.ChartFactory,
org.jfree.chart.JFreeChart,
org.jfree.chart.plot.PlotOrientation,
org.jfree.chart.servlet.ServletUtilities,
org.jfree.data.category.DefaultCategoryDataset"%>
```

```
<%
//创建一个dataset,添加要显示的数据
DefaultCategoryDataset dataset = new DefaultCategoryDataset();
dataset.addValue(610, "A", "Jan.");
dataset.addValue(220, "A", "Feb.");
dataset.addValue(530, "A", "Mar.");
dataset.addValue(340, "A", "Apr.");
dataset.addValue(210, "B", "Jan.");
dataset.addValue(610, "B", "Feb.");
dataset.addValue(520, "B", "Mar.");
dataset.addValue(240, "B", "Apr.");
//创建一个JFreeChart对象,该对象负责画这个图表
JFreeChart chart = ChartFactory.createBarChart3D("A&B SALES",        //图表标题
"month",                            //目录轴的显示标签
"sales",                            //数值轴的显示标签
dataset,                            //数据集
PlotOrientation.VERTICAL,           //图表方向：水平、垂直
false,                              //是否显示图例(对于简单的柱状图必须是false
false,                              //是否生成工具
false);                             //是否生成URL链接
//生成图表并获取图表的文件名
String filename = ServletUtilities.saveChartAsPNG(chart, 500, 300, null, session);
String graphURL = request.getContextPath() + "/DisplayChart?filename=" + filename;
//显示这个图表
%>
<img src="<%= graphURL %>" width=500 height=300 border=0 usemap="#<%=
filename %>">
```

以上这段简单的代码就生成了我们需要的柱状图。我们在进行系统开发的过程中,经常需要对一些数据进行图表的显示,用这种方法再与数据库结合就可以动态地生成很多我们需要的图表,方便统计和计算。

另外还需要在web.xml文件中增加如下配置:

```
<servlet>
<servlet-name>DisplayChart</servlet-name>
<servlet-class>org.jfree.chart.servlet.DisplayChart</servlet-class>
</servlet>
<servlet-mapping>
<servlet-name>DisplayChart</servlet-name>
<url-pattern>/DisplayChart</url-pattern>
</servlet-mapping>
```

运行后,效果如图8-7所示。

8.3.4 创建几个常见的图表

在我们日常开发中,有几类图表非常常见,也是我们经常会使用到的,这里我们做一个简单的介绍。包括常规的柱状图、常规的饼图、常规的折线图,具体代码如下:

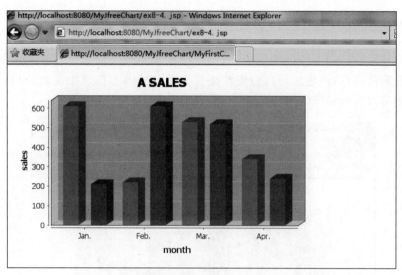

图 8-7 柱状图显示效果

```
//创建一个常规的柱状图对象
JFreeChart chart = new ChartFactroy. createBarChart(
chartTitle,                      //图表标题
xName,                           //目录轴的显示标签
yName,                           //数值轴的显示标签
dataset,                         //数据集
PlotOrientation.VERTICAL,        //图表方向：水平、垂直
true,                            //是否显示图例(对于简单的柱状图必须是 false)
true,                            //是否生成工具
true                             //是否生成 URL 链接)
//创建一个常规的饼图对象
JFreeChart chart = ChartFactory.createPieChart(
chartTitle,                      //图表标题
dataset,                         //数据集
true,                            //是否显示图例(对于简单的柱状图必须是 false)
true,                            //是否生成工具
false                            //是否生成 URL 链接)
//创建一个常规的折线图对象
JFreeChart chart = ChartFactory.createLineChart(
chartTitle,                      //图表标题
xName,                           //X 轴的显示标签
yName,                           //Y 轴的显示标签
dataset,                         //数据集
PlotOrientation.VERTICAL,        //图表方向：水平、垂直
true,                            //是否显示图例(对于简单的柱状图必须是 false)
true,                            //是否生成工具
true)                            //是否生成 URL 链接
```

8.3.5　中文乱码问题

我们要注意,在 8.3.3 节的例子中,我们使用的都是英文以及字母来表示的,所以不存在中文乱码的问题,但是如果我们现在把里面涉及的内容换成中文,会出现怎样的情况呢? 我们可以发现运行结果如图 8-8 所示。

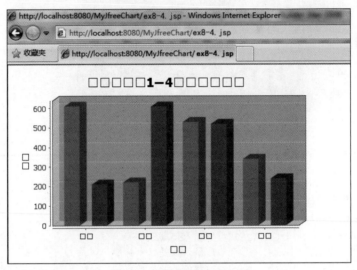

图 8-8　中文乱码显示效果

中文的地方都被方框所替代,这是因为图片在生成时对中文不能识别,全部变成了乱码。下面我们来讲解如何显示中文。

1. 柱状图

1）图表标题以及副标题乱码

```
Font font = new Font("宋体", Font.BOLD, 16);
TextTitle title = new TextTitle("猪肉和鸡肉 1-4 月销售统计表", font);
//副标题
TextTitle subtitle = new TextTitle("副标题", new Font("黑体", Font.BOLD, 12));
chart.addSubtitle(subtitle);
chart.setTitle(title);        //标题
```

2）X 轴乱码
（1）X 轴坐标上的文字：

```
domainAxis.setTickLabelFont(new Font("sans-serif", Font.PLAIN, 11));
```

（2）X 轴坐标标题（肉类）：

```
domainAxis.setLabelFont(new Font("宋体", Font.PLAIN, 12));
```

3）Y 轴乱码
（1）Y 轴坐标上的文字：

```
numberaxis.setTickLabelFont(new Font("sans-serif", Font.PLAIN, 12));
```

（2）Y 轴坐标标题（销量）：

```
numberaxis.setLabelFont(new Font("黑体", Font.PLAIN, 12));
```

4）图表底部乱码（说明文字）

```
chart.getLegend().setItemFont(new Font("宋体", Font.PLAIN, 12));
```

2. 饼图

1）图表标题以及副标题乱码

```
Font font = new Font("宋体", Font.BOLD, 16);
TextTitle title = new TextTitle("猪肉和鸡肉 1-4 月销售统计表", font);
//副标题
TextTitle subtitle = new TextTitle("副标题", new Font("黑体", Font.BOLD, 12));
chart.addSubtitle(subtitle);
chart.setTitle(title);        //标题
```

2）图表底部乱码（说明文字）

```
chart.getLegend().setItemFont(new Font("宋体", Font.PLAIN, 12));
```

3. 折线图

1）图表标题以及副标题乱码

```
Font font = new Font("宋体", Font.BOLD, 16);
TextTitle title = new TextTitle("猪肉和鸡肉 1-4 月销售统计表", font);
//副标题
TextTitle subtitle = new TextTitle("副标题", new Font("黑体", Font.BOLD, 12));
chart.addSubtitle(subtitle);
chart.setTitle(title);        //标题
```

2）X 轴乱码
（1）X 轴坐标上的文字：

```
domainAxis.setTickLabelFont(new Font("sans-serif", Font.PLAIN, 11));
```

（2）X 轴坐标标题（肉类）：

```
domainAxis.setLabelFont(new Font("宋体", Font.PLAIN, 12));
```

3）Y 轴乱码
（1）Y 轴坐标上的文字：

```
numberaxis.setTickLabelFont(new Font("sans-serif", Font.PLAIN, 12));
```

（2）Y 轴坐标标题（销量）：

```
numberaxis.setLabelFont(new Font("黑体", Font.PLAIN, 12));
```

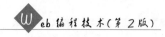

4）图表底部乱码（说明文字）

```
chart.getLegend().setItemFont(new Font("宋体", Font.PLAIN, 12));
```

根据以上讲解，我们把8.3.3节中的这段代码进行一次修改，让中文能够正常显示，修改后的代码如下：

```
<%@ page contentType="text/html;charset=GBK"%>
<%@ page import="org.jfree.chart.ChartFactory,
org.jfree.chart.JFreeChart,
org.jfree.chart.plot.PlotOrientation,
org.jfree.chart.servlet.ServletUtilities,
org.jfree.chart.title.TextTitle,
java.awt.Font,
org.jfree.chart.plot.*,
org.jfree.chart.axis.*,
org.jfree.data.category.DefaultCategoryDataset"%>
<%
DefaultCategoryDataset dataset = new DefaultCategoryDataset();
dataset.addValue(610, "广州", "一月");
dataset.addValue(220, "广州", "二月");
dataset.addValue(530, "广州", "三月");
dataset.addValue(340, "广州", "四月");
JFreeChart chart = ChartFactory.createBarChart3D("肉类销量统计图",
"肉类",
"销量",
dataset,
PlotOrientation.VERTICAL,
false,
false,
false);
//设置标题字体
Font font = new Font("宋体", Font.BOLD, 16);
TextTitle title = new TextTitle("猪肉1-4月销售统计表", font);
chart.setTitle(title);
CategoryPlot categoryplot = (CategoryPlot) chart.getPlot();
//取得X轴
CategoryAxis domainAxis = categoryplot.getDomainAxis();
//X轴上的文字
domainAxis.setTickLabelFont(new Font("sans-serif", Font.PLAIN, 11));
//X轴上的标题
domainAxis.setLabelFont(new Font("宋体", Font.PLAIN, 12));
//取得Y轴
NumberAxis numberAxis = (NumberAxis)categoryplot.getRangeAxis();
//Y轴上的文字
numberAxis.setTickLabelFont(new Font("sans-serif", Font.PLAIN, 11));
//Y轴上的标题
numberAxis.setLabelFont(new Font("黑体", Font.PLAIN, 12));
String filename = ServletUtilities.saveChartAsPNG(chart, 500, 300, null,
session);
```

```
String graphURL = request.getContextPath() + "/DisplayChart?filename=" +
filename;
%>
<img src="<%= graphURL %>" width=500 height=300 border=0 usemap="#<%=
filename %>">
```

运行后显示如图 8-9 所示。

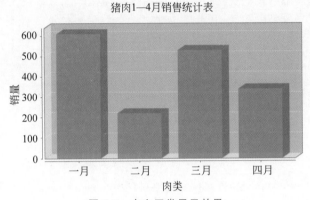

猪肉1—4月销售统计表

图 8-9　中文正常显示效果

8.3.6　JFreeChart 组件的一些调整

在日常使用过程中,我们的图表不可能是一成不变的,在有些细节上也需要做一些调整,例如字体、颜色、背景等,本节我们就主要介绍常用的几个图标的调整。

1. 柱状图调整

代码如下:

```
//获取 plot
CategoryPlot plot = chart.getCategoryPlot();
//设置横虚线可见
plot.setRangeGridlinesVisible(true);
//虚线色彩
plot.setRangeGridlinePaint(Color.gray);
//数据轴精度
NumberAxis vn = (NumberAxis) plot.getRangeAxis();
//数据轴数据标签的显示格式
DecimalFormat df = new DecimalFormat("#0.00");
vn.setNumberFormatOverride(df);
```

1) X 轴设置

代码如下:

```
//获取 X 轴
CategoryAxis domainAxis = plot.getDomainAxis();
//X 轴标题字体设置
```

```
domainAxis.setLabelFont(new Font("SansSerif", Font.TRUETYPE_FONT, 12));
//X 轴数值字体设置
domainAxis.setTickLabelFont(new Font("SansSerif", Font.TRUETYPE_FONT, 12));
//设置 X 轴文字倾斜度
domainAxis.setCategoryLabelPositions(CategoryLabelPositions
createUpRotationLabelPositions(Math.PI / 3.0));
//X 轴上的标签是否完整显示
domainAxis.setMaximumCategoryLabelWidthRatio(0.6f);
//设置距离图片左端的距离
domainAxis.setLowerMargin(0.1);
//设置距离图片右端的距离
domainAxis.setUpperMargin(0.1);
//调整完成后要将 X 轴设置到 plot 中
plot.setDomainAxis(domainAxis);
```

2）Y 轴设置

代码如下：

```
//获取 Y 轴
ValueAxis rangeAxis = plot.getRangeAxis();
//Y 轴标题字体设置
rangeAxis.setLabelFont(labelFont);
//Y 轴数值字体设置
rangeAxis.setTickLabelFont(labelFont);
//设置最高的一个 Item 与图片顶端的距离
rangeAxis.setUpperMargin(0.15);
//设置最低的一个 Item 与图片底端的距离
rangeAxis.setLowerMargin(0.15);
//调整完成后要将 Y 轴设置到 plot 中
plot.setRangeAxis(rangeAxis);
```

3）背景设置

代码如下：

```
//设置柱图背景色(注意,系统取色的时候要使用 16 位的模式来查看颜色编码,这样比较准确)
plot.setBackgroundPaint(new Color(255, 255, 204))
//设置柱子宽度
renderer.setMaximumBarWidth(0.05);
//设置柱子高度
renderer.setMinimumBarLength(0.2);
//设置柱子边框颜色
renderer.setBaseOutlinePaint(Color.BLACK);
//设置柱子边框可见
renderer.setDrawBarOutline(true);
//设置柱的颜色
renderer.setSeriesPaint(0, new Color(204, 255, 255));
renderer.setSeriesPaint(1, new Color(153, 204, 255));
renderer.setSeriesPaint(2, new Color(51, 204, 204));
//设置每个地区所包含的平行柱之间的距离
renderer.setItemMargin(0.0);
```

```
//显示每个柱的数值,并修改该数值的字体属性
renderer.setIncludeBaseInRange(true);
renderer.setBaseItemLabelGenerator(new StandardCategoryItemLabelGenerator
());
renderer.setBaseItemLabelsVisible(true);
plot.setRenderer(renderer);
//设置柱的透明度
plot.setForegroundAlpha(1.0f);
//设置图片背景色
chart.setBackgroundPaint(Color.white);
```

2. 饼图调整

代码如下:

```
//去除饼图的锯齿边沿并提高饼图中说明标签字体的清晰度
chart.getRenderingHints().put(RenderingHints.
KEY_TEXT_ANTIALIASING,RenderingHints.
VALUE_TEXT_ANTIALIAS_OFF);
//图片背景色
chart.setBackgroundPaint(Color.white);
//设置饼图标题的字体,重新设置 title
Font font = new Font("隶书", Font.BOLD, 25);
TextTitle title = new TextTitle(chartTitle);
title.setFont(font);
chart.setTitle(title);
//指定饼图轮廓线的颜色
plot.setBaseSectionOutlinePaint(Color.BLACK);
plot.setBaseSectionPaint(Color.BLACK);
//设置无数据时的信息
plot.setNoDataMessage("无对应的数据,请重新查询。");
//设置无数据时的信息的显示颜色
plot.setNoDataMessagePaint(Color.red);
//图片中显示百分比:自定义方式,{0} 表示选项, {1} 表示数值, {2} 表示所占比例(精确到小
//数点后两位)
plot.setLabelGenerator(new StandardPieSectionLabelGenerator("{0}={1}
({2})", NumberFormat.getNumberInstance(),
//图例显示百分比:自定义方式, {0} 表示选项, {1} 表示数值, {2} 表示所占比例
plot.setLegendLabelGenerator(
new StandardPieSectionLabelGenerator("{0}={1}({2})"));
//图例显示字体
plot.setLabelFont(new Font("SansSerif",
Font.TRUETYPE_FONT,12));
//指定图片的透明度(0.0-1.0)
plot.setForegroundAlpha(1.0f);
//指定显示的饼图上是圆形(false)还是椭圆形(true)
plot.setCircular(false, true);
```

```
//设置第一个饼块 section 的开始位置,默认是 12 点钟方向
plot.setStartAngle(90);
//设置饼图的背景色
plot.setBackgroundPaint(Color.white);
//设置分饼颜色
plot.setSectionPaint(pieKeys[0], new Color(244, 194, 144));
```

3. 折线图的调整

1）X 轴设置

代码如下：

```
//获取 X 轴
CategoryAxis domainAxis = categoryplot.getDomainAxis();
//设置 X 轴标题
domainAxis.setLabelFont(labelFont);
//设置 X 轴数值
domainAxis.setTickLabelFont(labelFont);
//横轴上的标签 45 度倾斜
domainAxis.setCategoryLabelPositions(CategoryLabelPositions.UP_45);
//设置距离图片左端的距离
domainAxis.setLowerMargin(0.0);
//设置距离图片右端的距离
domainAxis.setUpperMargin(0.0);
```

2）Y 轴设置

代码如下：

```
//获取 Y 轴
NumberAxis numberaxis = (NumberAxis)categoryplot.getRangeAxis();
numberaxis.setStandardTickUnits (NumberAxis.createIntegerTickUnits());
numberaxis.setAutoRangeIncludesZero(true);
```

3）Renderer 设置

```
//获得 renderer
LineAndShapeRenderer lineandshaperenderer = (LineAndShapeRenderer) categoryplot.
getRenderer();
//点(即数据点)可见
lineandshaperenderer.setBaseShapesVisible(true);
//点(即数据点)间有连线可见
lineandshaperenderer.setBaseLinesVisible(true);
//显示折点数据
lineandshaperenderer.setBaseItemLabelGenerator
(newStandardCategoryItemLabelGenerator());
lineandshaperenderer.setBaseItemLabelsVisible(true);
```

本 章 小 结

　　本章主要介绍了 Commons-FileUpload、Java Mail、JFreeChart 三个组件的使用方法,并且通过一个例子详细地讲解了如何通过这三个组件实现文件的上传、邮件的发送以及图表的生成。在实际使用中,这三个组件应用非常广泛,例如邮件发送在我们开发过程中遇到的非常多,像用户注册成功后自动给用户的注册邮箱发一份确认邮件,再比如需要批量向客户发送信息又或者自动向客户发送生日祝福等。而通过 Java Mail 组件可以简单地实现。同样 JFreeChart 组件的功能也非常强大,除了柱状图,还可以生成饼图、柱状/条形统计图、折线图、散点图、时序图、甘特图、仪表盘图(比如刻度盘、温度计、罗盘等)、混合图、symbol 图和风力方向图等,其原理大致相同,大家可以通过柱状图的学习,举一反三,对其他图的生成也做一个了解。

习题及实训

一、单选题

1. 上传文件组件中,设置文件最大值 10MB 的正确方法是( )。
   　A. setSizeThreshold(10MB)
   　B. setSizeThreshold(10 * 1024 * 1024)
   　C. setFileSizeMax(10MB)
   　D. setFileSizeMax(10 * 1024 * 1024)

2. 在发送 E-Mail 组件中,用于定义保存主机和认证的信息的类是( )。
   　A. Session 类　　　B. Message 类　　　C. Address 类　　　D. Store 类

3. E-mail 组件的 Message 类是电子邮件系统的核心类,发送 HTML 信息用( )方法。
   　A. setText()　　　B. setContent()　　　C. setSubject()　　　D. setFrom()

4. JFreeChart 组件的功能非常强大,以下说法错误的是( )。
   　A. 它可以生成 PNG 和 JPEG 格式的图片
   　B. 可以与 PDF 和 Excel 文件关联
   　C. 它可以使页面的数据分析更丰富
   　D. 它没有免费版本

5. 以下说法错误的是( )。
   　A. 本章介绍的三个组件都是在客户端运行,占用的是客户端机的资源
   　B. 使用 Commons-FileUpload 组件可以上传 200MB 的文件
   　C. 使用 Java Mail 组件发送邮件,需要 STMP 主机
   　D. 动态图表组件能控制图表的字体、颜色、背景等

二、填空题

1. 使用 Commons-FileUpload 组件,当上传文件比较小时,直接保存在_____中,

速度比较快,文件比较大时,以_____的形式保存在磁盘中。

2. 在客户端上传文件到服务器,需要制定一个表单,使用的是_____类型的_____标签。

3. SMTP 即是_____,它提供了一种(可靠而且有效)的电子邮件传输协议,它主要用于_____间传输邮件信息。

4. POP 即是_____,就是在_____的简单通信协议。

5. JFreeChart 组件是 Java 平台上的一个开放的_____。它可以生成_____、_____散点图等多种图表。

三、操作题

1. 配置 Commons-FileUpload 组件环境,实现上传图片的功能,注意判断上传文件的扩展名,如果是图片格式,允许上传,如果不是,则不允许上传。

2. 利用 Java Mail 组件,实现批量向会员发送电子邮件的功能。

3. 利用 JFreeChart 组件,制作一个饼图,分析一下 1 月,猪肉、牛肉、鸡肉、羊肉的销售在这四类肉类销售中所占的比例。

第9章

Java Servlet 技术

本章要点

在开始学习本章内容之前,我们有必要说明 JSP 与 Servlet 之间的关系。简单来说,Java Servlet 是由一些 Java 组件构成的。这些组件能够动态扩展 Web 服务器的功能。整个 Java 的服务器端编程就是基于 Servlet 的。Sun 公司推出的 Java Server Page(JSP)就是以 Java Servlet 为基础的。所有的 JSP 文件都要事先转变成一个 Servlet,即一个 Java 文件才能运行。本章我们将对 Java Servlet 进行较为详细的介绍,使大家能通过 Servlet 开发 Web 应用程序。

9.1 Servlet 简介

9.1.1 Servlet 的概念

Servlet 是用 Java 编写的 Server 端程序,它与协议和平台无关。Servlet 运行于请求/响应模式的 Web 服务器中。Java Servlet 可以动态地扩展 Server 的能力,由于 Servlet 本身就是一个 Java 类,所以基于 Java 的全部特性(面向对象、数据库访问、多线程处理)都能够访问。而这些特性是我们编写高性能 Web 应用程序的关键。

Servlet 由支持 Servlet 的服务器的 Servlet 引擎负责管理运行。那么,Servlet 引擎又是什么呢? 为了说明它,我们先解释一下插件这个概念。插件(Plug-in)其实就是一个程序。但它必须遵循一定规范的应用程序编程接口。简单点说,一个插件就是一种新功能。一款优秀的软件通常也并非十全十美,因为软件起初设计时功能比较完善,但是随着时间的推移可能会出现功能漏洞,此时若加装某个插件,就能弥补软件功能的不足,使得软件不断得以发展。而插件的设计者不一定就是该软件的开发商,完全可能是其他软件产商,我们姑且称他们为第三方。事实上在大多数情况下,Servlet 引擎就是第三方提供的插件,它由厂商专用的技术连接到 Web 服务器,Servlet 引擎的作用就是将用户向服务器端提交的 Servlet 请求(用户也可能向服务器提交的是非 Servlet 请求,比如普通的 HTML 页面请求)截获下来进行处理。

Servlet 的运行方式和 CGI 很相似。它们都是被来自于客户端的请求所唤醒。但是二者之间又存在着差别,在传统的 CGI 中,每个请求都要启动一个新的进程,如果 CGI

程序本身的执行时间较短,启动进程所需要的开销很可能反而超过实际执行时间。而 Servlet 引擎为每个客户的请求创建一个线程而不是进程,由于线程本身不分配资源而是从进程那里继承资源,打个比方,班主任向同学们布置打扫卫生的任务,班主任本身不参与,但是班主任提供很多打扫卫生的工具(扫帚、抹布等),真正干活的是学生,班主任就像进程,而学生如同线程,工具就是资源,学生没有工具但是可以从班主任那里得到(继承资源)。每个学生都可以独自完成相应的打扫任务,这样一来整个打扫卫生的任务就很快得以完成。相反,让每个学生自己找工具打扫卫生就会影响整个任务完成的效率。在传统 CGI 中,如果有 N 个并发的对同一 CGI 程序的请求,则该 CGI 程序的代码在内存中重复装载了 N 次;而对于 Servlet,处理请求的是 N 个线程,只需要一份 Servlet 类代码。在性能优化方面,Servlet 也比 CGI 有着更多的选择,如缓冲以前的计算结果,保持数据库连接的活动,等等。显然,Servlet 相对 CGI 而言效率要高得多。

　　Java Web Server 是最早支持 Servlet 的技术。此后,一些其他的基于 Java 的 Web Server 开始支持标准的 Servlet API。Servlet 的主要功能在于交互式地浏览和修改数据,生成动态 Web 内容。这个过程包括以下四个阶段。

　　(1) Client 向 Server 发送请求;

　　(2) Server 将请求信息发送至 Servlet;

　　(3) Servlet 根据请求信息生成响应内容(包括静态和动态的内容)并将其传给 Server;

　　(4) Server 将响应返回给 Client。

　　有一点需要说明的是,虽然 Servlet 看起来像是通常的 Java 程序,很像 Java Applet (Java 小程序),但二者是不同的,表 9-1 说明了它们之间的差异。

表 9-1　Java Applet 与 Java Servlet 的差异

Java 技术	运 行 位 置	派 生 情 况	初 始 化 过 程
Java Applet	Server	Java.applet.Applet	客户端的浏览器
Java Servlet	Client	Javax.servlet 包的 HttpServlet	支持 Servlet 的服务器

9.1.2　Servlet 的生命期

　　Servlet 从创建到最后消亡要经历一个过程,就像人的生命一样。我们把这一过程称为 Servlet 的生命期。Servlet 的生命期包括以下三个过程。

　　(1) Servlet 的初始化。当 Servlet 第一次被请求加载时,服务器初始化这个 Servlet,换句话说,就是创建一个 Servlet 对象,对象调用 init()方法完成初始化的过程。

　　(2) 被创建的 Servlet 对象调用 service()方法响应客户的请求。

　　(3) 服务器被关闭时,调用 destroy()方法杀掉 Servlet 对象。

　　注意：init()方法仅被调用一次,也就是在 Servlet 首次加载时被调用。以后再有客户请求(无论是不同客户的请求还是同一客户的再次请求)相同的 Servlet 服务时,Web 服务器将启动一个新的线程,在该线程中 Servlet 调用 service()方法响应客户的请求。

9.2 Java Servlet 的技术优势

总体而言,Java Servlet 的技术优势表现在以下几方面。

(1) Servlet 可以和其他资源(文件、数据库、Applet、Java 应用程序等)交互,以生成返回给客户端的响应内容。如果需要,还可以保存请求-响应过程中的信息。

(2) 采用 Servlet,服务器可以完全授权对本地资源的访问(如数据库),并且 Servlet 自身将会控制外部用户的访问数量及访问性质。

(3) Servlet 可以是其他服务的客户端程序,例如,它们可以用于分布式的应用系统中,可以从本地硬盘,或者通过网络从远端硬盘激活 Servlet。

(4) Servlet 可被链接。一个 Servlet 可以调用另一个或一系列 Servlet,即成为它的客户端。

(5) 采用 Servlet Tag 技术,可以在 HTML 页面中动态调用 Servlet。

(6) Servlet API 与协议无关。它并不对传递它的协议有任何假设。

(7) 与所有的 Java 程序一样,Servlet 拥有 Java 语言的所有优势。

① Servlet 提供了 Java 应用程序的所有优势——可移植、稳健、易开发。使用 Servlet 的 Tag 技术,Servlet 能够生成嵌于静态 HTML 页面中的动态内容。

② 一个 Servlet 被客户端发送的第一个请求激活,然后它将继续运行于后台,等待以后的请求。每个请求将生成一个新的线程,而不是一个完整的进程。多个客户能够在同一个进程中同时得到服务。一般来说,Servlet 进程只是在 Web Server 卸载时被卸载。

9.3 开发和运行 Java Servlet

9.3.1 Java Servlet 的开发环境

要运行 Servlet,Servlet 所在的服务器必须安装 JSDK,而且该服务器必须是支持 Servlet 的 Web 服务器。服务器需要运行一个 Java 虚拟机(JVM)。这一点类似于 Java Applet,支持 Applet 的浏览器必须运行 JVM。同时 Web 服务器还必须支持Java Servlet API,否则 Servlet 无法实现和服务器的连接。JSDK(Java Servlet Development Kit)包含了编译 Servlet 应用程序所需要的 Java 类库以及相关的文档。对于利用 Java 1.1 进行开发的用户,必须安装 JSDK。JSDK 已经被集成进 Java 1.2 Beta 版中,如果利用 Java 1.2 或以上版本进行开发,则不必安装 JSDK。JSDK 的下载地址是 http://www.sun.com/ software/jwebserver/redirect.html。支持 Servlet 的 Web 服务器可以选用 Sun 公司的 JSWDK 1.0.1。如果现有的 Web 服务器不支持 Servlet,则可以利用一些第三方厂商的服务器增加件(add-ons)来使 Web 服务器支持 Servlet,其中 Live Software 公司(http:// www.livesoftware.com)提供了一种称为 JRun 的产品,通过安装 JRun 的相应版本,可以使 Microsoft IIS 和 Netscape Web Server 支持 Servlet。

本书在 1.3 节已经详细地给大家讲述了在 Windows 2000 下 JSP 运行环境的配置，但是我们安装的是 JDK 不是 JSDK，而 JDK 内置包中只包含了 Java 的基本类，但是为了编译运行 Servlet 还需要 HttpServlet、HttpServletRequest 等 Java 类，这些 JDK 不能提供，而 JSDK 中有。那么系统是否还要加装 JSDK 呢？其实不用，因为我们安装的 Tomcat 本身就是一个支持 Servlet 的 Java 服务器。Tomcat 是 Servlet 2.2 和 JSP 1.1 规范的官方参考实现。Tomcat 既可以单独作为小型 Servlet、JSP 测试服务器，也可以集成到 Apache Web 服务器。尽管现在已经有许多厂商的服务器宣布提供这方面的支持，但是时至今日，Tomcat 仍是唯一支持 Servlet 2.2 和 JSP 1.1 规范的服务器却是不争的事实。下面给大家介绍 Windows 10 下 Servlet 运行环境的配置。

(1) 在 C 盘根目录安装 JDK 1.8。

(2) 在 D 盘根目录安装 Tomcat 8.5。

(3) 设置 JSP 运行所需要的环境变量(参看 1.3 节部分)。

(4) 设置 Servlet 运行所需要的环境变量。

① 右击"我的电脑"，在弹出的下拉菜单中选择"属性"，出现"系统特性"对话框，如图 9-1 所示。

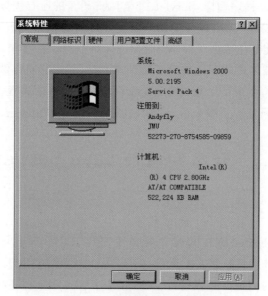

图 9-1　"系统特性"对话框

② 单击对话框中的"高级"标签，然后单击"环境变量"按钮，出现"环境变量"对话框，如图 9-2 所示。

③ 在用户变量列表中单击选中 CLASSPATH 变量，单击"编辑"按钮出现"编辑用户变量"对话框，如图 9-3 所示。

④ 在"变量值"输入框中输入"D:\Tomcat\common\lib\servlet.jar;"，单击"确定"按钮。返回"环境变量"对话框，单击"确定"按钮返回"系统特性"对话框，单击"确定"按钮。

至此运行 Servlet 的环境变量配置完毕。但是要运行 Servlet 还要注意 Servlet 文件的存放位置问题。这要分两种情况进行处理。

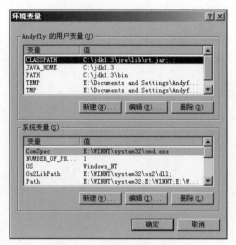

图 9-2 "环境变量"对话框   图 9-3 "编辑用户变量"对话框

- 适用于所有 Web 服务目录的 Servlet 文件的存放位置。安装完 Tomcat 软件后，其中包含了一个名为 classes 的子目录，就本书所用机器目录而言就是"D:\Tomcat\classes"。将某个 Java 源文件经 Java 编译后生成的字节码文件(即 Servlet 文件)存放到该目录中即可；但是要注意，Servlet 第一次被请求加载时，服务器初始化一个 Servlet，即创建一个 Servlet 对象，该对象调用 init()方法完成初始化的过程。但是如果对 Servlet 文件的源码进行了修改，再次将新的字节码文件存放到该目录中，除非服务器重新启动，否则新的 Servlet 不会被创建，因为当客户请求 Servlet 服务时，已经初始化的 Servlet 将调用 service()响应客户请求。

- 适用于 examples 服务目录的 Servlet 文件的存放位置。安装完 Tomcat 软件后，其中包含了一个名为 examples 的子目录，该目录是 Tomcat 默认的 Web 服务目录之一。就本书所用机器目录而言就是"D:\Tomcat\webapps\examples"。将某个 Java 源文件经 Java 编译后生成的字节码文件(即 Servlet 文件)存放到"D:\Tomcat\webapps\examples\WEB-INF\classes"目录中即可；但是要注意，和上一种情况不同的是当用户提出 Servlet 请求时，服务器首先检查 D:\Tomcat\webapps\examples\WEB-INF\classes 下的 Servlet 的字节码是否修改过，如果被修改过则立即杀掉 Servlet，然后用新的字节码重新初始化 Servlet，经初始化后的 Servlet 再调用 service()响应客户请求；但是这样会导致服务器的运行效率降低。

解决了以上的问题，我们就可以开始运行 Servlet 了。如果请求的 Servlet 适用于所有的 Web 服务目录，在启动 Tomcat 后，只需在 IE 浏览器的 URL 地址栏中输入"HTTP://localhost:8080/servlet/*servlet 的文件名*"，如果请求的 Servlet 只适用于 example 目录，则只需在浏览器地址栏中输入"HTTP://localhost:8080/examples/servlet/*servlet 的文件名*"。

9.3.2 一个简单的 Servlet 例子

下面我们从一个很简单的 Servlet 例子入手，来全面地理解 Servlet 的运行过程。首

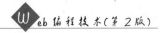

先我们编写一个 HelloServlet.java 程序,将其存放在 D:\Java 下,该程序代码如下。

```
HelloServlet.java 源程序
import java.io.*;
import javax.servlet.*;
import javax.servlet.http.*;

public class HelloServlet extends HttpServlet {

    public void init(ServletConfig config) throws ServletException
      {
        super.init(config);
              }
    public void service(HttpServletRequest request, HttpServletResponse response)
    throws IOException, ServletException
    {
        response.setContentType("text/html;charset=gb2312");
        PrintWriter out = response.getWriter();
        out.println("<html>");
        out.println("<body>");
        out.println("<head>");
        out.println("<title>Hello World</title>");
        out.println("</head>");
        out.println("<body>");
        out.println("<h1>这是一个简单的 Servlet 例子!</h1>");
        out.println("</body>");
        out.println("</html>");
    }
}
```

注意:程序中使用了两个方法,其中 init()方法是类 HttpServlet 中的方法,这个方法可以重写。该方法描述为:public void init(ServletConfig config) throws ServletException,用户第一次请求 Servlet 时,服务器创建一个 Servlet 对象,该对象就调用 init()方法完成初始化。调用过程中 Servlet 引擎把一个 ServletConfig 类型的对象传递给 init(),此对象负责将服务设置信息传递给 Servlet,若传递不成功就抛出一个 ServletException。ServletConfig 类型的对象会一直保存在 Servlet 中,直到 Servlet 对象被杀掉。service()方法也是类 HttpServlet 中的方法,这个方法可以重写。该方法描述为:public void service(HttpServletRequest request,HttpServletResponse response) throws IOException,ServletException。当 Servlet 初始化完成后,Servlet 就调用该方法处理客户请求并作出响应。调用过程中 Servlet 引擎会传递两个参数,一个是 HttpServletRequest 类型的对象,一个是 HttpServletResponse 类型的对象。前者封装了用户的请求信息,调用该对象的方法可以提取用户的请求信息。后者用于响应用户的请求。Service()和 init()不同的是,init()只调用一次,而 Service 可能被调用多次。

Java Servlet 和 JSP 不同,不会像 JSP 文件在第一次访问服务器时就会自动编译。我们必须再用手动的方式在 JDK 1.8 的命令方式下进行编译。下面介绍基于 Windows 10 平台上的 Java Servlet 的编译方法。

(1) 单击"开始"菜单,在弹出的菜单中选择"运行",出现"运行"对话框,如图 9-4 所示。

图 9-4 "运行"对话框

（2）在"打开"输入框中输入"CMD"，单击"确定"按钮进入控制台方式，然后将目录转到 D:\Java，如图 9-5 所示。

图 9-5 命令行控制台

（3）在光标处输入 Java 的编译命令，如果想深入了解 Java 编译命令的格式，可以直接输入命令"javac"，按 Enter 键后显示了 javac 编译命令的用法，如图 9-6 所示。

图 9-6 javac 编译命令的用法

（4）输入编译命令"Javac HelloServlet.java"，按 Enter 键后如果程序没有错误将显示图 9-7 所示的结果。

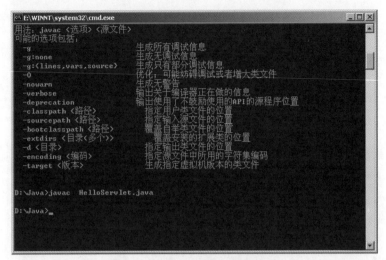

图 9-7　HelloServlet.java 编译成功

（5）至此源程序 HelloServlet.java 编译成功，编译生成的字节码文件是一个与源程序主名相同后缀名为 class 的文件。它就在 D:\Java 中，如图 9-8 所示。

图 9-8　HelloServlet.java 编译成功生成字节码文件

考虑到以后我们可能要经常调试 HelloServlet.class 这个 Servlet 文档，就本书所使用的机器而言，应该把它存放在 D:\Tomcat\webapps\examples\WEB-INF\classes 中，以后每次用户请求该 Servlet 服务时，Web 服务器引擎都要先检查其字节码是否被修改过，如果修改过就重新初始化，然后再响应客户请求。下面就可以运行这个 Servlet 了，我们在 IE 浏览器的 URL 地址栏中输入"http://localhost:8080/examples/servlet/HelloServlet"，然后按 Enter 键，结果如图 9-9 所示。

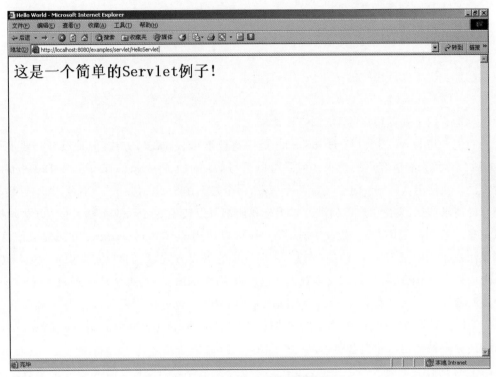

图 9-9　HelloServlet 的运行结果

9.3.3　JSP 与 Servlet

我们编写 Servlet 的目的是为用户提供服务。而 JSP 已经成为动态网站开发的主要技术。Servlet 又非常适合服务器端的处理，更重要的是 Servlet 在服务器端一经创建便长期驻留在它们被保存的位置。它们响应用户的请求只是不断地创建线程去执行的过程。如果 JSP 页面中嵌入的 Script 或 Java 代码过多，整个程序的逻辑就会变得非常复杂。如果在 JSP 页面中引入 Servlet 技术，那么用户请求就主要交给 Servlet 来完成，JSP 主要负责页面静态信息的处理，这样页面表现得将更加清晰。那么用户在 JSP 页面里如何调用 Servlet 呢？可以使用以下两种方法实现这一过程。

1. 通过表单调用 Servlet

Servlet 使用类 HttpServlet 中的方法实现与表单的交互。HttpServlet 类中除了前面我们介绍的 init( )、service( )、destroy( )方法外，还包括其他没有完全实现的方法，当然用户可以自定义方法体中的内容。这些方法有 DoGet( )、DoPost( )、DoPut( )、DoDelete( )等。

（1）DoGet( )。

功能：用于处理用户的 GET 请求。

（2）DoPost（）。

功能：用于处理用户的 POST 请求。

（3）DoPut（）。

功能：用于处理用户的 HTTP PUT 请求。

（4）DoDelete（）。

功能：用于处理用户的 DELETE 请求。

我们知道 Servlet 可以从 HttpServlet 类中直接继承 service（）方法，但是没有必要重写 service（）方法来响应客户的请求。但是可以重写 DoGet（）、DoPost（）、DoPut（）、DoDelete（）等方法。在使用这些方法时必须带两个参数，一个是 HttpServletResquest 对象，其中封装了用户的请求信息，无论用户以何种方式提交我们都可以使用 getParameterValue（）方法来提取信息。若用户采用 GET 提交方式，我们还可以使用 getQueryString（）方法提取信息。如果用户采用的是 POST、PUT 或者 DELETE 的提交方式，我们可以调用 getReader（）方法从 BufferedrReader 中提取文本数据。也可以调用 getReader（）方法从 ServletInputStream 中提取信息。另一个参数是 HttpServletResponse 对象，通过它我们可以向客户端返回信息。调用该对象的 getWriter（）方法向客户端输出文本数据；调用该对象的 getOutputStream（）方法向客户端输出二进制数据。

下面我们给出例程 ex9-1.jsp，其中定义了一个表单，要求用户输入一个正整数。其源程序如下。

```
ex9-1.jsp 源程序
<%@ page contentType="text/html;charset=GB2312" %>
<html>
<head>
<title>示例 9-1
</title>
</head>
<body>
<p>
<h1>请在下面的输入框中给 Servlet 输入一个正整数:</h1>
<br>
<br>
</p>
<form method="POST" action="examples/servlet/deal">
<input type="text" name="number" size="20">
<input type="submit" value=" 提交给 Servlet">
</form>
</body>
</html>
```

该程序在浏览器中显示的结果如图 9-10 所示。

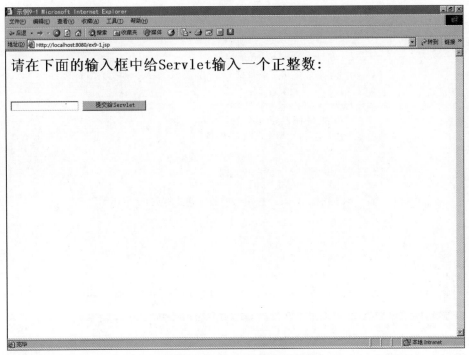

图 9-10 ex9-1.jsp 的运行结果

下面给出 ex9-1.jsp 程序中所调用的 Servlet 源文件 deal.java,其源程序如下。

```java
deal.java 源程序
import java.io.*;
import javax.servlet.*;
import javax.servlet.http.*;

public class deal extends HttpServlet
{
  public void init(ServletConfig config) throws ServletException
    {
     super.init(config);
    }
   public void doPost(HttpServletRequest request, HttpServletResponse response)
   throws IOException, ServletException
   {
     response.setContentType("text/html;charset=GB2312");
     //取得一个向客户输出数据的输出流
     PrintWriter out=response.getWriter();

     //设置响应的 MIME 类型
     out.println("<html>");
     out.println("<body>");
     String number=request.getParameter("number");
```

```
            //利用 getParameter 方法获取客户信息
            int m=0;
            try {
                m=Integer.parseInt(number);
                out.println("<h2>不超过"+m+"的偶数</h2>如下: ");
                for(int i=1;i<m;i++)
                  { if(i%2==0)
                        out.println(i);
                  }
                }
            catch(NumberFormatException  e)
                {
                    out.println("<h1>您输入的数字格式有误!</h1>");
                }
            }

    }
```

当我们在文本框中输入"66"后，单击"提交"按钮，程序运行结果如图 9-11 所示。

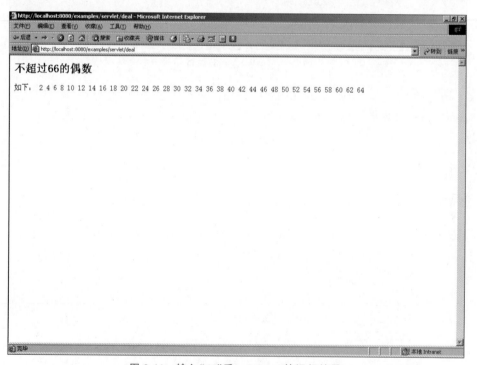

图 9-11   输入"66"后 ex9-1.jsp 的运行结果

当我们在文本框中输入格式不正确的数据"66ab"时，程序运行结果如图 9-12 所示。

2. 通过超链接调用 Servlet

要实现在 JSP 页面中调用 Servlet，我们还可以采取在页面中设置超链接的方法来实现。下面我们给出例程 ex9-2.jsp，其源程序如下。

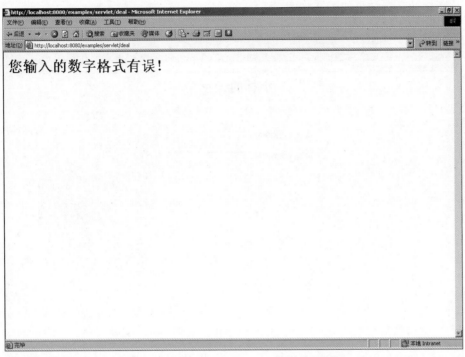

图 9-12 输入"66ab"后 ex9-1.jsp 的运行结果

ex9-2.jsp 源程序

```
<%@ page contentType="text/html;charset=GB2312" %>
<html>
<head>
<title>示例 9-2
</title>
</head>
<body>
<p>
<center>
<h1>小林的天空</h1>
<br>
<br>
<br>
</p>
<p><h3>
请输入您的昵称: <input type="text" name="User" size="25">
<br> <br>
请输入您的密码: <input type="password" name="pwd" size="25">
<br> <br>
<br> <br>
</h3>
<a href="/examples/servlet/welcom">请您单击加载 Servlet</a>
</p></center>
</body>
</html>
```

该程序的运行结果如图 9-13 所示。

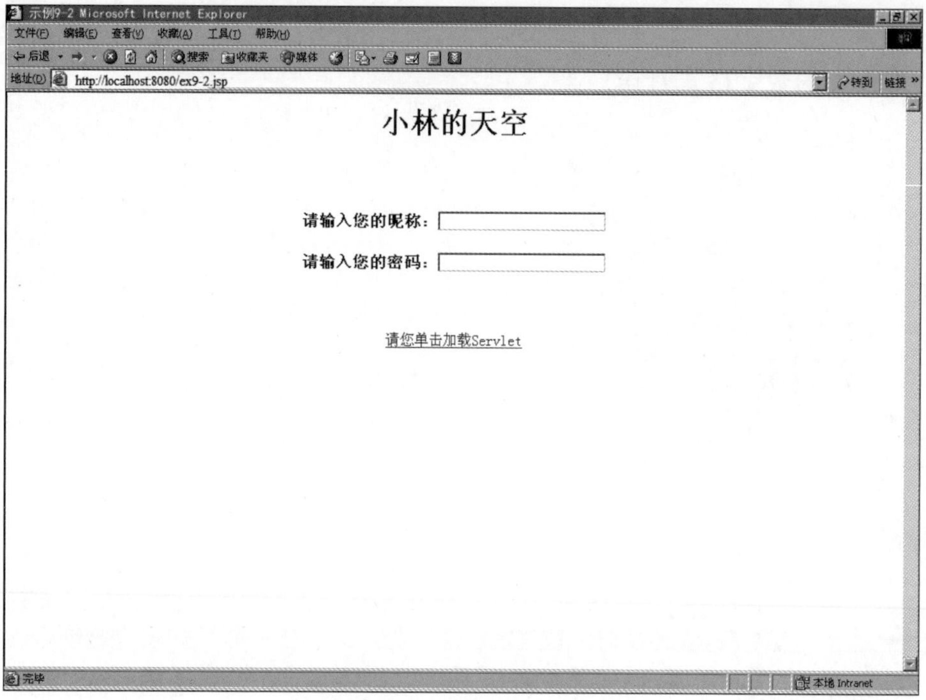

图 9-13   ex9-2.jsp 的运行结果

下面给出 ex9-2.jsp 程序中所调用的 Servlet 源文件 welcom.java,其源程序如下。

welcom.java 源程序
```java
import java.io.*;
import javax.servlet.*;
import javax.servlet.http.*;

public class welcom extends HttpServlet
{
  public void init(ServletConfig config) throws ServletException
    {
     super.init(config);
    }
    public void service (HttpServletRequest request, HttpServletResponse
response)
    throws IOException, ServletException
    {
        response.setContentType("text/html;charset=GB2312");
        //取得一个向客户输出数据的输出流
        PrintWriter out=response.getWriter();

        //设置响应的 MIME 类型
        out.println("<html>");
        out.println("<body bgcolor=blue>");
```

```
            out.println("<center>");
            out.println("<h1>");
            out.println("<font color=white>");
            out.println("欢迎阁下光临小林的天空!");
            out.println("</h1>");
            out.println("</font>");
            out.println("</center>");
            out.println("</body>");
            out.println("</html>");

        }

}
```

当我们在 ex9-2.jsp 中输入用户昵称以及密码后,单击超链接,效果如图 9-14 所示。

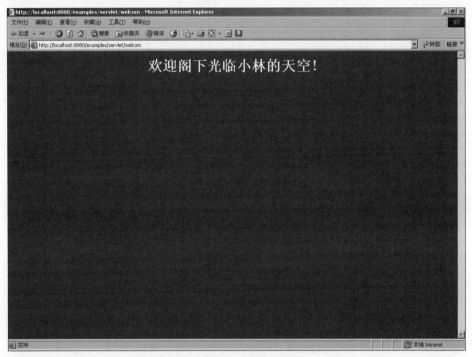

图 9-14　输入用户昵称以及密码后 **ex9-2.jsp** 的运行结果

9.3.4　Servlet 的共享变量

通过前面的学习我们已经知道,Servlet 一经服务器创建就一直保存在它的位置,以后当用户再次请求该 Servlet 时,Servlet 引擎只是创建一个新的线程,该线程调用 service() 方法来响应用户的请求。Servlet 类中定义的变量将被所有的线程所共享。利用这个特性我们可以再编写一个具有计数功能的 Servlet。

我们可以在程序中设置一个变量 count,但要注意位置。必须将其初始化操作放在

init()方法内部,使得该变量在 Servlet 经服务器创建时刻起就有效,并且初始化此变量的值为 0。然后在 service()方法内建立对计数变量增 1 的操作,但要注意这样一个问题:当多个线程同时访问此计数变量时,要做到对变量访问的互斥性,因为此计数变量是共享变量。因此要保持多个线程之间很好的同步性。这一点我们可以借助于在 service()方法前设置 synchronized 关键字来实现。下面我们给出实现计数效果的 Servlet 的源程序 counter.java,其代码如下。

```
counter.java 源程序
import java.io.*;
import javax.servlet.*;
import javax.servlet.http.*;

public class counter extends HttpServlet
{
  int count;
  public void init(ServletConfig config) throws ServletException
    {
      super.init(config);
      count=0;
    }
  public synchronized void service(HttpServletRequest request,
  HttpServletResponse response)
  throws IOException, ServletException
  {
      response.setContentType("text/html;charset=GB2312");
      //取得一个向客户输出数据的输出流
      PrintWriter  out=response.getWriter();

      //设置响应的 MIME 类型
      out.println("<html>");
      out.println("<body>");
      out.println("<center>");
      count++;
      out.println("<h1>");
      out.println("欢迎您!");
      out.println("<br><br>");
      out.println("您是第"+count+"个光临小林天空网站的客人!");
      out.println("</h1>");
      out.println("</center>");
      out.println("</body>");
      out.println("</html>");


  }

}
```

计数 Servlet 在浏览器中的运行结果如图 9-15 所示。

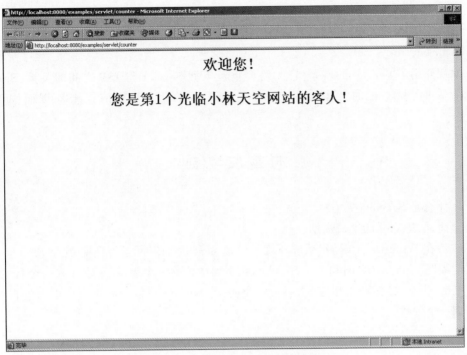

图 9-15　counter.java 的运行结果

当我们单击浏览器的"刷新"按钮时效果如图 9-16 所示。

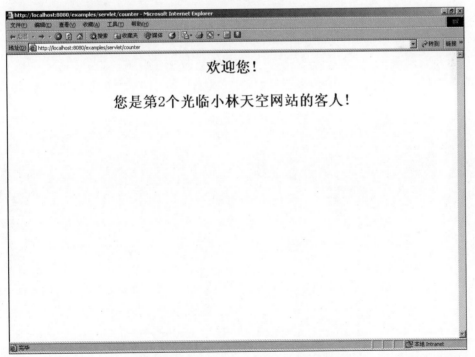

图 9-16　刷新后 counter.java 的运行结果

本 章 小 结

本章介绍了 Servlet 的基本概念,需要重点掌握 Servlet 与 JSP 之间的关系、Servlet 的生命周期、Servlet 的共享变量、Servlet 的开发环境以及如何在 JSP 页面中调用 Servlet。

习题及实训

1. 什么是 Servlet?
2. 简述 Servlet 的生命周期。
3. 请在 Windows 10 操作系统环境下设置 Servlet 的编译运行环境。
4. 编写一个 JSP 页面和一个 Servlet,在页面中建立一个表单,要求输入一个自然数,然后单击"提交"按钮调用相应的 Servlet 处理,该 Servlet 可以判断用户所输入的自然数是不是一个素数。

第10章

JavaBean 技术

本章要点

如果我们使用过 Visual Basic 和 Delphi 软件,都会对其中的组件应用大为赞赏。因为这些组件仅仅给用户提供了一个操作界面,其内部信息及运行方式都封装得很好。我们可以通过这些组件提供的接口来访问它。本章所讲的 JavaBean 就是一种组件。它运行在 Java 平台上,可以嵌入 JSP 文件中。更重要的是,JavaBean 组件没有大小以及复杂性的限制。它可以是控件甚至整个应用程序。在 JSP 中引入 JavaBean 使得 JSP 的功能更易于实现,运行方式更灵活。

10.1 JavaBean 简介

JavaBean 是 Java 程序的一种组件,其实就是 Java 类。JavaBean 规范将"组件软件"的概念引入 Java 编程的领域。我们知道组件是一个自行进行内部管理的一个或几个类所组成的软件单元;对于 JavaBean 我们可以使用基于 IDE 的应用程序开发工具,基于可视化编程编写 Java 程序。JavaBean 为 Java 开发人员提供了一种"组件化"其 Java 类的方法。

JavaBean 是一些 Java 类,我们可以使用任何的文本编辑器(记事本),当然也可以在一个可视的 Java 程序开发工具中操作它们,并且可以将它们一起嵌入 JSP 程序中。其实,任何具有某种特性和事件接口约定的 Java 类都可以是一个 JavaBean。

我们知道微软公司的 COM 组件在 ASP 程序设计中大显神威,像在 ASP 文件中实现文件上传、复杂计算、邮件发送等复杂功能都要借助于 COM 组件。但是就程序设计而言,掌握 ASP 编程要比 COM 编程容易多了。相比之下,我们学习使用 JavaBean 来开发程序就非常容易。由于 JavaBean 本身就是 Java 类,所以完全支持面向对象的技术。我们可以根据 JSP 中不同的实现功能事先编写好不同的 JavaBean,然后需要时嵌入 JSP 中从而形成一套可重复利用的对象库。JavaBean 在维护方面也很容易。如果 COM 组件在服务器端注册,一旦开发人员修改了源码,COM 必须重新注册,这就意味着要把服务器关闭重新启动。而 JavaBean 无须注册只要将其存放到 classpath 目录中,然后关闭 Tomcat(不是关机)再重启即可。

JavaBean 的结构包含了属性、方法和事件。属性描述了 JavaBean 所处的状态,如颜色、大小等。一旦属性被修改就意味着 JavaBean 的状态发生了改变。JavaBean 运行时通过调用 get 和 set 方法改变其属性值。方法是一些可调用的操作，既可以是共有的也可以是私有的，方法可用于启动或捕捉事件。事件是不同的 JavaBean 之间通信的机制，借助于事件信息可以在不同的 JavaBean 之间传递。

对于 JSP 程序而言，Bean 不仅封装了许多信息，还将一些数据处理的程序隐藏在 JavaBean 内部，从而降低了 JSP 程序的复杂度。

总体而言，JavaBean 具有以下几个特性。

（1）JavaBean 是一个公开的类。

（2）JavaBean 包含无参的构造函数。

（3）JavaBean 给外界提供一组"get 型"公开函数，利用这些函数来提取 JavaBean 内部的属性值。

（4）JavaBean 给外界提供一组"set 型"公开函数，利用这些函数来修改 JavaBean 内部的属性值。

10.2　JavaBean 的作用域

如果学习过 C 语言，我们知道根据 C 程序中变量的作用域的不同，可以将变量分为局部变量和全局变量。局部变量的作用域存在于一个固定的区域中，比如复合语句、函数体等，离开了这个区域，变量就不复存在。即变量所占用的内存被系统回收。而全局变量的作用域将在整个程序的运行过程中有效，并且所有的程序代码皆可使用。与 C 程序中变量相似，根据不同的 JSP 程序的要求，我们也可以设定不同的 JavaBean 作用域，要实现这一点我们必须在 JSP 页面中嵌入动作标签 useBean。

```
<jsp:useBean  id="Bean 的名字" class="创建 Bean 的类" scope="Bean 的作用域"  >
</jsp:useBean>
```

其中属性 scope 的值用于设定 JavaBean 的作用域。根据 scope 取值的不同可以将 JavaBean 分为 Page JavaBean、Request JavaBean、Session JavaBean 和 Application JavaBean 四种类型。

10.2.1　Page JavaBean

当 useBean 标签中的属性 scope 取值 page 时，JavaBean 就成了 Page JavaBean。这种 JavaBean 的生命期最短。如果用户向服务器端提交了一个嵌有 Page JavaBean 的 JSP 页面请求，服务器端的 JSP 引擎将把这个 JavaBean 实体化为一个新对象，并调用"get 型"或"set 型"函数来存取 Bean 内部的属性值。JSP 执行完毕后服务器将把结果以 HTML 文档的形式反馈到客户端，此时 Page JavaBean 对象就会被释放到内存中而消亡。此后用户再向服务器提交请求同一 Page JavaBean，那么该 JavaBean 将再一次被实体化。图 10-1 描述了这一过程。

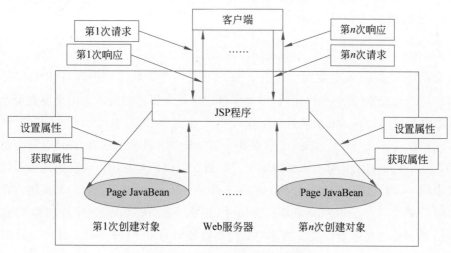

图 10-1　Page JavaBean 示意图

10.2.2　Request JavaBean

当 useBean 标签中的属性 scope 取值 request 时，JavaBean 就成了 Request JavaBean。这种 JavaBean 的生命期和 JSP 程序中的 request 对象同步。当一个 JSP 通过 forward 指令向另一个 JSP 传递 request 对象时，Request JavaBean 也将随着 request 对象一起传送过去。从而实现不同的 JSP 文件共享相同的 JavaBean，当传送到的最后一个 JSP 执行完毕后，服务器将把结果以 HTML 文档的形式反馈到客户端，此时 Request JavaBean 对象所占有的内存就会被系统释放而消亡。图 10-2 描述了这一过程。

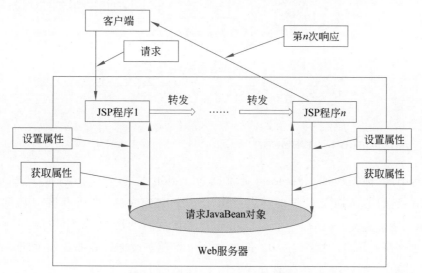

图 10-2　Request JavaBean 示意图

10.2.3　Session JavaBean

当 useBean 标签中的属性 scope 取值 session 时,JavaBean 就成了 Session JavaBean。它的生命期将和 Session 对象同步。由于 HTTP 是一种无状态的协议,JSP 引擎分配给每个客户的 JavaBean 是互不相同的,因此很难记录每个用户的需求。但是要在每个客户 JSP 页面中都嵌入 Session JavaBean,那么客户在这些页面中将引用相同的 Session JavaBean。也就是说,当用户第一次向服务器端发出 JSP 页面请求时,JSP 引擎会建立一个新的 Session JavaBean 对象来处理该用户的请求。以后当此用户再次向服务器提出相同的请求时,可以直接从 Session 中取得 Session JavaBean 对象来处理。如果用户在某个 JSP 页面上修改了 Session JavaBean 的属性,那么 Session JavaBean 的其他页面中的 JavaBean 的属性也将随着改变。当用户关闭浏览器时,JSP 引擎将取消分配给该用户的 Session JavaBean。图 10-3 描述了这一过程。

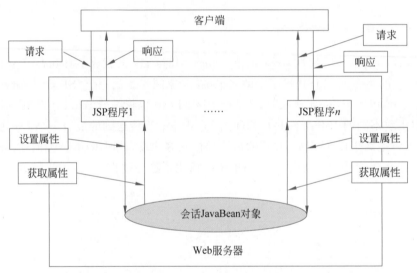

图 10-3　Session JavaBean 示意图

10.2.4　Application JavaBean

当 useBean 标签中的属性 scope 取值 application 时,JavaBean 就成了 Application JavaBean。它的生命期是最长的。它是由 JSP 引擎分配的、供所有客户访问的共享 JavaBean。换句话说,一旦有一个用户在某个 JSP 页面上修改了 Application JavaBean 的属性,那么所有用户的这个 JavaBean 的属性也将随着改变。除非我们关闭了服务器,否则 Application JavaBean 将一直存在。图 10-4 描述了这一过程。

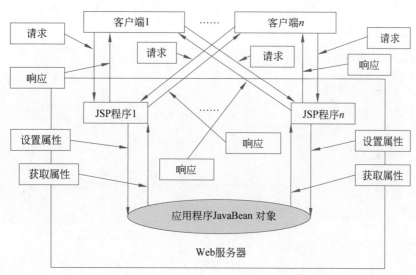

图 10-4　Application JavaBean 示意图

10.3　JavaBean 与 JSP

有人说 JavaBean 与 JSP 的结合简直就是"黄金搭档"。利用 JavaBean 技术可以随心所欲地扩充 JSP 的功能,要知道在普通的 HTML 文档中加入大量的 Java 程序片实在是令人头疼的一件事。这样不仅使得整个页面逻辑混乱,难于理解,而且维护起来也非常困难。如果在 JSP 页面中嵌入 JavaBean,就可以有效地分离页面的静态工作部分和动态工作部分,提高 JSP 的编程效率。

10.3.1　怎样使用 JavaBean

1. 编写 JavaBean

本书当中主要讨论非可视化的 JavaBean,因此对于 JavaBean 的属性以及方法的访问是我们学习的重点。JavaBean 本身就是一个公开的 Java 类,如果读者学过 Java 面向对象的程序设计,那么很快就能写出一个 JavaBean。我们首先写出一个类的定义,然后用这个类创建的一个对象就是 JavaBean。但是在定义类时需注意以下几点。

（1）若要修改类中某个成员变量（属性）的值,在类中可以使用"get 成员变量名()"方法来获取该成员变量（属性）的值；使用"set 成员变量名()"方法来修改该成员变量（属性）的值。

（2）若要访问类中某个布尔类型成员变量（属性）的值,在类中可以使用"is 成员变量名()"方法来访问该成员变量（属性）的值。

（3）类中的方法的访问属性必须为 Public。

（4）类中如果有构造函数,该函数必须为 Public 并且是无参函数。

下面我们使用文本编辑器编写一个简单的 JavaBean,将其存放到 D:\Java 下,其 Square.java 源程序如下。

```
Square.java 源程序
import java.io.*;
public class Square
{
    int edge;
    public Square()
    {
        edge=5;
    }
    public int getedge()
    {
        return edge;
    }
    public void setedge(int newedge)
    {
        edge=newedge;
    }
    public int squareArea()
    {
        return edge * edge;
    }
}
```

2. 编译 JavaBean 源文件

单击"开始"菜单,选择"运行"然后在打开的"运行"对话框中输入"CMD",单击"确定"按钮进入 DOS 命令方式。切换到 D:\Java 目录下,然后输入 Java 编译命令"javac Square.java",按 Enter 键后没有输出错误信息,表明编译成功。得到的字节码文件为 Square.class,存放在 D:\Java 下,如图 10-5 所示。

3. JavaBean 存放的目录

要在 JSP 页面中正确地使用 JavaBean,还要注意 JavaBean 文件的存放位置问题。这要分以下两种情况来处理。

(1) 适用于所有 Web 服务目录的 JavaBean 文件的存放位置。

安装完 Tomcat 软件后,其中包含了一个名为 classes 的子目录,就本书所用机器目录而言就是"D:\Tomcat\classes"。将 JavaBean 源文件经 Java 编译后生成的字节码文件(即 JavaBean 文件)存放到该目录中即可;但是要注意,JSP 引擎的内置对象 pageContext 存储了供服务器使用的数据信息,通过该对象向客户端提供不同类型的数据对象。若含有 useBean 标签的 JSP 页面被执行后,JavaBean 就被存放在 pageContext 对象中,如果修改了 JavaBean,pageContext 对象中的 JavaBean 并不能被更新,因为任何 JSP 页面被再次访问时总是先到 pageContext 中查找 JavaBean,而 pageContext 对象直到服务器关闭才会释放它存储的数据对象。

图 10-5　Square.java 编译成功生成字节码文件

（2）适用于 examples 服务目录的 JavaBean 文件的存放位置。

安装完 Tomcat 软件后，其中包含了一个名为 examples 的子目录，该目录是 Tomcat 默认的 Web 服务目录之一。就本书所用机器目录而言就是"D：\Tomcat\webapps\examples"。将 JavaBean 源文件经 Java 编译后生成的字节码文件（即 JavaBean 文件）存放到"D：\Tomcat\webapps\examples\WEB-INF\classes"目录中即可；但是要注意，和上一种情况不同的是当用户提出 JavaBean 请求时，JSP 引擎首先检查 D：\Tomcat\webapps\examples\WEB-INF\classes 下的 JavaBean 的字节码是否修改过，如果被修改过立即用新的字节码重新创建一个 JavaBean，然后把它添加到 pageContext 对象中，然后分配给用户。

考虑到以后调试 JavaBean 的方便，我们将已经编译好的 JavaBean 文件 Square.class 存放到 D：\Tomcat\webapps\examples\WEB-INF\classes 中，如图 10-6 所示。

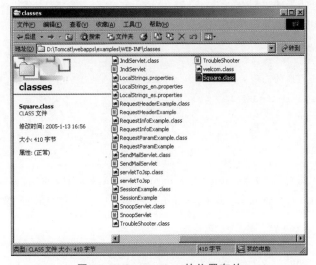

图 10-6　Square.class 的位置存放

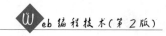

10.3.2 在 JSP 中调用 JavaBean

为了实现在 JSP 页面中调用 JavaBean,我们必须在 JSP 页面中嵌入动作标签 useBean。其格式有以下两种:

```
<jsp:useBean  id="JavaBean 的名字" class="创建 JavaBean 的类" scope="JavaBean
的作用域"  >
</jsp:useBean>
```

或

```
<jsp:useBean id=" JavaBean 的名字" class="创建 JavaBean 的类" scope=" JavaBean
的作用域" / >
```

下面我们给出调用 JavaBean 的 JSP 源文件 ex10-1.jsp,其源程序如下。

ex10-1.jsp 源程序

```
<%@ page contentType="text/html;charset=GB2312" %>
<%@ page import="Square" %>

<html>
<head>
<title>示例 10-1 </title>
</head>
<body><h1>
<jsp:useBean  id="tom" class="Square" scope="page" >
</jsp:useBean>
<%
    tom.setedge(35);
%>
<p>您定义的正方形的边长为:
    <%=tom.getedge() %>
<br>
<br>
<p>您定义的正方形的面积为:
    <%=tom.squareArea() %>
</h1>
</body>
</html>
```

将 ex10-1.jsp 保存在 D:\Tomcat\webapps\examples 中。然后启动 IE 浏览器并在地址栏中输入“http://localhost:8080/examples/ex10-1.jsp”,按 Enter 键后效果如图 10-7 所示。

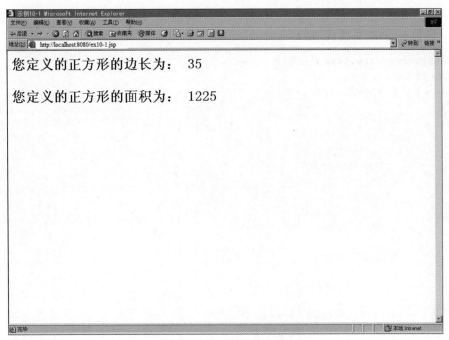

图 10-7　ex10-1.jsp 的运行结果

10.4　访问 JavaBean 的属性

我们在 JSP 页面中通过嵌入 useBean 标签引入一个 JavaBean 后,实际上相当于引入了一个 Java 类,然后 JavaBean 就可以调用它内部定义好的方法来帮助实现 JSP 中所需要的功能。如前所述,JavaBean 提供了"set 型"和"get 型"函数来访问 JavaBean 中的属性(成员变量)。但除这种渠道外,我们还可以在 JSP 页面中嵌入动作标签 getProperty、setProperty 来实现。

10.4.1　提取 JavaBean 的属性

首先我们在 JSP 页面中嵌入 useBean 标签,将一个预先建好的 JavaBean 引入到 JSP 中。然后我们可以使用动作标签 getProperty 来提取 JavaBean 中的属性值。该标签的使用格式如下:

```
<jsp: getProperty  name="JavaBean 的名字"  property="JavaBean 的属性名" >
</jsp: getProperty >
```

或

```
<jsp: getProperty  name="JavaBean 的名字"  property="JavaBean 的属性名" >
</jsp: getProperty >
```

在 JSP 中使用此标签可以提取 JavaBean 中的属性值,并将结果以字符串的形式显示给客户。下面我们利用这种方法来实现提取 JavaBean 的属性。先给出 JavaBean 的源文件 NewSquare.java,其源程序如下。

```
NewSquareSquare.java 源程序
import java.io.*;
public class NewSquare
{
    int edge=0;
    int squarearea=0;
    int squarelength=0;
    public int getedge()
      {
        return edge;
      }
    public void setedge(int newedge)
      {
        edge=newedge;
      }
    public int getsquarearea()
      {
        squarearea=edge * edge;
        return squarearea;
      }
    public int getsquarelength()
      {
        squarelength=edge * 4;
        return squarelength;
      }
}
```

将编译好的 NewSquare.class 存放到 D:\Tomcat\webapps\examples\WEB-INF\classes 中。下面给出调用 NewSquare.class 的 JSP 文件 ex10-2.jsp,其源程序如下。

```
ex10-2.jsp 源程序
%@ page contentType="text/html;charset=GB2312" %>
<%@ page import="NewSquare" %>
<html>
<head>
<title>示例 10-2 </title>
</head>
<body>
<h1>
<br>
<br>
<br>
<jsp:useBean   id="mike" class="NewSquare" scope="page" >
</jsp:useBean>
<%
    mike.setedge(26);
%>
<p>您定义的正方形的边长为:
```

```
<jsp:getProperty  name="mike"  property="edge"  />


<br>
<br>
<br>
<p>您定义的正方形的面积为：
<jsp:getProperty  name="mike"  property="squarearea"  />
<br>
<br>
<br>
<p>您定义的正方形的周长为：
<jsp:getProperty  name="mike"  property="squarelength"  />
</h1>
</body>
</html>
```

将 ex10-2.jsp 文件存放在 D:\Tomcat\webapps\examples 中，然后启动 IE 浏览器并在地址栏中输入"http://localhost:8080/examples/ex10-2.jsp"，按 Enter 键后效果如图 10-8 所示。

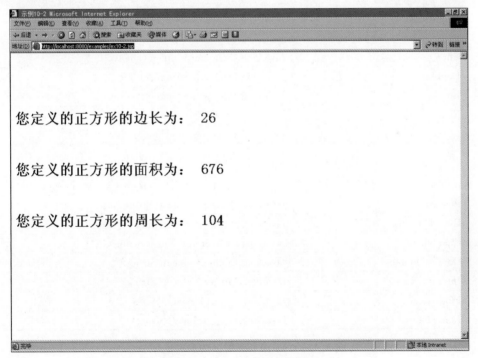

图 10-8   ex10-2.jsp 的运行结果

10.4.2   更改 JavaBean 的属性

我们可以在 JSP 页面中使用动作标签 setProperty 来更改 JavaBean 中的属性值。该标签的使用格式如下：

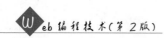

（1）JavaBean 中的属性名为汉字时，标签 setProperty 通常采用如下格式。

```
<jsp: setProperty  name="JavaBean 的名字"  property="JavaBean 的属性名"
value="<% = expression %>"   />
```

这种格式可将 JavaBean 中的属性值更改为一个表达式的值。

```
<jsp: setProperty  name="JavaBean 的名字"  property="JavaBean 的属性名"  >
value=字符串   />
```

这种格式可将 JavaBean 中的属性值更改为一个字符串。

在第一种格式中必须注意表达式值的类型要和 JavaBean 属性值的类型一致。而第二种格式会实现类型的自动转换。

需要强调的是，getProperty 标签得到的所有属性值都将转换为 String 类型，而利用 setProperty 标签将把 String 类型转换为属性值对应的类型，为了帮助大家掌握这一点，我们给出 Java 基本类型和 String 类型之间以及其他类型之间的相互转换方法。分别如表 10-1～表 10-3 所示。

表 10-1　Java 基本类型转换成 String 类型

Java 基本类型	Java 基本类型转换成 String 类型的转换方法
Boolean	Java.lang.Boolean.toString(Boolean)
Byte	Java.lang.Byte.toString(byte)
Char	Java.lang.Character.toString(char)
Double	Java.lang.Double.toString(double)
Int	Java.lang.Integer.toString(int)
Float	Java.lang.Float.toString(float)
Long	Java.lang.Long.toString(long)

表 10-2　Java String 类型转换成基本类型方法 1

要转换成的 Java 基本类型	String 类型转换成 Java 基本类型的转换方法
Boolean	Java.lang.Boolean.Valueof(String)
Byte/byte	Java.lang.Byte.Valueof(String)
Char/char	Java.lang.Character.Valueof(String)
Double/double	Java.lang.Double.Valueof(String)
Int/int	Java.lang.Integer.Valueof(String)
Float/float	Java.lang.Float.toString(float)
Long/long	Java.lang.Long.Valueof(String)

表 10-3　Java String 类型转换成基本类型方法 2

要转换成的 Java 基本类型	String 类型转换成 Java 基本类型的转换方法
Int	Integer.parseInt(String)
Long	Long.parseInt(String)
Float	Float.parseInt(String)
Double	Double.parseInt(String)

注意：当在 JSP 页面中使用上述转换方法时，不同类型之间的转换可能会出现错误，这时系统将抛出一个 NumberFormatException 异常。

（2）当 JSP 中设置了表单时，标签 setProperty 通常采用如下格式：

```
<jsp: setProperty  name="JavaBean 的名字"  property="*"  />
```

注意：表单中参数的名字必须和 JavaBean 中相应的属性名相同，如果表单中参数值为字符串，JSP 引擎会自动将字符串转换为 JavaBean 中对应属性的类型。Property 的值为"*"，表示 JSP 引擎会根据表单参数名进行自动识别。

（3）当 JSP 中设置了表单时，标签 setProperty 还可以采用如下格式：

```
<jsp: setProperty  name="JavaBean 的名字"  property="JavaBean 的属性名"
param="参数名"/>
```

注意：这种方式只有提交了和 JavaBean 相应的表单后，才能通过 request 的参数值来更改 JavaBean 中相应的属性值。但是，request 的参数名必须和 JavaBean 中相应的属性名相同，并且标签中不能再使用 value 属性。JSP 引擎会自动将从 request 参数中获得的字符串转换为 JavaBean 中对应属性的类型。

下面我们给出实现更改 JavaBean 属性的源文件 person.java。其源程序如下。

person.java 源程序
```java
import java.io.*;
public class Personinfo
{
    String name=null;
    long idcard;
    int age ;
    String sex=null;
    String degree=null;
    double height,weight;
    public String getname()
      {
        return name;
      }
    public void setname(String newname)
      {
        name=newname;
      }

    public String getsex()
      {
        return sex;
      }
    public void setsex(String newsex)
      {
        sex=newsex;
      }

    public String getdegree()
      {
        return degree;
```

```
            }
        public void setdegree(String newdegree)
            {
                degree=newdegree;
            }
        public int getage()
            {
                return age;
            }
        public void setage(int newage)
            {
                age=newage;
            }
        public long getidcard()
            {
                return idcard;
            }
        public void setidcard(long newidcard)
            {
                idcard=newidcard;
            }
        public double getheight()
            {
                return height;
            }
        public void setheight(double newheight)
            {
                height=newheight;
            }
        public double getweight()
            {
                return weight;
            }
        public void setweight(double newweight)
            {
                height=newweight;
            }
    }
```

将编译好的 Personinfo.class 存放到 D:\Tomcat\webapps\examples\WEB-INF\classes 中。下面给出调用 Personinfo.class 的 JSP 文件 ex10-3.jsp,其源程序如下。

ex10-3.jsp 源程序
```
<%@ page contentType="text/html;charset=GB2312" %>
<%@ page import="Personinfo" %>

<html>
<head>
<title>示例 10-3 </title>
</head>
<body>
<h1>
<br>
<br>
```

```
<jsp:useBean  id="jack" class="Personinfo" scope="page" >
</jsp:useBean>
<jsp:setProperty    name="jack"  property="name" value="刘华" />
<p>姓名：
<jsp:getProperty    name="jack"  property="name" />
<jsp:setProperty    name="jack"  property="sex" value="女" />
<p>性别：
<jsp:getProperty    name="jack"  property="sex" />
<jsp:setProperty    name="jack"  property="age" value="25" />
<p>年龄：
<jsp:getProperty    name="jack"  property="age" />
<jsp:setProperty    name="jack"  property="degree" value="专科" />
<p>学历：
<jsp:getProperty    name="jack"  property="degree" />
<jsp:setProperty    name="jack"  property="idcard"
value="410404198012124548" />
<p>身份证号：
<jsp:getProperty    name="jack"  property="idcard" />
<jsp:setProperty    name="jack"  property="height" value="1.60" />
<p>身高：
<jsp:getProperty    name="jack"  property="height" />
<jsp:setProperty    name="jack"  property="weight" value="45.35" />
<p>体重：
<jsp:getProperty    name="jack"  property="weight" />
</h1>
</body>
</html>
```

将 ex10-3.jsp 文件存放在 D:\Tomcat\webapps\examples 中，然后启动 IE 浏览器并在地址栏中输入“http://localhost:8080/examples/ex10-3.jsp”，按 Enter 键后效果如图 10-9 所示。

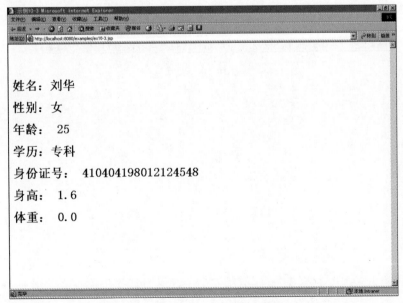

图 10-9　ex10-3.jsp 的运行结果

本 章 小 结

本章介绍了 JavaBean 组件技术的概念。需要重点理解 JavaBean 的作用域、JavaBean 与 JSP 之间的关系,熟练掌握如何在 JSP 中调用 JavaBean 以及访问 JavaBean 的属性。

习题及实训

1. 什么是 JavaBean?

2. 请叙述 JavaBean 组件和 COM 组件的不同。

3. 请在 Windows 2000 操作系统环境下设置 JavaBean 的运行环境。

4. 编写一个 JSP 页面和一个 JavaBean,在 JSP 页面中按图 10-10 建立一个表单。要求输入完表单信息后,单击"提交"按钮调用相应的 JavaBean 处理,该 JavaBean 可以在浏览器中将用户的信息显示出来。

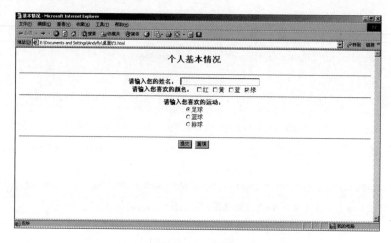

图 10-10　表单

第 11 章

MVC 模型技术应用

本章要点

随着 Web 的发展和功能的需要,动态网页的开发变得越来越复杂,工程也变得越来越庞大,原有的嵌套和面向过程的开发已经无法应付。MVC 就是一个专门解决大型 Web 项目的开发模式。JSP 作为一种优秀的动态网站开发语言,如果在开发时采用 MVC 模式,就能轻松地完成复杂的 Web 应用的开发。本章首先详细探究了 Sun 公司提出的两种使用 JSP 开发 Web 应用系统的模式,并对它们进行了详细的比较。然后讨论了 Web 应用开发中的三层开发体系结构与 MVC 模式间的关系,最后通过具体实例详细分析了基于 JavaBean 的 MVC 模型在 JSP 中的实现。

11.1　MVC 模型简介

MVC(Model View Control)是一种软件设计模型,MVC 模型最早是 Smalltalk 语言研究团队在 20 世纪 80 年代中期提出的,在 Web 交互应用程序设计中,采用业务逻辑和数据显示分离的方法来编写代码。该方法是假设将系统的业务逻辑封装到一个部件中实现。以数据为核心的系统人机交互性能的改进以及个性化定制方案的实现都不需要重新编写系统的业务逻辑,似乎封装系统业务逻辑的部件是透明的,这就是 MVC 技术的主要特点,它在 UI 框架和 UI 设计思路中扮演着非常重要的角色。从设计模型的角度来看,MVC 模型是一种复合模型,它将多个设计模型在一种解决方案中结合起来,用来解决许多设计问题。即把一个应用的输入、处理、输出流程按照 Model、View、Control 的方式进行分离,这样一个应用程序被分为三个层:模型层,视图层、控制层。MVC 模型的示意图如图 11-1 所示。

图 11-1　MVC 模型的示意图

11.1.1　Model1 模型

在 MVC 模型之前,Sun 公司提出了两种基于 JSP 开发 Web 应用系统的模型:基于纯 JSP 的开发模型和基于 JSP+JavaBean 的开发模型。

1. 基于纯 JSP 的开发模型

该模型就是在 JSP 文件中直接嵌入 Java 语句来实现所有的逻辑控制及业务操作，以实现动态 HTML 的目的。该模型在开发中简单方便，且非常适合小型 Web 应用系统的研发设计。但是该模型在 JSP 页面中掺杂了大量的 HTML 和 Java 代码，使得 JSP 页面显得非常混乱，不仅大大降低了程序的可读性，而且给系统的后期维护和功能扩展带来很大的麻烦。例如在 JSP 页面中直接插入对数据库连接、增加、删除、修改等操作，如果需要对数据库进行任何的修改，都必须打开所有操作数据库的 JSP 页面进行相应的改动。当 Web 应用系统中有海量的页面时，相应的改动工作量是难以想象的。尤其值得一提的是，该模型下的调试更麻烦。由于该模型下的 JSP 页面掺杂了 HTML、Java 甚至 JavaScript 代码，为了测试一个很简单的功能模块都必须重启服务器查看运行结果。所以，纯 JSP 开发方式只适用于入门级的开发人员，在实际 Web 应用开发中基本不用。纯 JSP 开发模型如图 11-2 所示。

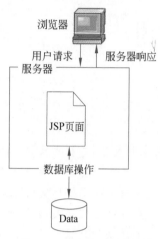

图 11-2　纯 JSP 开发模型

下面给出一个基于纯 JSP 开发模型的实例，该实例创建用 JSP 连接 MySQL 数据库的应用程序，程序保存为 ex11-1.jsp。其中数据库的名字为 test，首先在 test 库中创建数据表 user，表 user 的结构如图 11-3 所示。

Column Name	Datatype	PK	NN	UQ	BIN	UN	ZF	AI	Default
USERNAME	VARCHAR(20)	☑	☑	☐	☐	☐	☐	☐	
PASSWORD	VARCHAR(20)	☐	☐	☐	☐	☐	☐	☐	NULL
ROLE	TINYINT(4)	☐	☑	☐	☐	☐	☐	☐	
DISABLED	BIT(1)	☐	☑	☐	☐	☐	☐	☐	

图 11-3　表 user 的结构

在表 user 中添加记录后，表 user 记录如图 11-4 所示。

USERNAME	PASSWORD	ROLE	DISABLED
admin	passwordadmin	2	0
student1	password1	0	0
student2	password2	0	0
student3	password3	0	0
teacher1	passwordteacher	1	0

图 11-4　表 user 记录

ex11-1.jsp 程序代码如下。

ex11-1.jsp 源程序

```jsp
<%@ page contentType="text/html;charset=gb2312" %>
<%@ page import="java.lang.*, java.io.*, java.sql.*, java.util.*"
contentType="text/html;charset=gb2312" %>
<html>
<head><title>示例 11-1 </title></head>
```

```
<body>
<%
  Class.forName("com.mysql.jdbc.Driver");
  String url="jdbc:mysql://localhost:3306/test";
//test 是实例中用到的 MySQL 数据库的名字
  String user="root";
  String password="1";
  Connection conn=DriverManager.getConnection(url,user,password);
  Statement stmt=conn.createStatement();
  String  query="select * from user";
  ResultSet rs=stmt.executeQuery(query);
  while(rs.next())
  { out.println("您的第一个字段内容为："+rs.getString(1));
%>
<br>
  <%
    out.println("您的第二个字段内容为："+rs.getString(2));
    %>
<br>
<% }
out.println("数据库操作成功,恭喜!");
  rs.close();
  stmt.close();
  conn.close();
%>
</body>
</html>
```

将 ex11-1.jsp 程序保存在 D:\Tomcat6\webapps\ROOT 下，然后在 IE 浏览器的地址栏中输入"http://localhost:8080/ex11-1.jsp"，结果显示如图 11-5 所示。

图 11-5　ex11-1.jsp 页面的运行效果

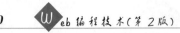

2. JSP＋JavaBean 开发模型

鉴于纯 JSP 开发模型的不足,Sun 公司对纯 JSP 开发模型做了较大程度的改进工作,提出了基于 JSP＋JavaBean 技术的开发模型。该模型的最大特点就是利用 JavaBean 将 Web 应用系统中的业务逻辑和数据库操作从 JSP 页面中分离出来并进行封装。这样的改进措施较之前的模型体现出以下明显的技术优势。

1) JSP 程序复杂度降低,页面更加精简

模型中引入了 JavaBean 的概念,JavaBean 规范将"组件软件"的概念引入 Java 编程的领域。

JavaBean 本质上就是一些 Java 类,任何具有某种特性和事件接口约定的 Java 类都可以是一个 JavaBean。

与微软公司的 COM 组件编程相比,我们学习使用 JavaBean 来开发程序就非常容易。由于 JavaBean 本身就是 Java 类,所以完全支持面向对象的技术。我们可以根据 JSP 中不同的实现功能事先编写好不同的 JavaBean,然后需要时嵌入 JSP 中从而形成一套可重复利用的对象库。在维护方面 JavaBean 也很容易。不同于 COM 组件,一旦开发人员修改了 COM 组件源码,COM 就必须重新注册,这就意味着要把服务器关闭重新启动。而 JavaBean 无须注册只要将其存放到 classpath 目录中,然后关闭 Tomcat(不是关机)再重启即可。

另外,JavaBean 的结构包含了属性、方法和事件。属性描述了 JavaBean 所处的状态,如颜色、大小等。一旦属性被修改就意味着 JavaBean 的状态发生了改变。JavaBean 运行时通过调用 get 和 set 方法改变其属性值。方法是一些可调用的操作,既是共有的也可以是私有的,方法可用于启动或捕捉事件。事件是不同的 JavaBean 之间通信的机制,借助于事件信息可以在不同的 JavaBean 之间传递。

对于 JSP 程序而言,JavaBean 不仅封装了许多信息,还可以将一些数据处理的程序隐藏在 JavaBean 内部,从而降低了 JSP 程序的复杂度。正是由于大量的业务逻辑和数据库操作已经封装在 JavaBean 类中,从而 JSP 页面中只需要嵌入很少量的 Java 代码即可实现相应的功能,所以整个页面显得非常简洁。

2) 提高代码的可复用性,缩短项目开发周期

模型中引入的 JavaBean 组件本身就是一种使用 Java 语言编写成的可重用组件。它的重用性表现在它能够在包括应用程序、其他组件、文档、Web 站点以及应用程序构造器工具等多种方案中再利用。这正是 JavaBean 组件参与 Web 应用开发最为重要的任务,也是 JavaBean 组件区别于 Java 程序的特点之一。一般情况下,对于通用的事务处理逻辑,数据库操作等都可以封装在 JavaBean 中,通过调用 JavaBean 的属性和方法来快速进行程序设计。显然,把共用的或者重要的业务操作使用 JavaBean 类封装起来,当某 JSP 页面需要进行此类操作时,仅需直接调用相应的 JavaBean 类即可。这样大大减少了开发人员的工作量,加快了项目开发的进度,缩短了项目的开发周期。

3) 页面便于调试,系统容易升级扩展

在基于纯 JSP 开发模型的 JSP 程序中,大部分的 Java 代码与 HTML 代码混淆在一

起,会给程序的维护和调试带来很多困难,而且整个程序的结构更是无从谈起。JSP 中引入 JavaBean 后,由于复杂和重要的业务操作都已经封装在一个个 JavaBean 类中,对这些 Java 类进行单独调试即可,甚至没有必要启动 Web 服务器和调动 JSP 页面。正是由于共用的业务操作从 JSP 中分离出来,并将那些复杂的操作都封装在 JavaBean 中,当需要对业务功能进行修改或者升级时,直接修改相应的 JavaBean 类即可,而没有必要再重新修改和编译所有的 JSP 页面。

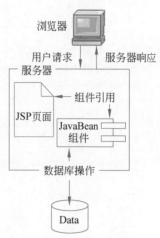

图 11-6　JSP＋JavaBean
开发模型

与基于纯 JSP 的开发模型相比,尽管 JSP＋JavaBean 开发模型已经克服了前者的大多数缺点,但是还会出现很多的限制,如控制层和视图层还完全是由 JSP 来完成的,并且项目的规模依然停留在中小型项目中。JSP＋JavaBean 开发模型如图 11-6 所示。

下面给出一个基于 JSP＋JavaBean 开发模型的实例,该实例首先在 MySQL 中创建数据库 test,然后在库中创建课程信息表 Course,该表的结构以及记录分别如图 11-7 和图 11-8 所示。本实例编写一个课程信息查询应用程序。其中包括一个封装与数据库连接操作的 JavaBean:DBconn.java 和一个向 JavaBean 提交查询信息并将查询结果返回客户端并分页显示出来的 JSP 页面:ex11-2.jsp。

Column Name	Datatype	PK	NN	UQ	BIN	UN	ZF	AI	Default
COURSE_ID	TINYINT(4)	☑	☑	☐	☐	☐	☐	☐	
NAME	TINYTEXT	☐	☑	☐	☐	☐	☐	☐	
HOUR	INT(11)	☐	☑	☐	☐	☐	☐	☐	
CREDIT	INT(11)	☐	☑	☐	☐	☐	☐	☐	
TEACHER	TINYTEXT	☐	☑	☐	☐	☐	☐	☐	

图 11-7　表 Course 结构

COURSE_ID	NAME	HOUR	CREDIT	TEACHER
1	English	2	2	Mike
2	Computer	4	3	Rose
3	Mathmatics	3	2	Jack

图 11-8　表 Course 记录

实例的开发步骤如下:

(1) 建立一个 MySQL 数据库 test,建立表 Course 结构。

(2) 向表 Course 插入数据。

(3) 创建 JavaBean 程序 DBconn.java。

(4) 在 DOS 状态下,用 JDK 的 javac 命令编译 DBconn.java 形成相应的 class 文件。

(5) 创建 JSP 页面 ex11-2.jsp,在 JSP 中调用以上编译好的 JavaBean。

(6) 运行应用程序。

DBconn.java 程序代码如下:

DBconn.java 源程序

```java
package course;
import java.sql.*;
public class DBconn
{
String ConnStr="jdbc:mysql://localhost:3306/test";
Connection conn=null;
ResultSet rs=null;
public DBconn()
{
   try
{
Class.forName("com.mysql.jdbc.Driver");
}
catch(java.lang.ClassNotFoundException e)
{
System.err.println("DBconn():"+e.getMessage());
}
}
public ResultSet executeQuery(String sql)
{
rs=null;
try
{
conn=DriverManager.getConnection(ConnStr,"root","1");
    Statement stmt = conn.createStatement(ResultSet.TYPE_SCROLL_
INSENSITIVE,ResultSet.CONCUR_READ_ONLY);
rs=stmt.executeQuery(sql);
}
catch(SQLException e)
{
System.err.println("aq.executeQuery:"+e.getMessage());
}
   return rs;
}
}
```

ex11-2.jsp 程序代码如下：

ex11-2.jsp 源程序

```jsp
<%@ page contentType="text/html;charset=gb2312" %>
<%@ page import = "java.sql.* " %>
<%@ page import = "java.lang.* "%>
<jsp:useBean id="DBconn1" scope="page" class="course.DBconn" />
<%
//变量声明
int intPageSize;          //一页显示的记录数
int intRowCount;          //记录总数
int intPageCount;         //总页数
int intPage;              //待显示页码
```

```
String strPage;
int i;
int p_ID=0;
String p_CourseName = "";
int p_Hour = 0;
int p_Credit = 0;
String p_Teacher = "";
//设置一页显示的记录数
intPageSize = 1;
//取得待显示页码
strPage = request.getParameter("page");
if(strPage==null)
{   //表明在 QueryString 中没有 page 这一个参数,此时显示第一页数据
intPage = 1;
}else
{//将字符串转换成整型
intPage = Integer.parseInt(strPage);
if(intPage<1) intPage = 1;
}
//执行 SQL 语句并获取结果集
ResultSet sqlRst = DBconn1.executeQuery("SELECT * FROM Course");
//获取记录总数
sqlRst.last();
intRowCount = sqlRst.getRow();
//计算总页数
intPageCount = (intRowCount+intPageSize-1) / intPageSize;
//调整待显示的页码
if(intPage>intPageCount) intPage = intPageCount;
%>
<html>
<head>
<meta http-equiv="Content-Type" content="text/html; charset=gb2312">
<title>示例 11-2
</title>
</head>
<body>
<center>
<p>
<b>课程信息调查
</b>
</p>
<table border="1" WIDTH="50%">
<tr>
    <td width="7%" ALIGN="center" BGCOLOR="#C0C0C0">序　 号 </TD>
    <td width ="19%" ALIGN="center" BGCOLOR="#C0C0C0">课　 名 </TD>
    <td width ="7%" ALIGN ="center" BGCOLOR="#C0C0C0">学　 时 </TD>
    <td width ="7%" ALIGN ="center" BGCOLOR="#C0C0C0">学　 分 </TD>
    <td width ="10%" ALIGN ="center" BGCOLOR="#C0C0C0">任课教师</TD>
</tr>
```

```jsp
<% if(intPageCount>0)
{
//将记录指针定位到待显示页的第一条记录上
sqlRst.absolute((intPage-1) * intPageSize + 1);
//显示数据
i = 0;
while(i<intPageSize && !sqlRst.isAfterLast())
{
    p_ID = sqlRst.getShort(1);
    p_CourseName =  sqlRst.getString(2);
    p_CourseName = new String(p_CourseName.getBytes("iso-8859-1"), "gb2312");
    p_Hour =  sqlRst.getInt(3);
    p_Credit =  sqlRst.getInt(4);
    p_Teacher =  sqlRst.getString(5);
    p_Teacher = new String(p_Teacher.getBytes("iso-8859-1"), "gb2312");
%>
<tr>
<td align="center"><%=p_ID%></td>
<td align="center"><%=p_CourseName%></td>
<td align="center"><%=p_Hour%></td>
<td align="center"><%=p_Credit%></td>
<td align="center"><%=p_Teacher%></td>
</tr>
<%
sqlRst.next();
i++;
}}
%>
</table>
<p>
第<%=intPage%>页  共<%=intPageCount%>页
<%if(intPage>1){%>
<a href="pagination.jsp?page=<%=intPage-1%>">上一页</a><%}%>
<%if(intPage<intPageCount){%><a HREF="pagination.jsp?page=<%=intPage+
1%>">下一页</a><%}%>
<center></body></html>
<%  //关闭结果集
sqlRst.close();
%>
```

将 ex11-2.jsp 程序保存在 D：\Tomcat6\webapps\myapp 下，在 myapp 目录下的 WEB-INF 文件夹下创建 classes 子目录，并将 DBconn.java 编译后的字节码文件复制到该目录下，然后在 IE 浏览器的地址栏中输入"http：//localhost：8080/myapp/ex11-2.jsp"，结果显示如图 11-9 所示。

图 11-9　ex11-2.jsp 页面运行结果

11.1.2　MVC 模型

尽管 Model1 模型非常简单实用,却无法满足大规模、复杂的 Web 应用系统的实现。如果开发人员研发时随意地选择使用基于 Model1 模型的开发模式,那么程序中将会出现大量的内嵌 Java 代码或脚本的 JSP 页面,并且这种情况将会随着系统处理用户请求数量的增加而变得更加严重。当然,JSP 页面本身就是在传统的 HTML 网页文件(＊.htm,＊.html)中插入 Java 程序段(Scriptlet)和 JSP 标记(tag)而形成的。对于这种情况,可能大部分 Java 开发人员都会觉得很正常,但是如果从开发大型项目的角度而言,这样的情况会带来一个非常棘手的问题——项目维护困难,这将成为大型项目后期工作的一个障碍。显然,Model1 模型会给大型项目管理带来不必要的麻烦。对于 Model1 模型,尤其是基于纯 JSP 的开发模型而言,当面对复杂的大型 Web 应用系统的开发时,由于此类系统中的 JSP 页面间常常会出现大量的、复杂的程序流,也就是说,系统中 JSP 页面间的耦合度增大,对一个页面的修改往往会影响到更多的相关页面。显然,这种情况下就不适宜使用 Model1 模型开发 Web 应用。为了克服基于 Model1 的开发模型所带来的技术缺陷,Smalltalk 语言研究团队在 20 世纪 80 年代中期提出了 MVC(Model2)开发模型。MVC(Model、View、Control)模型基本上就是基于模型层、视图层、控制层的设计模型。这样的设计模型集成了 JSP 与 Servlet,非常适合架构大型的、复杂的 Web 应用程序。MVC 开发模型示意图如图 11-10 所示。

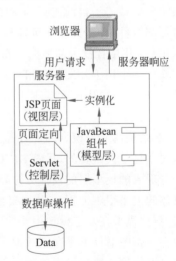

图 11-10　MVC 开发模型示意图

图 11-10 中的模型层、视图层、控制层的任务分别由 JavaBean、JSP 页面、Servlet 担当。客户端向服务器提交的请求不像原来 Model1 模型中那样、直接发送给一个处理业务逻辑的 JSP 页面,而是将请求送给控制层,即 Servlet。其实这个 Servlet 就是用 Java 编写的 Server 端程序,它与协议和平台无关。Servlet 运行于请求/响应模式的 Web 服务

器中。Java Servlet 可以动态地扩展 Server 的能力,由于 Servlet 本身就是一个 Java 类,所以基于 Java 的全部特性(面向对象、数据库访问、多线程处理)都能够访问。而这些特性是我们编写高性能 Web 应用程序的关键。

MVC 模型中的 Servlet 根据客户端的具体请求调用不同的事务逻辑,并将处理结构返回给相应的页面进行显示。因此,图 11-9 中的 Servlet 控制层为应用程序提供了一个连接前端显示和后端处理的中央节点。Servlet 控制层可完成两方面的功能,一方面针对用户的输入数据进行相应的验证;另一方面从 JSP 文件中分离出相应的业务逻辑。当 Servlet 控制层从 JSP 页面分离出业务逻辑后,JSP 文件俨然就是为显示数据而存在了,此时 JSP 文件的地位就相当图 11-9 中的 View 视图层。而从 JSP 页面分离出来的业务逻辑是由一些 Java 类负责处理,这些类就 JavaBean,它们担任了 Model 模型层的角色。总之,模型层、视图层、控制层一起共同构成了 MVC 模型。下面对 MVC 模型中的各层进行分析。

1. 模型层

一般而言,模型(Model)就是业务流程和状态的处理以及业务规则的制定。MVC 中的模型层主要负责实现应用系统中的业务逻辑,它拥有应用系统中所有的数据、状态和程序逻辑。模型层不会受到视图层和控制层的影响,在 JSP 技术中通常可以用 JavaBean 或 EJB(Enterprise JavaBean)实现。业务流程的处理过程对其他层来说是暗箱操作,模型层接收视图层请求的数据,并返回最终的处理结果。业务模型的设计可以说是 MVC 最主要的核心。目前流行的 EJB 模型就是一个典型的应用例子。EJB 是 Sun 公司的服务器端组件模型,其设计目标与核心应用是部署分布式应用程序。凭借 Java 跨平台的技术优势,用 EJB 技术部署的分布式系统可以不限于特定的平台。EJB 是 J2EE 的一部分,定义了一个用于开发基于组件的企业多重应用程序的标准。为了更加有效地利用组件技术,EJB 往往从技术实现上进一步划分模型,而并非直接作为应用设计模型的框架。它往往会突出个别技术组件在模型设计中的重要性,会降低整个项目技术研发上的难度,对系统的业务模型的设计起到积极的推动作用。整个 MVC 设计模型中,对于模型层的建立是至关重要的,尽管 MVC 强调组织管理模型层有多么的重要,但它本身并不提供一套现成的模型层的设计方法,这往往要通过一定的规划从应用中抽取出来的(抽取与具体的关系很难把握),也是权衡 Web 应用开发人员优秀程度的标尺。必须要说明一点,数据模型在业务模型中是非常关键的。数据模型主要是指实体对象的数据保存。比如将一张图书订单保存到数据库中,然后从数据库中获取订单。在 MVC 模型设计中,我们可以将这个数据模型单独列出,所有有关的数据库的操作:增加、删除、修改等仅限制在该模型中。

2. 视图层

视图层(View)用来实现系统与用户的交互,它代表用户与服务器之间的交互界面,视图层通常直接从模型层中取得它需要显示的状态与数据等信息。它获得信息后对信息的呈现却表现出很灵活的一面,相同的信息往往可以有多个不同的显示形式或视图。

对于 Web 应用而言,View 的表现形式是比较丰富的,它既可能是传统的 HTML 界面,也有可能是 XHTML、XML、Applet 和 Flash 等。随着应用的复杂性和规模性的提高,应用程序对于交互界面的要求会变得更加细腻和友好,因此视图层将接收更加严峻的挑战,MVC 模型中视图层针对界面的处理就会变得更加关键。需要说明的是,视图层的处理仅限于客户端的请求以及相关数据的采集和处理,并没有涉及与视图相关的业务流程的处理。业务流程的处理交予模型(Model)层处理,MVC 中的模型层主要负责实现应用系统中的业务逻辑。比如基于 Web 的图书销售系统,其中视图层可以借助来自模型层的数据向客户提供图书展示,还可以通过客户端填写的图书订单接收用户的请求数据,并将这些输入数据和请求传递给 Control 层和 Model 层。

3. 控制层

控制层(Control)在 MVC 模型中的作用非常重要,它位于视图层和模型层中间,是联系模型层与视图层之间的纽带。控制层负责接收视图层传送过来的输入数据和请求信息,然后对输入数据进行深入的解析并将处理结果反馈给模型层。一般情况下,一个控制层只为一个视图层服务,在 JSP 技术中控制层通常采用 Servlet 实现。控制层将配合模型层、视图层,最终实现客户端提交的请求。从 Web 项目应用开发的角度而言,划分控制层的作用也是非常重要的,虽然控制层本身不参与具体的信息处理过程,但是它却扮演了一个非常重要的角色——程序分发器,它可以清楚地表明项目中不同的模型以及视图可以实现客户端怎样的请求。例如,在基于 Web 的图书销售系统中,当用户在图书订购页面中单击了一个图书报价的超链接,这个用户请求信息就通过视图层(View)传递到控制层,控制层接收到请求信息后,并不会对其做相应的信息处理,它会直接将这些请求信息传递给模型层,告诉模型层这些请求信息的意图是什么,并最终将与模型层反馈结果相应的图书简介页面返回到客户端。同样,当用户在图书订购页面中单击了一个图书内容简介的超链接后,最终也会有相应的图书内容简介页面返回到客户端。

如图 11-9 所示,JSP 页面(视图层)接收了客户端的输入信息后,立即将该信息交给控制器解析,控制器改变状态激活模型,模型根据业务逻辑维护数据,并通知视图数据发生变化,视图得到通知后从模型中获取数据刷新自己。准确地讲,在 MVC 模型中正是事件导致控制器改变模型或视图,或者同时改变两者。只要控制器改变了模型的数据或者属性,所有依赖的视图都会自动更新。

11.1.3　MVC 模型的技术优势

根据 MVC 模型的特征,一个 Web 应用系统的开发采用 MVC 有很多明显的技术优势,主要表现在以下 4 方面。

1. 耦合性降低

由于 MVC 模型采取了将视图层和业务层分离的方案,这样就使得网站开发人员可以轻松地更改视图层代码而无须考虑模型层以及控制层代码。同样,一个应用的业务流程或者业务规则的改变只需要改动 MVC 的模型层即可。因为模型与控制器和视图层也

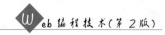

是相互分离的,所以改变应用程序的数据层和业务规则也会变得比较轻松。

2. 部署速度和可维护性提高

采用基于 MVC 的开发模型可使得项目开发较为轻松,项目的部署速度加快,项目的开发周期大大缩短,更为重要的是解放了程序员(Java 开发人员),让他们集中精力于业务逻辑,界面程序员(HTML 和 JSP 开发人员)集中精力于表现形式上。同时,对视图层和业务逻辑层的分离,也使得 Web 应用更易于维护和修改。由于不同的层各司其职,每一层不同的应用具有某些相同的特征,有利于通过工程化、工具化管理程序代码。这样一来,有利于 Web 系统开发中的分工,有利于软件工程化的管理。

3. 可适用性和组件可重用性提高

伴随着客户端技术的日新月异,目前对应用程序的访问方式也是多种多样。MVC模型允许客户端采取各种不同样式的交互技术来访问同一个服务器端的代码如大家很熟悉的 Web(HTTP)浏览器技术或者移动用户经常用到的 WAP(WML)无线浏览器技术等。例如,对于大家非常熟悉的淘宝网,用户既可以通过电脑终端也可通过手机终端来订购某样产品,虽然订购的方式不一样,但处理订购产品的方式是一样的。由于模型层返回的数据没有进行格式化,所以同样的构件能适用于不同的界面。例如,很多数据可能用 HTML 来表示,但是也有可能用 WML 来表示,而这些表示所需要的命令是改变视图层的实现方式,而控制层和模型层无须做任何改变。

分层后更有利于组件的重用。例如,控制层可独立成一个能用的组件,视图层也可做成通用的操作界面。在 JSP 应用开发中,模型组件的实现是借助 Java 语言中的JavaBean 实现的,它实质上是 Java 中的一个组件,类似于微软的 COM 组件,其本质上是一个封装了一系列属性和方法的类。该类遵循一定的标准,提供公共方法,只要遵循同样标准,用户就可以调用 JavaBean 里面已经设计好的方法,从而达到代码重复利用的目的。编辑 JavaBean 必须遵循相应的规范,具体表现如下:

(1) 实现 Java.io.Serializable 或 java.io.Externalizable 接口。

(2) 提供无变量的构造函数。

(3) 私有属性必须具有相对应的获取/设置方法。

JavaBean 技术封装了实现业务逻辑的具体代码,例如利用 JDBC 桥与 Oracle 数据库连接,根据查询条件形成 SQL 语句,提取数据、保存数据等功能,可以说 JavaBean 是编写具体事件处理代码的最好场所。

下面通过一个简单的例子来展示 JavaBean 的规范,这段程序的功能就是求出 a、b 的和,并且在控制台输出。

```
view plain package test.javabean;       //a 和 b 相加的 JavaBean AddBean
public class AddBean {
    private int a;
    private int b;                       //私有属性 a,b
    public int add(int a, int b)
{ return a+b; }                          //公有方法计算 a,b 两个数的和
```

```
    public void print()
{ System.out.println("a+b= " + add(a,b)); } //公有方法在控制台打印 a,b 两个数的和
    public int getA()
{ return a; }                                    //相对应于 a 属性的获取方法
public void setA(int a)
{ this.a = a; }                                  //相对应于 a 属性的设置方法
public int getB()
{ return b; }                                    //相对应于 b 属性的获取方法
public void setB(int b)
{ this.b = b; }                                  //相对应于 b 属性的设置方法
```

调用 AddBean.java 的简单示例代码如下：

```
view plain package test.javabean;        //调用 AddBean 的一个简单示例
public class TestAddBean {
public static void main(String[] args) {
AddBean add = new AddBean();             //新建 AddBean 对象
add.setA(10);
add.setB(20);                            //设置 a、b 的值
add.print();                             //调用 AddBean 的方法在控制台打印 a、b 的和
                }
                    }
```

运行 TestAddBean，结果如图 11-11 所示。

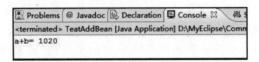

图 11-11　TestAddBean 的运行结果

4. 有利于程序功能的扩展

程序的功能随着客户的需求而增加，当某一新功能需加入应用程序时，可在保持
MVC 基本框架不变的前提下，仅仅加入对应的模型和视图并修改对应的配置文件即可，
从而使应用程序表现出良好的可扩展性。

11.2　三层开发体系结构与 MVC 的比较

目前大多数应用软件系统都是 Client/Server 形式的两层结构，大家已经很熟悉客户
机和服务器的软件体系结构（Client/Server），它可以充分利用两端硬件环境的优势，将任
务合理分配到 Client 端和 Server 端来实现，降低了系统的通信开销。但是现在的软件应
用系统正在向分布式的 Web 应用发展，Web 和 Client/Server 应用不同的模块共享逻辑
组件，基本上可以完成相同的业务处理。所以无论是局域网还是互联网用户都可以访问
不同的应用系统，系统要求通过现有逻辑可以扩展出新的应用系统。这种情况下三层体
系结构就应运而生了。三层体系结构是指将一个组件层放置在客户端与数据库之间，该

组件层也称为"中间层"。三层体系并非我们所说的物理上的三层体系,就像有些人所认为的部署三台计算机就是三层体系结构,或者三层体系结构仅仅限制在 Browser/Server 应用领域。其实三层是逻辑意义上的三层,与机器的数量没有任何的关系(即使在一台计算机设备上,我们也能部署三层体系结构)。三层体系的中间层负责应用程序的业务规则、数据访问、合法性校验等工作。通常情况下,用户不能直接访问或操作数据库,而是先建立和中间层的连接并提交自己的请求信息,然后通过中间层与数据库进行交互。

传统的三层开发体系结构将所有业务分为三层,即表现层(UI)、业务逻辑层(BLL)、数据访问层(DAL)。区分层次的目的就是为了实现"高内聚,低耦合"的思想。

(1) 表现层(UI):通俗讲就是实现用户和系统之间的交互界面,即用户在访问系统时所看到的内容。

(2) 业务逻辑层(BLL):针对用户请求所反映的具体问题的操作,换句话讲就是对数据层的操作,对数据业务逻辑的处理。

(3) 数据访问层(DAL):主要完成对数据库的一系列相关操作,例如对数据库中的记录进行增加、删除、修改、更新等。

三层开发体系结构中,业务逻辑层负责处理系统的主要功能和业务逻辑。三层开发体系结构完全适用于基于 JSP 的 Web 应用系统开发,它能够实现 Java 程序代码与 HTML/XML 的分离、表现层与逻辑层的分离。分离的优点是不言而喻的,但它往往忽视了表现层(UI)、业务逻辑层(BLL)、数据访问层(DAL)三者之间的内在联系,尤其是对于业务逻辑层实现的具体细节以及业务对象之间的关系比较模糊,三者之间如何协调也就难于弄清,这样的体系反而会降低系统的性能。因为如果不采用三层开发体系结构,系统大部分业务可以通过直接访问数据库来获得相关数据,而现在必须通过中间层来完成,这种结构有时会出现单个页面的修改造成很多级联页面修改的情况,系统的性能会受到很大影响。例如在基于三层开发体系结构的系统中,如果在系统表示层中增加一个功能,同时不影响到分层结构特性,往往要在系统的业务逻辑层甚至数据访问层中增加额外的代码。

与三层开发体系结构相比,MVC 同样是三层架构级别的,二者都有一个表现层,不过 MVC 中称为视图层。在另外两层上,二者之间存在差别。在三层架构中没有所谓控制层(Control)的概念,而 MVC 也没有把业务的逻辑访问看成两个层,这是采用三层架构或 MVC 搭建程序最明显的差别。尽管在三层体系结构中也会有 Model 概念,但它主要是由各种实体类构成的,绝不能和 MVC 中的 Model 层画等号,在 MVC 模型里,Model 层是由业务逻辑与访问数据组成的。

MVC 可以看作一种典型的设计模型,通过它可以创建在域对象和 UI 表示层对象之间的区分。通常一个基于 B/S(Browser/Server)结构的 Web 应用系统,并非简单地将该系统划分成 DAL、BLL、WebUI 三个功能模块就可以称作是三层架构了,还要看设计时是否是从 BLL 出发,而不是从 UI 出发,UI 层只能作为系统与用户交互的外壳,不能包含任何业务逻辑的处理过程。

MVC 模型在一定程度上弥补了三层开发体系结构的不足。MVC 模型中视图层与模型层之间的协同是相当灵活的,面对客户端用户不同的访问技术,以及向服务器发送的不同请求信息,模型层都能借助完善的业务逻辑实现并反馈给视图层相应的结果,最终由视图层采取合适的界面呈现给用户,这主要归结于模型层拥有系统中所有的数据、状态和程序逻辑,且模型层不会受到视图层和控制层的影响,减少了代码的重复和维护量。需要说明的是,模型层返回的数据不带任何显示格式,所以能直接应用于接口。

MVC 模型将应用分离为三层架构,很多情况下仅仅需要改变其中的某一层就能适应整个系统应用的改变。比如一个应用的交互界面仅仅需要改变 MVC 的视图层,而无须修改模型层以及控制层。模型中控制层的作用非常特殊,它往往把模型层和视图层联系起来以便完成不同的用户请求并呈现不同的视图效果,因此控制层可以说包含了用户请求权限的概念。

当然,任何技术都存在着两面性,MVC 也有自己的不足,例如,对于简单的界面,严格遵循 MVC 模型设计思想,使模型、视图与控制器分离,反而会增加结构的复杂性,并可能产生过多的更新操作,降低运行效率。对于某些要求视图层与控制层间紧密连接的部件,如果严格遵循 MVC 让视图层没有控制器的存在,其应用就会变得非常有限,反之亦然,这样就降低了这些部件的重用性。MVC 目前各层的划分缺乏一个严格的定义,实现方式上更是众说纷纭,而且实现成本也很高。但这一点是相对的,通常项目规模越大,MVC 模型的技术优势就越容易体现出来。

11.3　MVC 模型在 JSP 中的实现

MVC 在 JSP 中的实现通常采用两种模型,一种是基于 JavaBean 的 MVC 模型;另一种是基于 Struts 的 MVC 模型。Struts 是采用 Java Servlet/JavaServer Pages 技术,开发 Web 应用程序的开放源码的 Framework。关于 Struts 将在本书的后续章节讲述,本节将通过一个具体的 JSP 实例程序探讨基于 JavaBean 的 MVC 模型的实现。

11.3.1　功能分析

本实例主要完成对用户登录身份的认证,并根据用户的类型跳转到相应的页面。该实例主要包含 8 个文件,分别是 ex11-3.html、validate.jsp、error.jsp、teacher.jsp、student.jsp、forky.java、validate.java、web.xml。其中 login.html 是登录页面,用户在该页面中输入自己的名称和密码,输入完毕后信息将会被提交到服务器端的 validate.jsp 页面,validate.jsp 调用 bean:mypackage.validate 验证用户名和密码的正确性。如果验证成功则跳转 servlet:mypackage.forkey,否则显示错误页面 error.jsp。mypackage.forkey 将根据不同类型的用户名转到相应的页面,若用户名为 teacher 则转到 teacher.jsp,若用户名为 student 则转到 student.jsp。

11.3.2　MVC 设计

1. 模型层设计

validate.java 通过一些 final 字符串变量封装了验证用户身份的信息,forkey.java 封装了页面访问中的用户信息,这些信息显然可以作为数据参考模型。当用户表单的输入信息提交到处理页面 validate.jsp 后,validate.jsp 将调用 bean:mypackage.validate 判断身份的正确性,对于身份认证通过的用户继续调用 servlet:mypackage.forkey 以判断其会话是否过期,并作出相应的页面跳转。validate.java 类定义了与用户身份相对应的属性变量,针对这些属性变量,定义了相对应的 setXXX()和 getXXX()方法。

2. 视图层设计

该层的设计比较简单,login.html 中的表单负责接收用户身份信息的录入,并通过 post 方法将用户信息提交到 validate.jsp。当用户的身份验证成功后,视图层的表现为 teacher.jsp 或者 student.jsp,若失败或者回话过期则视图层的表现为 error.jsp。

3. 控制层设计

validate.jsp 页面负责处理用户表单中所提交的信息,其处理过程主要是通过两个类来实现的,它们分别是 bean:mypackage.validate 和 servlet:mypackage.forkey,它们的作用相当于控制器,负责对来自视图层的表单的 POST 请求进行解释,并把这些请求映射成相应的控制行为,这些行为由模型负责实现。在视图层用户使用 POST 方法提交信息,则 servlet:mypackage.forkey 执行 doPost()方法,该方法会主动判断用户的会话是否过期,若用户会话过期则调用 response.sendRedirect()方法调转到 error.jsp,否则 Servlet 根据用户类型调用 dispatch()方法进行相应页面重定向,本实例中如果用户是 teacher 则页面跳转到 teacher.jsp,若是 student 则跳转到 student.jsp。

至此该实例还没有完成,还需要对 web.xml 配置文件中创建的 Servlet 进行配置。

具体程序代码如下。

ex11-3.jsp 源程序

```
<html>
<head><title>示例 11-3 </title></head>
<body>
< form method="post" action="validate.jsp">
    请输入您的尊姓大名:
< input type="text" name="username">
<br>
    请输入您的个人密码:
< input type="password" name="password">
<br>
<br>
    < input type="submit" name="Submit" value="进入">
< input type="reset" name="Reset" value="重置">
</form>
</body>
</html>
```

validate.jsp 源程序

```jsp
<%!
  boolean isnotlogin = false;
%>
<%
   String username = request.getParameter("username");
   String password = request.getParameter("password");
   if(username==null || password==null)
   {
     response.sendRedirect("error.jsp?errmsg=非法进入该页");
       return;
   }
%>
   <jsp:useBean id="validatebean" scope="page" class="mypackage.validate">
   <jsp:setProperty name="validatebean" property="username" param="username"/>
   <jsp:setProperty name="validatebean" property="pwd" param="password" />
   </jsp:useBean>
<%
   isnotlogin = validatebean.uservalidate();
   if(!isnotlogin)
   {
     response.sendRedirect("error.jsp?errmsg=用户名或者口令错误!");
       return;
   }
   else
   {
     session.setAttribute("username",username);
%>
   <jsp:forward page="forky" >
   <jsp:param name="username"   value="<%=username %>" />
   </jsp:forward>
<%
   }
%>
```

validate.java 源程序

```java
package mypackage;
public class validate{
  final String user1="teacher";
  final String password1="teacher";
  final String user2="student";
  final String password2="student";
  private String username="";
  private String pwd="";
  public void setUsername(String username)
  {
    this.username = username;
  }
  public String getUsername()
```

```
{
    return this.username;
  }
  public void setPwd(String password)
{
        this.pwd = password;
  }
  public String getPwd()
{
        return this.pwd;
  }
  public boolean uservalidate()
{
        boolean temp = false;
        if(username.equals(user1) && pwd.equals(password1))
{
          temp=true;
      }
      else if(username.equals(user2) && pwd.equals(password2))
{
          temp=true;
      }
      else
{
          temp=false;
      }
      return temp;
  }
}
```

forky.java 源程序

```
package mypackage;
import javax.servlet.*;
import javax.servlet.http.*;
import java.io.*;
public class forky extends HttpServlet
{
    protected void doPost(HttpServletRequest request,
    HttpServletResponse response) throws ServletException, IOException
{
    HttpSession session = request.getSession(false);
      if(session==null)
{
        response.sendRedirect("error.jsp?errmsg=会话已经过期了!");
        return;
      }
      String username1 = (String)session.getAttribute("username");
      String username2 = request.getParameter("username");
      //如果 session 没有过期,username1 的值和 username2 的值应该是相等的
```

```
        if(!username1.equals(username2))
{
            response.sendRedirect("error.jsp?errmsg=会话已经过期!");
            return;
        }
        response.setContentType("text/html; charset=GBK");
        PrintWriter out = response.getWriter();
        request.setAttribute("username",username2);
        if(username2.equals("teacher"))
{
            getServletConfig().getServletContext().getRequestDispatcher("/
teacher.jsp").forward(request,response);
        }
        else
{
            getServletConfig().getServletContext().getRequestDispatcher("/
student.jsp").forward(request,response);
        }
    }
}
```

Student.jsp 源程序

```
<%@ page contentType="text/html;charset=gb2312" %>
欢迎您进入 student 的页面!
```

Teacher.jsp 源程序

```
<%@ page contentType="text/html;charset=gb2312" %>
欢迎您进入 teacher 的页面!
```

在 web.xml 中配置 Servlet 的运行路径如下。

web.xml 源程序

```
<?xml version="1.0" encoding="ISO-8859-1"?>
<!DOCTYPE web-app
    PUBLIC "-//Sun Microsystems, Inc.//DTD Web Application 2.3//EN"
    "http://java.sun.com/dtd/web-app_2_3.dtd">
<web-app>
  <display-name>Welcome to Tomcat</display-name>
  <description>
    Welcome to Tomcat
  </description>
   <servlet>
            <servlet-name>Hello4</servlet-name>
            <servlet-class>mypackage.forky</servlet-class>
      </servlet>
      <servlet-mapping>
          <servlet-name>Hello4</servlet-name>
        <!-- using http://localhost:8080/forky to access this servlet-->
          <url-pattern>/forky</url-pattern>
      </servlet-mapping>
</web-app>
```

本实例的运行情况如下,在浏览器地址栏中输入"http://127.0.0.1:8080/test/ex11-3.html",按 Enter 键后将会出现登录界面,如图 11-12 所示。

图 11-12　示例 11-3 登录界面

当用户输入的用户名及密码都是 student 时,则身份认证成功并跳转到 student 页面,页面效果如图 11-13 所示。

图 11-13　示例 11-3 student 页面

当用户输入的用户名及密码都是 teacher 时,则身份认证成功并跳转到 teacher 页面,页面效果如图 11-14 所示。

图 11-14　示例 11-3 teacher 页面

当用户输入的用户名及密码不是 teacher 也不是 student 时,则身份认证失败并跳转到错误信息提示页面,页面效果如图 11-15 所示。

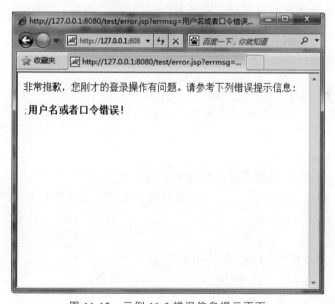

图 11-15　示例 11-3 错误信息提示页面

本 章 小 结

本章详细介绍了 Sun 公司提出的 Model1 和 MVC(Model2)模型的概念和工作机制,并对这两种模型的特点进行了比较,指出 Model1 模型简单实用,却无法满足大规模、复杂的 Web 应用系统的实现。如果开发时随意选择 Model1 模型,尤其是基于纯 JSP 的开发模型,页面程序代码和结构将会随着 Web 页面的增多而变得更加混乱,即便采取 JSP+JavaBean 开发模型,控制层和视图层大部分还是由 JSP 来完成,不利于系统功能的扩展和后期的维护,仅适合中小型项目的开发。MVC 模型实现了模型层、视图层、控制层三层体系架构,使得 Web 应用的整体结构非常清晰,模型层是应用程序的主体部分,能为多个视图提供数据。MVC 实现了显示模块与功能模块的分离,提高了程序的可维护性、可移植性、可扩展性与可重用性,降低了程序的开发难度。与 Model1 模型相比,MVC 模型更适合大型 Web 项目的开发。本章最后通过一个基于 JavaBean 的 MVC 模型编程实例,来更深入地探讨了 MVC 模型技术在 JSP 程序中的应用。

习题及实训

一、判断题

1. 纯 JSP 开发模型属于 Model2。 （ ）
2. MVC 实现了在显示模块中有效地增加功能控制模块。 （ ）
3. 三层体系结构指的是物理意义上的三层。 （ ）
4. MVC 中业务流程的处理部分会由视图层处理。 （ ）
5. MVC 非常适合大型 Web 应用程序的开发。 （ ）

二、填空题

1. MVC 模型中包括_____层、_____层和_____层。
2. 传统意义上三层体系架构将所有业务分为三层,包括_____层、_____层和_____层。
3. MVC 的英文全称是_____。
4. MVC 中_____用来实现系统与用户的交互。
5. 三层开发体系结构中,_____负责处理系统的主要功能和业务逻辑。

三、选择题

1. 下面哪一层不属于 MVC 模型的组成部分?（　　）
   A. 视图层　　　　　　B. 控制层　　　　　　C. 模型层　　　　　　D. 数据层
2. 下面的描述中不符合 MVC 特点的是（　　）。
   A. 可以为一个模型在运行时同时建立和使用多个视图
   B. 模型层是应用程序的主体部分,主要包括业务逻辑模块和数据模块
   C. 视图层提供用户与系统交互的界面,在 Web 应用中视图一般由 jsp、html 组成
   D. 控制层接收并处理来自视图层的请求,并把最终结果交给视图层
3. 下面对三层体系结构描述错误的是（　　）。
   A. 三层体系结构,是在客户端与数据库之间加入了一个中间层,也称组件层

  B. 三层体系的应用程序将业务规则、数据访问、合法性校验等工作放到了中间层进行处理

  C. 业务逻辑层主要负责对数据层的操作，也就是说把一些数据层的操作进行组合

  D. 三层开发体系结构中，数据访问层负责处理系统的主要功能和业务逻辑

4. 下面不属于 JavaBean 特点的是(　　)。

  A. JavaBean 是一种用 Java 语言写成的可重用组件

  B. JavaBean 可分为两种：一种是有用户界面的 JavaBean；另一种是没有用户界面，主要负责处理事务的 JavaBean

  C. JavaBean 是使用 java.beans 包开发的，它是 Java 2 标准版的一部分

  D. 在 MVC 模型中，JavaBean 主要担任控制层的角色

四、简述题

1. 纯 JSP 开发模型的特点有哪些？
2. MVC 开发模型的技术优势有哪些？
3. MVC 模型与传统的三层体系结构相比有哪些不同点？

五、实训

  已知 SQL Server 数据库名称为 stu，其中包含学生表 student，表 student 的结构包含 4 个字段，分别为学号：no(char)，姓名：name(char)，性别：sex(boolean)，成绩：score(int)，请利用 MVC 模型技术编写程序实现数据库的连接，并在页面中给出"数据库已经成功连接"的提示信息，程序能够自动检索成绩 60 分以上的学生信息并输出。

第 12 章

JSP 其他常用技术

本章要点

众所周知，JSP 1.2 是根据《Servlet 2.3》规范制定的，因而，本书中使用的 JSP 1.4.2 已完全能够利用 Servlet 的全部新增功能，如经过改进的监听器、过滤器、国际化转换器等。本章将通过实例详细介绍如何在 JSP 中灵活地监听 Session 对象的创建、销毁以及 Session 所携带数据的创建、变化和销毁，如何监听会话的属性等。过滤器是一种组件，可以解释对 Servlet、JSP 页面或静态页面的请求以及发送给客户端之前的应答。这样应用于所有请求的任务将很容易集中在一起。本章最后详细探讨了开发 JSP 网站应该遵循的规则。

12.1　监　　听

在 JSP 编程中，经常需要应用程序对特定事件作出一定的反应。如某个应用程序可以对访问某网站的人数作出反应，当访问人数超过一定限度时，将会拒绝新用户登录网站。这种应用程序实际上就是一种监听程序，也可以说成是一个监听器。

监听器就是一种组件类型，它是在 Servlet 2.3 规范中引入的。Servlet 2.3 之前我们进行 JSP 编程时，只能在 Session 中添加或者删除对象时处理 Session Attribute 绑定事件。但是当 Servlet 2.3 规范中引入监听器以后，我们可以在 JSP 中灵活地监听 Session 对象，可以监听 Session 对象的创建和销毁，可以监听 Session 所携带数据的创建、变化和销毁，还可以为 Servlet 环境和 Session 生命周期事件以及激活和钝化事件创建监听器。而且我们使用 Session 监听器可以监听所有会话的属性，而不需要在每个不同的 Session 中单独设置 Session 监听器对象。

例 12-1　如何说明一个具体的会话对象监听器（HttpSessionListener 接口），它可以实时监听 Web 程序中活动会话的数量（即实时统计当前有多少个在线用户）。文件名为 ex12-1.jsp，运行结果见图 12-1，其源程序如下。

图 12-1　ex12-1.jsp 的运行结果

ex12-1.jsp 源程序

```
<%@ page import="Bean. * " %>
<%@ page contentType="text/html; charset=GB2312"%>
<%@ page language="java" %>
<%@ page import="java.io. * " %>
<html>
<head>
<title>
ex12-1
</title>
</head>
<body>
<%
int count=Bean.SessionCount.getCount();
out.println("当前用户数目为: " +count+ "个");
%>
</body>
</html>
```

其中监听类 SessionCount 的定义如下。

```
package Bean;
import javax.servlet. * ;
import javax.servlet.http. * ;
public class SessionCount implements HttpSessionListener
{
    private   static int count=0;

    public void sessionCreated(HttpSessionEvent se)
    {
        count++;
        System.out.println("session 创建: "+new java.util.Date());
    }

    public void sessionDestroyed(HttpSessionEvent se)
    {
        count--;
        System.out.println("session 销毁:"+new java.util.Date());
    }

    public static int getCount()
    {
        return(count);
    }
}
```

接下来我们可以在 WEB-INF/web.xml 中声明这个监听类,代码如下:

```
<listener>
<listener-class>
Bean.SessionCount
</listener-class>
</listener>
```

显然我们在 ex12-1.jsp 程序中并没有创建任何的 Session 对象，但是当我们重新启动 Tomcat 服务器，并在浏览器地址栏中输入"http://localhost:8080/chpt10/ex12-1.jsp"运行时，我们不难发现监听器已经开始工作。

12.2 过 滤

在开始本节之前，我们有必要说明 JSP 与 Servlet 之间的关系。简单来说，Java Servlet 是由一些 Java 组件构成的。这些组件能够动态扩展 Web 服务器的功能。整个 Java 的服务器端编程就是基于 Servlet 的。Sun 公司推出的 Java Server Page（JSP）就是以 Java Servlet 为基础的。所有的 JSP 文件都要事先转变成一个 Servlet，即一个 Java 文件才能运行。JSP 能做到的，Servlet 都能做到，但是它们却各有所长。Servlet 比较适合作为控制类组件，比如视图控制器等。除此之外，Servlet 还可以担当过滤器、监听器的角色等。Servlet 不仅可以动态生成 HTML 内容，还可以动态生成图形。简单来说，Servlet 在项目中作为控制类的组件，并且处理一些后台业务，JSP 则作为显示组件。

在本节中，我们将介绍 Servlet 担任过滤器角色的使用方法。过滤器是一种组件，可以解释对 Servlet、JSP 页面或静态页面的请求以及发送给客户端之前的应答。这样应用于所有请求的任务将很容易集中在一起。通常在 Servlet 作为过滤器使用时，它可以对客户的请求进行过滤处理，当它处理完成后，会交给下一个过滤器处理，就这样，客户的请求在过滤链里一个个处理，直到请求发送到目标。这就好比过滤器是一个通道，客户端和服务端交互都必须通过这个通道。打个比方，学生首次登录学校的教学网站时需要提交"修改的学生个人注册信息"的网页，当学生填写完个人注册信息，单击提交按钮后，教学服务器端会执行两个操作过程：一是客户端的 Session 是否有效；二是对客户端提交的数据进行统一编码，比如按照 GB2312 对数据进行处理。显然这两个操作过程本身就构成了一个最简单的过滤链。当客户端的数据经过过滤链处理成功后，把提交的数据发送到最终目标；否则将把视图派发到指定的错误页面。

例 12-2 如何开发过滤器，首先我们给出编码过滤器 EncodingFilter.java，该过滤器可以对用户提交的信息用 GB2312 进行重新编码。为此我们先开发一个 Filter，这个 Filter 需要实现 Filter 接口，Filter 接口定义的方法如下：

```
destroy()                         //destroy 方法由 Web 容器调用,功能为销毁此 Filter
init(FilterConfig filterConfig)   //init 方法由 Web 容器调用,功能为初始化此 Filter
doFilter(ServletRequest request,ServletResponse response,FilterChain chain)
//功能为过滤处理代码
```

EncodingFilter.java 程序的代码如下：

EncodingFilter.java 源程序
```
import javax.servlet.FilterChain;
import javax.servlet.ServletRequest;
import javax.servlet.ServletResponse;
import java.io.IOException;
import javax.servlet.Filter;
```

```
import javax.servlet.http.HttpServletRequest;
import javax.servlet.http.HttpServletResponse;
import javax.servlet.ServletException;
import javax.servlet.FilterConfig;

public class EncodingFilter implements Filter
{

private String targetEncoding = "gb2312";
protected FilterConfig filterConfig;

public void init(FilterConfig config) throws ServletException {
        this.filterConfig = config;
    this.targetEncoding = config.getInitParameter("encoding");
    }

  public void doFilter(ServletRequest srequest, ServletResponse sresponse,
FilterChain chain)
        throws IOException, ServletException {

    HttpServletRequest request = (HttpServletRequest)srequest;
    request.setCharacterEncoding(targetEncoding);
        chain.doFilter(srequest,sresponse);
    }

  public void destroy()
    {
    this.filterConfig=null;
   }

    public void setFilterConfig(final FilterConfig filterConfig)
    {
        this.filterConfig=filterConfig;
    }
   }
```

接下来我们给出登录过滤器 LoginFilter.java,该过滤器可以对用户的登录行为进行过滤,可以检查出用户是否进行了登录。具体源程序如下。

LoginFilter.java 源程序

```
import javax.servlet.FilterChain;
import javax.servlet.ServletRequest;
import javax.servlet.ServletResponse;
import java.io.IOException;
import javax.servlet.Filter;
import javax.servlet.http.HttpServletRequest;
import javax.servlet.http.HttpServletResponse;
import javax.servlet.ServletException;
import javax.servlet.FilterConfig;

public class LoginFilter implements Filter
```

```
    {
        String LOGIN_PAGE="userinit.jsp";
        protected FilterConfig filterConfig;

        public void doFilter(final ServletRequest req,final ServletResponse
    res,FilterChain chain) throws IOException,ServletException
        {
            HttpServletRequest hreq = (HttpServletRequest)req;
            HttpServletResponse hres = (HttpServletResponse)res;
            String isLog=(String)hreq.getSession().getAttribute("isLog");
    if((isLog!=null)&&((isLog.equals("true"))||(isLog=="true")))
            {
                chain.doFilter(req,res);
                return ;
            }
            else
                hres.sendRedirect(LOGIN_PAGE);
        }

        public void destroy()
        {
            this.filterConfig=null;
        }
        public void init(FilterConfig config)
        {
            this.filterConfig=config;
        }
        public void setFilterConfig(final FilterConfig filterConfig)
        {
            this.filterConfig=filterConfig;
        }
    }
```

　　然后我们可以在 WEB-INF/web.xml 中声明这两个过滤类,需要注意的是,配置 Filter 时,我们须首先指定 Filter 的名字和 Filter 的实现类,当然必要的话,我们还要配置 Filter 的初始参数;然后给 Filter 做映射,这个映射是用来指定我们需要过滤的目标包括 JSP 或 Servlet 等。在本例中,我们指定了 EncodingFilter 为所有的 JSP 和 Servlet 做过滤,LoginFilter 为 ex12-2.jsp 做过滤。这样,当客户请求 ex12-2.jsp 时,首先要经过 EncodingFilter 的处理,然后经过 LoginFilter 的处理,最后才把请求传递给 ex12-2.jsp。代码如下。

ex12-2.jsp 源程序

```
<web-app>
  <filter>
    <filter-name>encoding</filter-name>
        <filter-class>EncodingFilter</filter-class>
        <init-param>
            <param-name>encoding</param-name>
```

```
                    <param-value>gb2312</param-value>

      </init-param>
  </filter>
  <filter>
      <filter-name>auth</filter-name>
      <filter-class>LoginFilter</filter-class>
  </filter>

  <filter-mapping>
    <filter-name>encoding</filter-name>
    <url-pattern>/*</url-pattern>
   </filter-mapping>
  <filter-mapping>
          <filter-name>auth</filter-name>
        <url-pattern>/usertarget.jsp</url-pattern>
      </filter-mapping>
  </web-app>
```

　　我们将以上 Java 程序编译后部署到 Tomcat 服务器中,将事先编好的 ex12-2.jsp、userinit.jsp(大家可以动手编写这两个 JSP 页面,参照 JSP 表单处理)存放在本章项目 chpt12 目录下,然后启动 Web 服务器。我们在 IE 浏览器地址栏中输入"http://127.0.0.1：8080/chpt10/ex12-2.jsp"后过滤器将会把视图派发到 http://127.0.0.1:8080/chpt10/userinit.jsp 中。为简化起见(我们对用户的身份信息的认证可以暂不考虑),我们可以通过使用<% session.setAttribute("isLog","true");%>来直接设置用户已经登录。在 userinit.jsp 里,我们可以输入一些中文信息进行提交。由于提交的信息已经被 EncodingFilter 过滤器使用 GB2312 重新编码了,所以我们在 ex12-2.jsp 里能够看到正确的中文信息。

　　上述登录验证只映射了"ex12-2.jsp",若映射成未登录就不许访问文件夹"/specialuser/*",则可以使这个文件夹下的所有文件必须经过合法登录后使用,这样就避免了在每页判断是否登录。

12.3　文件操作

　　我们在进行 JSP 网页编程时,经常需要将用户在客户端提交的信息保存到服务器中的某个文件里,或者根据用户的请求将服务器中某文件的内容发送到客户端显示出来。这些过程的实现都是借助于 JSP 当中的 Java 输入输出流来完成的。

12.3.1　File 类

　　功能：File 类的对象主要用于获得文件本身的信息。

　　创建 File 类对象的三种方法如下：

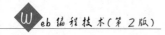

File(String　文件名)

注意：上述方法创建的文件对象存放在 D:\Tomcat\Bin 下。

File(String　文件路径名,String　文件名)
File(File 指定成目录的文件名,String　文件名)

File 类中获得文件属性的方法如下：

- Public String getName()。功能：获得文件的名称。
- Public boolean canRead()。功能：判断文件是否可读。
- Public boolean canWrite()。功能：判断文件是否可被写入。
- Public boolean exits()。功能：判断文件是否存在。
- Public long length()。功能：获得文件的长度。
- Public String getAbsolutePath()。功能：获得文件的绝对路径。
- Public String getParent()。功能：获得文件的父目录。
- Public boolean isFile()。功能：判断文件是目录还是文件。
- Public boolean isDictionary()。功能：判断文件是不是目录。
- Public boolean isHidden()。功能：判断文件是否隐藏。
- Public String getName()。功能：获得文件的名称。

例 12-3　如何使用方法 length()来获取文件长度,文件名为 ex12-3.jsp,运行结果见图 12-2,其源程序如下。

图 12-2　ex12-3.jsp 的运行结果

ex12-3.jsp 源程序

```jsp
<%@page contentType="text/html; charset=GB2312"%>
<%@page import="java.io.*" %>
<%@page language="java" %>
<html>
<head>
<title>示例 12-3
</title>
</head>
<body >
<%File f=new
File("D:\\Webexa\\chpt19","aaa.jsp");
%>
<center>
```

```
文件 aaa.jsp 的长度为：
<%=f.length()  %>字节
</center>
</body>
</html>
```

12.3.2　创建文件与删除文件

File 对象通过调用 Public boolean createNewFile()方法以及 Public boolean delete()方法来创建文件和删除文件。

例 12-4　如何使用以上方法来创建和删除文件。文件名为 ex12-4.jsp，运行结果见图 12-3 和图 12-4，其源程序如下。

图 12-3　ex12-4.jsp 的运行结果

图 12-4　刷新后的 ex12-4.jsp 的运行结果

```
ex12-4.jsp 源程序
<%@ page contentType="text/html; charset=GB2312"%>
<%@ page import="java.io. * " %>
<%@ page language="java" %>
<html>
<head>
<title>示例 12-4 </title>
</head>
<body>
<center>
<font size = 6><font color = red>
<B>
创建文件和删除文件
</B>
</font>
</font>
</center>
```

```
<br>
<hr>
<br>
<%
String path = request.getRealPath("/user");
File fileName = new File(path, "oneFile.txt");
if(fileName.exists())
{
fileName.delete();                          //删除 oneFile.txt 文档
out.println(path + "\\oneFile.txt");        //输出目前所在的目录路径
%>
<font size =5><font color = red>存在，目前已完成删除！
</font> </font>
<%
}
else
{
fileName.createNewFile();     //在当前目录下建立一个名为 oneFile.txt 的文档
out.println(path + "\\oneFile.txt");        //输出目前所在的目录路径
%>
<font size=5><font color=blue>不存在，目前已建立新的 oneFile.txt 文档</font>
</font>
<%
} %>
</body> </html>
```

注意：本例中我们首先取得当前的磁盘路径 D:\tomcat\webapps\root\user，并将其指定为待建立文件的路径，然后在文件夹 user 中进行检查，如果文件 oneFile.txt 不存在，则建立这个文件，如果文件 oneFile.txt 存在，则删除这个文件。

12.3.3 列出目录中的文件

File 对象通过调用 Public File[] listFiles()方法来列出某一目录下的全部文件对象。显然，该方法首先要建立待显示的目录的 FILE 对象，然后调用 listFiles()方法，最终返回一个 FILE 对象数组，并显示出数组中的全体元素。

例 12-5　如何用 listFiles()方法来显示目录 D:\tomcat\webapps\root\user 下的全体 FILE 对象，文件名为 ex12-5.jsp，运行结果见图 12-5，其源程序如下。

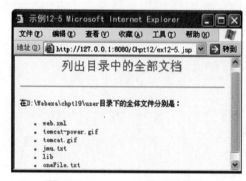

图 12-5　ex12-5.jsp 的运行结果

ex12-5.jsp 源程序

```
<%@ page contentType="text/html; charset=GB2312"%>
<%@ page language="java" %>
<%@ page import="java.io.*" %>
<html>
<head>
<title>示例 12-5 </title>
</head>
<body>
<center>
<font size = 6><font color=red> 列出目录中的全部文档
</font> </font>
</center>
<br>
<hr>
<br>
<%
String path = request.getRealPath("/user");        //取得当前目录
File f= new File(path);          //创建当前目录下的文件对象变量
File list[] = f.listFiles(); //取得当前目录下的所有文件
%>
在<Font color = red><%= path%></Font>目录下的全体文件分别是: <br>
<Font color= red>
<ul>
<%
for(int i=0; i < list.length; i++)
{
%>
<li><%= list[i].getName() %><br>
<%
}
%> </ul> </Font> </body> </html>
```

12.3.4　读取文件中的字符

　　File 对象通过调用 int read()方法来从文件中读取单个字节的数据。该方法返回字节值是 0～255 的一个整数。如果读取失败就返回－1。需要说明的是,read()方法是 InputStream 类的常用方法。Java.io 包中提供大量的流类。所有的字节输入流类都是 InputStream 抽象类的子类。而所有的字节输出流类都是 OutputStream 抽象类的子类。

　　例 12-6　如何使用 read()方法从文件中读取所要显示的字符,文件名为 ex12-6.jsp,运行结果见图 12-6,其源程序如下。

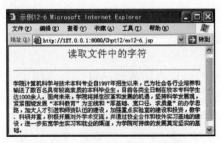

图 12-6　ex12-6.jsp 的运行结果

ex12-6.jsp 源程序

```
<%@ page contentType="text/html; charset=GB2312" %>
<%@ page language="java" %>
<%@ page import="java.io. * " %>
<html>
<head>
<title>示例 12-6 </title>
</head>
<body>
<center>
<font size =6>
<font color=red>
读取文件中的字符
</font>
</font>
</center>
<br>
<hr>
<br>
<font color=blue>
<%
String path = request.getRealPath("/user");    //取得当前目录
FileReader fread = new FileReader(path + "\\jmu.txt");
int ch = fread.read();
while(ch != -1)                                 //是否已读到文件的结尾
{
out.print((char) ch);
ch = fread.read();
if(ch == 13)                                    //判断是否为断行字节
{
out.print("<br>");                              //输出分行标签
fread.skip(1);                                  //跳过一个字节
ch = fread.read();                              //读取一个字节
}
}
fread.close();                                  //关闭文件
%>
</font>
</body>
</html>
```

12.3.5 将数据写入文件

File 对象通过调用 int write()方法来向文件中写入单个字符的数据。12.3.4 节我们学习了使用字节流读文件,但是字节流不能直接操纵 Unicode 字符。尤其在处理汉字时,如果使用字节流读写就会出现乱码,这是因为汉字在计算机中存储时占用两字节。为此 Java 特别提供了字符流来读写文件。需要说明的是,write()方法就是字符输出流类的常用方法。Java.io 包中提供大量的流类，所有的字符输出流类都是 Writer 抽象类的子类。而所有的字符输入流类都是 Reader 抽象类的子类。

例 **12-7**　如何使用 write() 方法向文件中写入字符，文件名为 ex12-7.jsp，运行结果见图 12-7，其源程序如下。

图 12-7　ex12-7.jsp 的运行结果

```
ex12-7.jsp 源程序
<%@ page contentType="text/html; charset=GB2312"%>
<%@ page language="java" %>
<%@ page import="java.io. * " %>
<html>
<head>
<title>
示例 12-7
</title>
</head>
<body>
<center>
<font size = 6>
<font color = red>
<b>
将数据写入文件
</b>
</font>
</font> </center> <br> <hr> <br>
<%
String path = request.getRealPath("/user");
//获取当前目录
FileWriter fwrite = new FileWriter(path + "\\oneFile.txt");
fwrite.write("同学们,2007 年元旦就要到了!");
//向文件中写入字符
fwrite.write("祝大家新年快乐!");
fwrite.write("希望大家在新的一年里百尺竿头,更进一步!");
fwrite.close();
//关闭文件
%>
<p>向文件 oneFile.txt 里写入的文本内容为</p>
<font size= 4>
<font color= blue>
```

```
<%
FileReader fread = new FileReader(path + "\\oneFile.txt");
BufferedReader br = new BufferedReader(fread);
String Line = br.readLine();
//读取一行字符
out.println(Line + "<br>");
//输出读取的字符内容
br.close();
//关闭 BufferedReader 对象
fread.close();
//关闭文件
%>
</font></font></body> </html>
```

12.4　网站设计应注意的问题

12.4.1　JSP 网站目录设计

Tomcat 中包含的 Web 服务器的文档目录在默认状态下为 webapps,主文档在默认状态下为 index.html 和 index.jsp。我们在浏览器的地址栏中输入"http://localhost:8080"后,相当于访问 webapps/ROOT 目录中的 index.html。因此,系统默认的 JSP 网站目录是 webapps/ROOT,其主页为 index.html。但是,对于用户来说,一定要把 Tomcat 网站根目录认为是 webapps。用户的每个网站放在 webapps 下,是子网站,如本章的实例保存在 webapps/Chpt12 目录下。随后我们便可以通过浏览器访问这些页面了。如果需要用到 Java 程序、组件或类库,在用户的子网站目录下还必须有 WEB-INF 文件夹,其中最重要的是应当有配置文件 web.xml。

当然,我们也可以建立自己的 Web 服务目录。比如我们将 D:\MyWeb 作为 JSP 网站目录,并让用户使用/MyWeb 虚拟目录访问。我们需要修改 server.xml,用记事本打开该文档并在</Host>一句之前加入以下文本:

```
<Context path="" doBase="d:/MyWeb"  debug="0"  reloadable="true">
</Context>
```

重新启动 Tomcat 服务器,我们即可通过浏览器访问虚拟目录/MyWeb 中的 JSP 网页了。对于一个项目或虚拟目录的设置,一般不要改动 server.xml。好的习惯是在"Tomcat 安装目录\conf\\Catalina\localhost"下建立虚拟目录的 XML 文件。例如本章作为一个项目,则建立 chpt10.xml,其中写入以下一句即可:

```
<Context path="/chpt10" docBase="D:\Webexa\chpt10" reloadable="true"/>
```

其中 D:\Webexa\chpt10 是项目文件的物理位置,path="/chpt10"用于指定访问的虚拟目录名称。

我们在建立 JSP 网站目录时需要注意以下几点。

（1）目录的建立应以最少的层次提供最清晰简便的访问结构。

（2）每个项目一般是一个虚拟目录，若大项目中有几个子网站，则可以设置多个虚拟目录。

（3）目录的命名由小写英文字母、下画线组成（参照命名规范）。

（4）根目录一般只存放 index.htm 以及其他必需的系统文件。

（5）每个主要栏目开设一个相应的子目录。

（6）根目录下的 images 用于存放各页面都要使用的公用图片，子目录下的 images 目录存放各个栏目用到的图片。

（7）所有 flash、avi、ram、quicktime 等多媒体文件存放在根目录下的 media 目录。

（8）所有 JavaScript 脚本存放在根目录下的 scripts 目录下。

（9）所有 CSS 文件存放在根目录下 style 目录或 css 目录，每个网页在设计时对于字体、颜色、表格等样式不要涉及，统一使用指定的 CSS 样式标就行了。

（10）每个语言版本存放于独立的目录。例如：简体中文 gb。

（11）Java 文件都放在默认的 WEB-INF/classes 下，并分门别类建立子文件夹。

12.4.2　JSP 网站形象设计

网站的形象设计是很重要的。我们在设计网站时需注意以下几点。

（1）网站界面尽量做到风格统一。

（2）网站必须设置明显的标志，标志要简单易记。

（3）网站色彩运用上应该有自己的主体色。

（4）标准色原则上不超过两种，如果有两种，其中一种为标准色，另一种为标准辅助色。

（5）标准色应尽量采用 216 种 Web 安全色之内的色彩。

（6）网站应该尽可能使用标准字体。

（7）多使用 JSP 注释，增强可读性。

需要指出的是，在 JSP 网页设计时我们要充分利用 JSP 的 include 文件包含指令，该指令允许在一个 JSP 页面中插入多个其他文件，从而实现统一的网站界面。比如建立如下的 JSP 页面结构：

```
<%@ include file="topweb.htm" %>
<%
//···实现网站中相应功能的代码
%>
<%@ include file="bottomweb.htm" %>
```

如果 JSP 网站中大部分页面都采用这样的结构，不仅风格上统一，而且修改起来也非常简便。只需修改 topweb.htm 和 bottomweb.htm 两个页面即可对所有页面产生影响。

12.4.3　Java 技术的运用

JSP 是使用 Java 开发 Web 应用程序的技术。具体运用 Java 的途径有以下 4 种。

1. 夹杂 Java 代码的 JSP 网页

静态的 HTML 页面中加入 Java 代码片段,这种灵活的技术使简单 Web 应用的快速开发成为可能。初学者往往喜欢这种方式。

2. 运用 JavaBean

JavaBean 是 Java 程序的一种组件,其实就是 Java 类。JavaBean 规范将"组件软件"的概念引入 Java 编程的领域。我们知道组件是一个自行进行内部管理的由一个或几个类所组成的软件单元;对于 JavaBean 我们可以使用基于 IDE 的应用程序开发工具,可视地将它们编写到 Java 程序中。JavaBean 为 Java 开发人员提供了一种"组件化"其 Java 类的方法。由于 JavaBean 本身就是 Java 类,所以完全支持面向对象的技术。我们可以根据 JSP 中不同的实现功能事先编写好不同的 JavaBean,然后需要时嵌入 JSP 中从而形成一套可重复利用的对象库。EJB(企业 JavaBean)是 JavaBean 技术在企业信息平台中的高级应用。

3. 使用 Servlet

Servlet 是服务器端小程序。Servlet 可以和其他资源(文件、数据库、Applet、Java 应用程序等)交互,以生成返回给客户端的响应内容。如果需要,还可以保存请求-响应过程中的信息。采用 Servlet,服务器可以完全授权对本地资源的访问(如数据库),并且 Servlet 自身将会控制外部用户的访问数量及访问性质。Servlet 可以是其他服务的客户端程序,例如,它们可以用于分布式的应用系统中,可以从本地硬盘,或者通过网络从远端硬盘激活 Servlet。Servlet 可被链接(chain)。一个 Servlet 可以调用另一个或一系列 Servlet,即成为它的客户端。采用 Servlet Tag 技术,可以在 HTML 页面中动态调用 Servlet。在 MVC 模式中,Servlet 是最重要的一环。

4. 直接使用 Java 类

Java 程序编译后可以直接使用,灵活方便。在 JSP 中使用 Java 类,需要把编译后的 class 文件放在项目的 WEB-INF\lib 中(可以打包)。调用时,先要用 import 语句导入,然后就可以用于创建对象实例了。

在维护方面,上述后 3 种方式很容易,Java 程序的更新不影响引用它的界面。单纯的 JSP 网页,现在已经很少使用,利用后 3 种技术,可以大大扩充网站的功能,提高代码的复用率并改善网站的结构。其中 Servlet 一般用于网站结构的控制,编写 Servlet 必须继承特定的 Java 类;JavaBean 和直接的普通 Java 类用于业务逻辑处理与工具组件,编写灵活,没有限制。

12.4.4　数据库连接技术

网站或其他信息系统的主要目的是信息的发布、存储、检索,数据库技术是各类信息系统的核心。我们在进行网站设计时经常会处理大量的数据,这些数据不可能都放在

JSP 页面和 Java 类中。理想的办法是将数据存入数据库，然后在 JSP 页面或 Java 类中访问数据库来完成数据处理的过程。

总之，当我们利用 JSP 设计网站时，要充分考虑到以上因素。同时在实践中要注意经验的积累，我相信经过长期的努力，同学们一定能开发出优秀的 JSP 网站。

本 章 小 结

本章首先介绍了 JSP 中的监听程序，监听器是一种组件类型，通过它可以在 JSP 中灵活地监听 Session 对象的创建、销毁以及 Session 所携带数据的创建、变化和销毁，还可以监听所有会话的属性，而不需要在每个不同的 Session 中单独设置 Session 监听器对象。在 Servlet 技术中已经定义了一些事件，并且我们可以针对这些事件来编写相关的事件监听器，从而对事件作出相应处理。Servlet 事件主要有 3 类：Servlet 上下文事件、会话事件与请求事件。当事件为 Http 会话时，我们可以利用 Servlet 监听 Http 会话活动情况、Http 会话中属性设置情况，也可以监听 Http 会话的 Active、Passivate 情况等。该监听器需要使用如下多个接口类。

（1）HttpSessionListener：监听 HttpSession 的操作。当创建一个 Session 时，激发 Session Created（SessionEvent se）方法；当销毁一个 Session 时，激发 SessionDestroyed（HttpSessionEvent se）方法。

（2）HttpSessionActivationListener：用于监听 Http 会话 Active、Passivate 情况。

（3）HttpSessionAttributeListener：监听 HttpSession 中属性的操作。当在 Session 中增加一个属性时，激发 attributeAdded（HttpSessionBindingEvent se）方法；当在 Session 中删除一个属性时，激发 attributeRemoved（HttpSessionBindingEvent se）方法；在 Session 属性被重新设置时，激发 attributeReplaced（HttpSessionBindingEvent se）方法。

过滤器是一种组件，可以解释对 Servlet、JSP 页面或静态页面的请求以及发送给客户端之前的应答。这样应用于所有请求的任务将很容易集中在一起。其次，JSP 网页编程经常需要将用户在客户端提交的信息保存到服务器中的某个文件里，或者根据用户的请求将服务器中某文件的内容发送到客户端显示出来。这些过程的实现都是借助于 JSP 当中的 Java 输入输出流来完成的。本章最后详细探讨了开发 JSP 网站应该遵循的规则。

习题及实训

一、判断题

1. 监听器就是一种组件类型，它是在 Servlet 2.3 规范中引入的。　　　　（　　）

2. 过滤器是一种组件，可以解释对 Servlet、JSP 页面或静态页面的请求。　（　　）

3. 网站设计的时候经常会处理大量的数据，这些数据必须都放在 JSP 页面中。

（　　）

4. File 对象通过调用 createNewFile()方法来创建文件。　　　　　　　　（　　）

5. JavaBean 是 Java 程序的一种组件,其实就是 Java 类。 （　　）

二、填空题

1. Servlet 事件主要有 3 类：Servlet 上下文事件、_____和_____事件。

2. File 调用 read()方法读取单个字节的数据。如果读取失败就返回_____。

3. _____类的对象主要用于获得文件本身的信息。

4. JSP 文件可用任何文本编辑器编写,只要以_____为扩展名保存即可。

5. Tomcat 中包含的 Web 服务器的文档目录在默认状态下为_____。

三、选择题

1. Tomcat 服务器的默认端口号是（　　）。
   A. 80　　　　　　　　B. 8080　　　　　　C. 21　　　　　　　D. 2121

2. 以下（　　）不属于 JDBC 的工作范畴。
   A. 处理数据库返回的结果　　　　　　B. 向数据库发送 SQL 语句
   C. 和一个数据库建立连接　　　　　　D. 执行 SQL 语句

3. 我们在建立 JSP 网站目录时需要遵循一些规则,以下规则错误的是（　　）。
   A. 所有 flash、avi、ram、quicktime 等多媒体文件存放在根目录下
   B. 每个主要栏目开设一个相应的子目录
   C. 根目录一般只存放 index.htm 以及其他必需的系统文件
   D. 目录建立应以最少的层次提供最清晰简便的访问结构

4. 如果将 E:\MyWeb 作为 JSP 网站目录,我们需要修改（　　）文档。
   A. server.xml　　　　　　　　　　　B. server.htm
   C. index.xml　　　　　　　　　　　D. index.htm

5. 当 Servlet（　　）规范中引入监听器以后,可以灵活地监听 session 对象。
   A. 2.1　　　　　　　B. 2.2　　　　　　C. 2.3　　　　　　D. 2.4

四、简述题

1. 请谈谈对 JSP 监听器的认识。

2. 请谈谈对 JSP 过滤器的认识。

3. 请简要叙述如何设计 JSP 网站。

五、实训

1. 设计个人主页,然后用 JSP 的 Servlet 技术编写一个简单的监听器,用它监控访问你的主页的人数。

2. 任意编写一个 Java 程序,命名为 a1.java,将其保存在 D:\tomcat\webapps\root 下,然后编写 del-a1.jsp 文档,浏览该文件可以删除 a1.java,并在页面中显示提示信息。

第 13 章

chapter *13*

JBuilder 技术

本章要点

本章介绍 JBuilder 开发工具,通过 JBuilder 的安装配置,以及一个简单的程序向大家展示 JBuilder 是如何工作的。在本章里,大家要结合软件的安装配置以及程序的调试来进行学习。通过本章的学习,大家可以掌握 JBuilder 的一些简单的功能应用,同时也为下一步开发复杂的应用系统打下基础。

13.1 JBuilder 2008 简介

JBuilder 2008 是 CodeGear 公司最新版本的企业级基于 Eclipse 的 Java IDE,支持领先的商业开源 Java EE 5 应用程序服务器。JBuilder 2008 提供可靠,值得信赖的全套商业解决方案,同时能够充分利用 Eclipse 开源框架和工具的经济效益。基于 Eclipse 3.3 (Europa)和 Web Tools Platform (WTP) 2.0 版本的 JBuilder 包括最新的应用程序服务器支持,增加了 TeamInsight 和 ProjectAssist,并且改进了代码覆盖和性能分析工具,还包括一个升级版本的 InterBase。此外,CodeGear 还增加了一套全面的用户界面构造工具,使得开发者能够快速创建 Java Swing 应用程序。

JBuilder 2008 在增加了如上这些新特点外,同时还提高了标准,利用应用软件工厂(Application Factories)重新开发 Java IDE。Application Factories 是进行软件开发和代码复用的一种新方法。这种创新的开发方法及其相关配套工具使得开发者能够更集中于应用程序的性质和目的,而不是关注于所使用的平台、框架和工具。

13.2 JBuilder 2008 的安装和设置

13.2.1 系统要求(JBuilder 2008)

(1) CPU:最小值 400MHz(推荐 1GHz)。

(2) RAM::最小值 512MB(推荐 768MB)。

(3) 硬盘空间:700MB 至 1.2GB。

13.2.2　JBuilder 2008 的下载与安装

我们可以到 www.embarcadero.com 上获得最新版本的试用版。现在最新版本是 JBuilder 2008,登录 https://downloads.embarcadero.com/free/jbuilder 下载该版本的试用版本。

下载完毕后,单击安装,JBuilder 2008 的安装界面如图 13-1 所示。

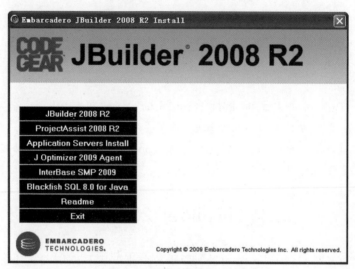

图 13-1　JBuilder 2008 的安装界面

选择 **JBuilder 2008 R2** 进行安装,按照提示进入下一步。安装完毕后就有 30 天的试用期来使用 JBuilder 2008 R2 版本了。

13.2.3　JBuilder 的主界面

启动 JBuilder 2008 主界面,如图 13-2 所示。

在 JBuilder 2008 的主界面中,顶部是菜单和工具栏按钮,这和其他软件界面相同。在图 13-2 中部分功能介绍如下。

(1) 项目资源管理器：显示工程中的内容列表。

(2) 主程序区：显示所开发的程序的主要界面,如果是 JSP 程序,可以切换为三种方式显示：Visual/Source(视觉/代码)、Source(代码)、Preview(预览)。这样便于开发过程中的切换。

(3) 大纲区：根据主程序显示相应的标签内容。

(4) 错误区：显示调试程序过程中的错误以及警告提示。

(5) 服务器区：显示系统中安装的相关服务器软件。

(6) 控制台：显示控制台相关程序输出内容。

以上便是关于 JBuilder 的简单介绍,JBuilder 很复杂,但是功能比较直观,这里不做详细介绍,希望大家积极探索。

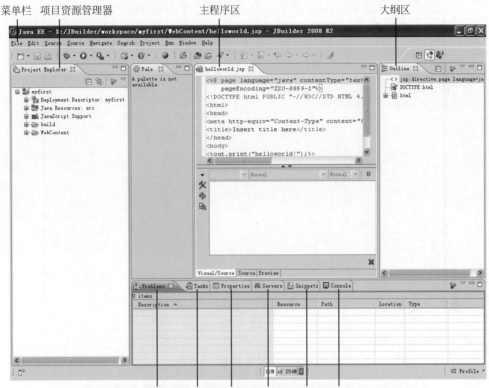

菜单栏　项目资源管理器　　　　　　　　主程序区　　　　　　　　　　大纲区

错误区　　任务　　属性　服务器区　JSP片段　控制台

图 13-2　JBuilder 2008 主界面

13.2.4　在 JBuilder 2008 中配置 JBoss 5.0

JBoss 是一个运行 EJB 的 J2EE 应用服务器。它是开放源代码的项目，遵循 J2EE 规范。从 JBoss 项目开始至今，它已经从一个 EJB 容器发展成为一个基于 J2EE 的 Web 操作系统（Operating System for Web）。我们可以从 http://www.jboss.org/jbossas/downloads/ 下载 JBoss 的最新版本。本书中使用的是 JBoss 5.0。下载完毕后，解压到本地磁盘下，例如 D:\JBuilder 2008R2\jboss-5.0.0.GA 目录下。

我们先安装 JDK 1.6，来满足 JBoss 5.0 的运行。下载完毕后，双击安装，选择 JDK 目录，JDK 1.6 官方下载地址为 http://www.java.net/download/jdk6/6u10/promoted/b32/binaries/jdk-6u10-rc2-bin-b32-windows-i586-p-12_sep_2008.exe。

在 JBuilder 2008 主界面中单击 Window|Perferences 菜单，进入如图 13-3 所示的界面配置 JDK 1.6。

单击 Add 按钮，选择刚才安装 JDK 1.6 的目录。

下面介绍如何在 JBuilder 2008 中配置 JBoss。

（1）在 JBuilder 2008 主界面中单击 Window|Perferences 菜单，进入如图 13-4 所示的配置界面。

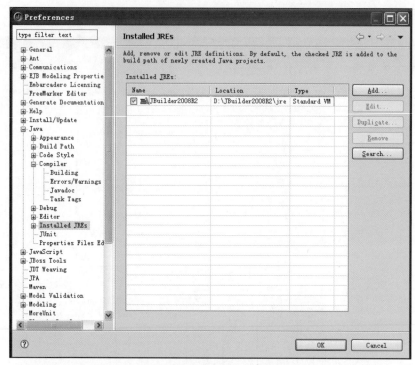

图 13-3 配置 JDK 1.6 界面

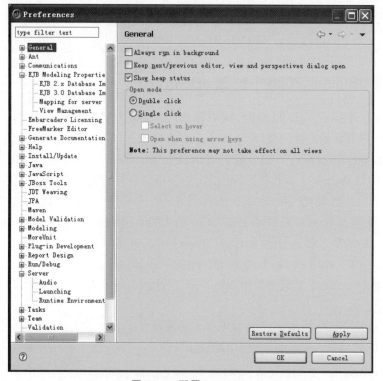

图 13-4 配置 JBoss(1)

（2）选择 Server|Runtime Environment 选项，如图 13-5 所示。

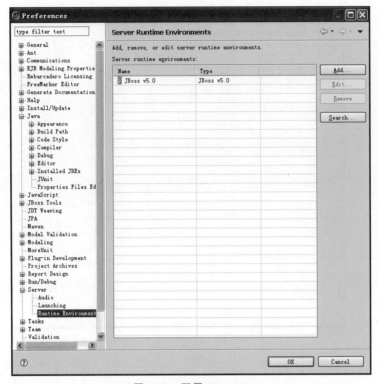

图 13-5　配置 JBoss（2）

（3）单击右侧的 Add 按钮，进入如图 13-6 所示的界面。

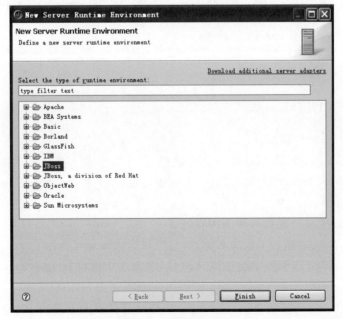

图 13-6　配置 JBoss（3）

（4）打开 JBoss 节点，选择 JBoss v5.0，单击 Next 按钮，如图 13-7 所示。

图 13-7　配置 JBoss(4)

（5）在 Application Server Directory 后的文本框中选择 JBoss 5.0 的安装目录，单击 Finish 按钮完成 JBoss 的配置。

13.3　在 JBuilder 2008 中编写第一个 JSP 程序

在本节中，我们将利用 JBuilder 2008 来编写第一个 JSP 程序，JSP 服务器我们利用刚刚安装配置完毕的 JBoss 5.0。

13.3.1　新建 myfirst 工程

建立一个工程的步骤如下。

（1）单击 File|New|Project 命令新建项目，打开如图 13-8 所示的界面。

（2）选择 Web|Dynamic Web Project 创建动态 Web 项目，单击 Next 按钮，进入如图 13-9 所示的界面。

图 13-9 中需要填写或者选择的内容如下。

① Project name：输入工程的名称，本程序我们输入 myfirst。

② Use default：选中表示使用默认路径，取消选中可以在 Directory 栏中输入目录名。本程序使用默认路径。

③ Target Runtime：选择运行服务器，本程序选择刚刚安装的 JBoss 5.0，也可以新增其他的服务器。

图 13-8　新建项目

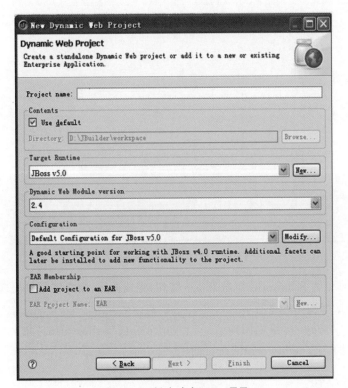

图 13-9　创建动态 Web 项目

（3）单击 Finish 按钮，则在窗口左侧出现如图 13-10 所示的菜单。
这样 myfirst 的动态 Web 项目就完成了。

图 13-10　出现菜单

13.3.2　创建 helloworld.jsp 页面

右击 myfirst 文件出现菜单,选择 New|JSP,进入如图 13-11 所示的界面。

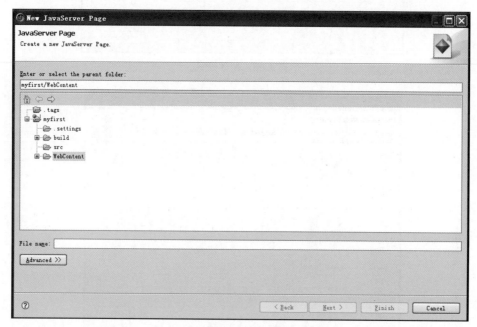

图 13-11　创建 helloworld.jsp 页面

填写 File name 为 helloworld,单击 Finish 按钮,完成向导,则在主窗口出现 helloworld.jsp 的页面编辑窗口(如图 13-12 所示)。

在<body></body>标签之间输入:<%out.print("helloworld!");%>保存该页面,作用是输出一段文字"helloworld!"在页面上。

13.3.3　编译代码

上面步骤完成后的工程就是一个完整的程序了,我们要利用 JBuilder 自身来完成编译查看最终的结果。

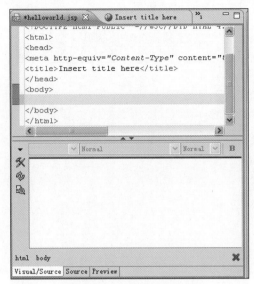

图 13-12　页面编辑窗口

单击工具栏中的 run 按钮（如图 13-13 所示），出现如图 13-14 所示的界面。

图 13-13　编译菜单

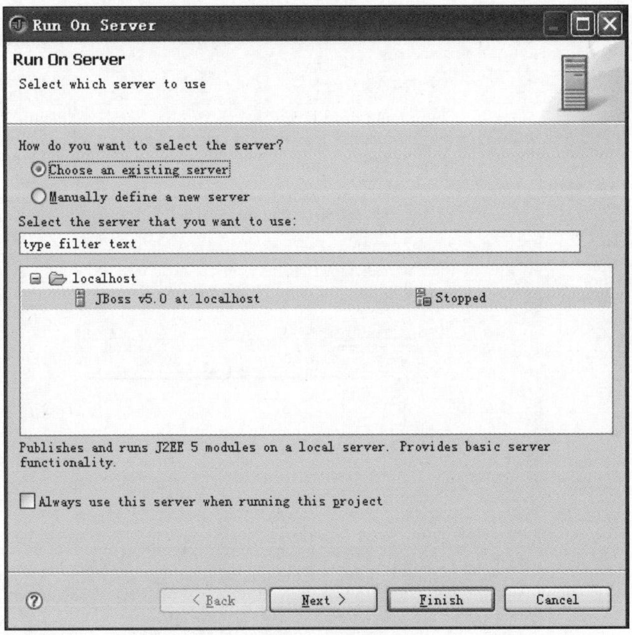

图 13-14　选择服务器

选择刚安装配置好的 JBoss 5.0 作为 Server，单击 Finish 按钮。

在主窗口中出现如图 13-15 所示的效果。

图 13-15　显示效果

这样，JBuilder 2008 就完成了第一个 JSP 的编写。

如果我们将程序修改为一个有错误的程序，编译又将如何呢？我们将<％out.print("helloworld!");％>修改为<％out.printf("helloworld!");％>，修改后的程序是一个错误的程序。我们的编译又会出现怎样的提示呢？如图 13-16 所示。

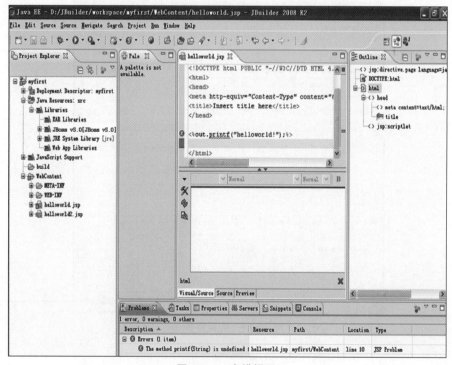

图 13-16　出错提示

在代码中出现 ⊠ 图标，表示该行有错误。将光标放在该行，会出现 `The method printf(String) is undefined for the type JspWriter` 的提示栏，表示该程序的错误类型，也可以在下面 Problems 栏中发现该错误。

13.3.4　在 IE 中运行程序

13.3.3 节中，我们直接利用 JBuilder 以及内置的服务器程序运行了 myfirst 小程序。我们也可以直接利用 JBoss 服务器，直接在 IE 或者其他浏览器中打开 JSP 页面，查看运行效果。

首先，启动 JBoss 服务器，我们可以在 JBuilder 下面的 Servers 菜单中找到刚才安装的 JBoss 服务器，如图 13-17 所示。

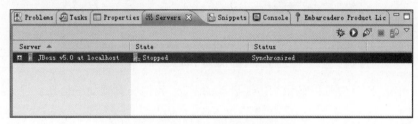

图 13-17　IE 中的显示效果

双击 JBoss v5.0，打开如图 13-18 所示的配置图。

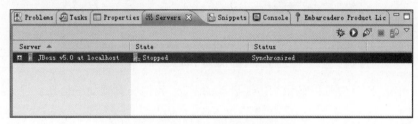

图 13-18　JBoss 配置图

图 13-18 中的几个说明如下。

（1）Server name：本服务器程序名称。

（2）Host name：主机名称，localhost 代表本地主机。

（3）Runtime Environment：运行环境。

（4）Address：IP 地址，127.0.0.1 代表本机 IP。

（5）Port：端口，默认为 8080。

右击图 13-17 中的 JBoss，出现如图 13-19 所示的菜单，选择 Start，启动 JBoss 服务器。

图 13-19 启动 JBoss 菜单

在 Console 栏目中可以显示 JBoss 启动的信息，我们会看到如下信息：

```
10:34:12,718 INFO  [Server] JBoss (MX MicroKernel) [4.0.4.GA (build: CVSTag=
JBoss_4_0_4_GA date=200605151000)] Started in 27s:0ms
```

代表服务器启动成功。

打开 IE，在地址栏中输入 http://localhost:8080/myfirst/helloworld.jsp。我们也可以看到程序调试结果。

本 章 小 结

本章主要介绍了 JBuilder 2008 的主要功能。JBuilder 2008 功能非常强大，可以集成多种 JSP 服务器，也支持可视化的开发模式。大家要通过多练习，熟悉 JBuilder 2008 的开发环境以及配置方法。

习题及实训

一、单选题

1. 下列关于 JBuilder 说法正确的是（　　）。

   A. JBuilder 是一款免费的开发软件

   B. 使用 JBuilder 开发 Web 程序必须配置应用服务器

   C. JBuilder 只能开发 Web 程序

   D. JBuilder 无法开发大型企业级应用

2. JBuilder 2008 安装需要的条件不包括（　　）。

A. CPU 推荐 1GHz　　　　　　　　B. 内存推荐 768MB

C. 要求独立显卡　　　　　　　　D. 硬盘空间要求 1.2GB

3. 用 JBuilder 2008 开发 JPS 程序,下列说法不正确的是(　　　)。

A. 开发过程中可以直接通过编写代码实现

B. JBuilder 2008 提供了可视化的编程方式

C. 主程序中有视觉/代码、代码、预览三种显示方式

D. 不需要配置应用服务器

4. JBoss 的优点不包括(　　　)。

A. 免费　　　　　　　　　　　　B. 可以运行 EJB 的 J2EE 应用服务器

C. 遵循最新的 J2EE 规范　　　　　D. 无须配置直接使用

5. 配置 JBoss v5.0 的运行必须(　　　)。

A. 安装 JDK 1.6　　　　　　　　B. 安装 IIS 服务器程序

C. 建立网页目录　　　　　　　　D. 安装 Linux 系统

二、填空题

1. 新建一个 JSP 程序,主要步骤是单击 File 菜单,打开_____,单击 Project 命令,打开新建项目对话框,选择 Web,打开_____,创建动态 Web 项目。

2. 创建 JSP 页面,在新建的工程项目中,选择 New,单击_____,输入文件名,在主窗口就出现了以这个文件名命名的 JSP 页面,可以通过_____进行编辑。

3. 用 JSP 编写在页面上显示"helloworld!",主代码是在_____标签之间输入_____。

4. 完成一个完整的程序,需要利用 JBuilder 完成编译,单击工具栏中的_____,选择服务器程序,在_____显示运行结果。

5. 在浏览器中打开 JSP 页面,查看运行结果,需要启动_____服务器,在_____中输入本机 IP 地址及页面地址,就可以在浏览器中查看运行结果。

三、操作题

1. 熟悉 JBuilder 界面,了解 JBuilder 各个区域所显示的内容。

2. 在 JBuilder 中练习完成在 Web 上输出一段话的程序。

chapter **14**

EJB 技术

本章要点

本章将讲述 J2EE 的一个部件——EJB,本章所有应用程序需要 JBoss 5.0 的支持。本章通过对 EJB 的介绍以及 EJB 的实例开发详细讲解了 EJB 技术在开发过程中的应用。

14.1 EJB 简介

在 J2EE 里,Enterprise JavaBeans(EJB)称为 Java 企业 Bean,是 Java 的核心代码,分别是会话 Bean(Session Bean),实体 Bean(Entity Bean)和消息驱动 Bean(MessageDriven Bean)。

(1) Session Bean 用于实现业务逻辑,它可以是有状态的,也可以是无状态的。每当客户端请求时,容器就会选择一个 Session Bean 来为客户端服务。Session Bean 可以直接访问数据库,但更多时候,它会通过 Entity Bean 实现数据访问。

(2) Entity Bean 是域模型对象,用于实现 O/R 映射,负责将数据库中的表记录映射为内存中的 Entity 对象,事实上,创建一个 Entity Bean 对象相当于新建一条记录,删除一个 Entity Bean 会同时从数据库中删除对应记录,修改一个 Entity Bean 时,容器会自动将 Entity Bean 的状态和数据库同步。

(3) MessageDriven Bean 是 EJB 2.0 中引入的新的企业 Bean,它基于 JMS 消息,只能接收客户端发送的 JMS 消息然后处理。MDB 实际上是一个异步的无状态 Session Bean,客户端调用 MDB 后无须等待,立刻返回,MDB 将异步处理客户请求。这适合于需要异步处理请求的场合,比如订单处理,这样就能避免客户端长时间地等待一个方法调用直到返回结果。

14.2 Session Bean 开发

Session Bean 是实现业务逻辑的地方,是告诉程序要做什么,怎么做。例如,我们把数据库里的数据取出来,要进行数据的处理,就是利用 Session Bean。Session Bean 分为无状态(Stateless)Bean 和有状态(Stateful)Bean，无状态 Bean 不能维持会话，而有状态 Bean 可以维持会话。每个 Session Bean 都有一个接口，根据接口不同分为远程(Remote) 接口和本地(Local)接口。

14.2.1　开发 Remote 接口的 Stateless Session Beans(无状态 Bean)

我们先在 JBuilder 2008 中新建一个 EJB 项目，单击 File|New|EJB Project 菜单，在打开界面中进行如图 14-1 所示的设置。

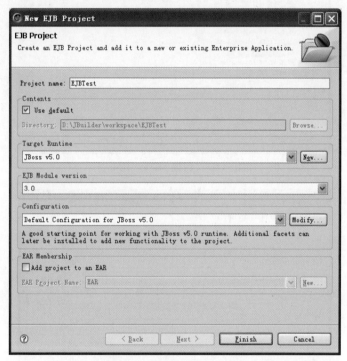

图 14-1　新建一个 EJB 项目

单击 Finish 按钮建立 EJB 项目，左侧目录如图 14-2 所示。

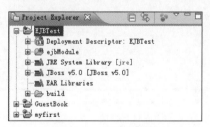

图 14-2　左侧目录图

右击 EJBTest 项目名，选择 New|Other 命令，打开如图 14-3 所示的界面。

选择 Session Bean，单击 Next 按钮，打开如图 14-4 所示的界面。

单击 Finish 按钮完成无状态远程 Session Bean 的建立。如图 14-5 所示，生成了两个文件，一个是 SessionBeanTest.java，另一个是 SessionBeanTestRemote.java。

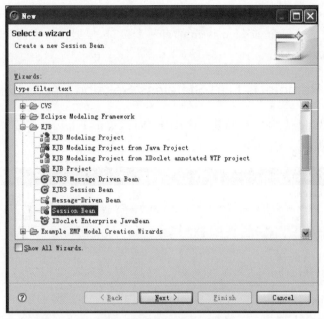

图 14-3　新建 Session Bean

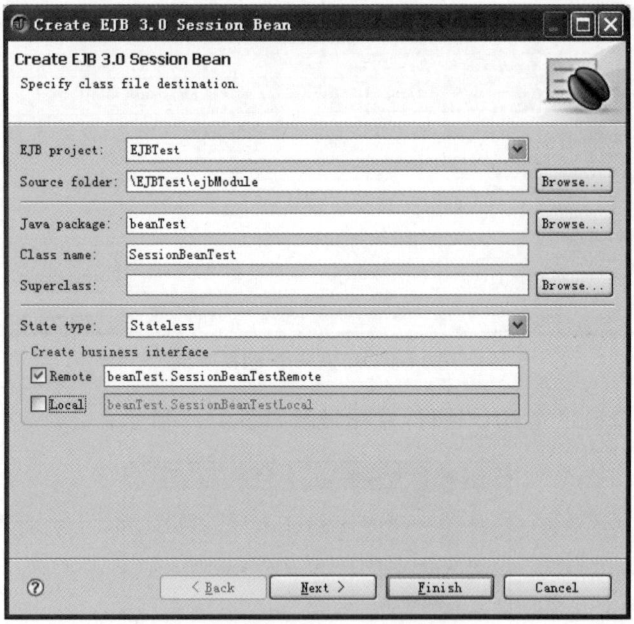

图 14-4　创建 Session Bean

　　分别打开这两个文件,我们可以发现,SessionBeanTestRemote.java 里定义了一个接口,这个接口就是我们远程需要调用的接口,而 SessionBeanTest.java 里使用了这个接口,这里主要就是一个逻辑函数的定义,我们要做什么就写在这里。

　　下面我们具体写一些代码来实现简单的逻辑过程。我们设计两个功能,一个功能就是在屏幕上显示某人说 Hello World!,还有一个功能是将输入的 a、b 两个数字相加并

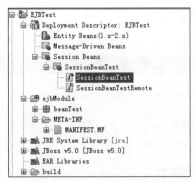

图 14-5　EJBTest 目录

返回。

```
SessionBeanTest.java 源程序
package beanTest;
import javax.ejb.Stateless;
/**
 * Session Bean implementation class SessionBeanTest
 */
@Stateless
public class SessionBeanTest implements SessionBeanTestRemote {
    /**
     * Default constructor.
     */
    public SessionBeanTest() {
        //TODO Auto-generated constructor stub
                }
    public String sayHello(String user)       //返回某人说 Hello World!
    {
        return user+"say:Hello World!";
    }
    public int addition(int a, int b)         //将 a、b 相加并返回
    {
        return a+b;
    }
}
```

SessionBeanTestRemote.java，实现了接口，供远程调用。

```
package beanTest;
import javax.ejb.Remote;

@Remote
public interface SessionBeanTestRemote {
void sayHello(String user);                    //接口供远程程序调用
int addition(int a, int b);
}
```

经过上述步骤，SessionBean 的一个测试包就开发完成了，在我们把它部署到 JBoss

中之前,先把它打包。单击 File|Export 菜单,打开如图 14-6 所示的界面,选择 EJB JAR file。

图 14-6　将 SessionBean 打包

单击 Next 按钮,打开如图 14-7 所示的界面,导出文件至桌面,单击 Finish 按钮。

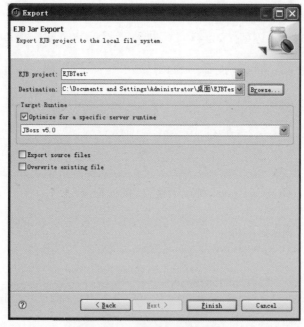

图 14-7　选择相关路径参数

下面我们将 EJBTest.jar 部署到 JBoss 中,把我们刚才导出的 jar 文件.放到 JBoss 下的 server\default\deploy 目录下。

下面我们编写一个动态页面来测试这个 SessionBean。按照第 13 章方法,我们建立一个 JSP 动态页面,功能是调用刚才编写的 SessionBean,来测试功能。

编写 beantest.jsp,代码如下:

```jsp
beantest.jsp 源程序
<%@ page language="java" contentType="text/html; charset=GB18030"
    pageEncoding="GB18030"%>
<%@ page import="beanTest.SessionBeanTestRemote, javax.naming. * "%>
<!DOCTYPE html PUBLIC "-//W3C//DTD html 4.01 Transitional//EN" "http://www.
w3.org/TR/html4/loose.dtd">
<html>
<head>
<meta http-equiv="Content-Type" content="text/html; charset=GB18030">
<title>Insert title here</title>
</head>
<body>
<%
try {
InitialContext ctx = new InitialContext();
SessionBeanTestRemote testsession = (SessionBeanTestRemote) ctx.lookup
("SessionBeanTest/remote");        //检索指定的对象
out.println(testsession.sayHello("中国"));
out.print("100+200=");
out.println(testsession.addition(100,200));
} catch(NamingException e) {
out.println(e.getMessage());
}
%>

</body>
</html>
```

程序中的相关说明都备注在程序后面,我们这里就是要熟悉一下 SessionBean 的一个工作过程。运行结果如图 14-8 所示。

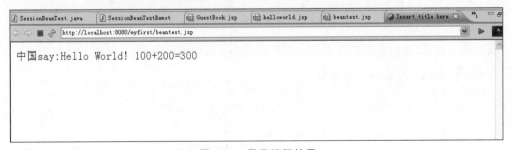

图 14-8   显示运行结果

Local 接口的无状态会话 Bean 的开发步骤和开发只存在 Remote 接口的无状态会话

Bean 的步骤相同。两者的不同之处是,Local 接口是通过本机调用,客户端与 EJB 容器运行在同一个 JVM 中,采用 Local 接口访问 EJB 优于 Remote 接口。Remote 接口访问 EJB 需要经过远程方法调用(RPCs)环节。Local 接口的开发过程以及代码这里就不列举了,其原理和开发方法与 Remote 接口类似,只是在使用上略有区别。

14.2.2 开发 Stateful Session Beans(有状态 Bean)

14.2.1 节中,我们做了关于无状态 Bean 的开发,每次调用 lookup()都将新建一个 Bean 实例。但是在现实开发过程中,要求我们创建的实例要对每个客户作出判断,并保存相关信息。例如,最常见的购物车程序,我们要在这个商品的页面将产品放入购物车,将另一个页面的产品也放入购物车,如果通过无状态 Bean 将会发现,每次放入产品的购物车都是一个空的购物车。此时,有状态 Bean 就可以满足这个功能,每个有状态的 Bean 在一定生命周期内只服务一个对应的客户,Bean 里的成员变量可以在每个不同的方法中保持特定的某个客户相应的数值。正是因为它能在特定的周期内能保存客户的信息,故称为有状态 Bean(Stateful Session Beans)。

下面我们就实例开发一个具有购物车功能的购物程序。整个构建过程与 14.2.1 节无状态 Bean 类似,但是特别要注意的是如图 14-9 所示,State type 要选择 Stateful。

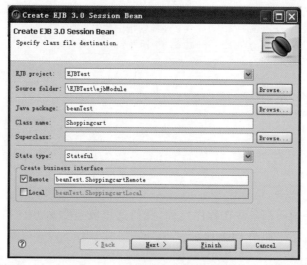

图 14-9　新建 EJB Session Bean

构建完成后,我们编写接口 ShoppingcartRemote 和逻辑代码 Shoppingcart。代码如下:

ShoppingcartRemote.jsp 源程序
```
package beanTest;
import java.util.List;

import javax.ejb.Remote;

@Remote
```

```
public interface ShoppingcartRemote {
public void shopping(String shoppingname);
public List<String> getshoppinglist();
}
Shoppingcart.jsp
package beanTest;
import java.util.ArrayList;
import java.util.List;
import javax.ejb.Stateful;

/**
 * Session Bean implementation class Shoppingcart
 */
@Stateful
public class Shoppingcart implements ShoppingcartRemote {

    /**
     * Default constructor.
     */
    private List<String> shoppingList=new ArrayList<String>();
    public Shoppingcart() {
        //TODO Auto-generated constructor stub
    }
    public void shopping(String shoppingname)
    {
        shoppingList.add(shoppingname);
    }
    public List<String> getshoppinglist()
    {
        return shoppingList;
    }

}
```

Shoppingcart.jsp 里实现了两个逻辑过程,public void shopping(String shoppingname)实现了将商品的名称放入新建的 List 数组中,public List<String>getshoppinglist()是将 List 数组返回给调用程序。

按照 14.2.1 节的方法,重新打包生成 Jar 文件放到 JBoss 下的 server\default\deploy 目录下。

下面编写一个测试这个有状态 Bean 的 JSP 程序,我们设计成一个表单,当有人提交商品名称时就将商品放入购物车,并将购物车里的信息显示出来。

Cart.jsp 源程序
```
<%@ page language="java" contentType="text/html; charset=GB18030"
    pageEncoding="GB18030"%>
<%@ page import="beanTest.ShoppingcartRemote, javax.naming.* , java.util.* "%>
```

```
<!DOCTYPE html PUBLIC "-//W3C//DTD html 4.01 Transitional//EN" "http://www.
w3.org/TR/html4/loose.dtd">
<html>
<head>
<meta http-equiv="Content-Type" content="text/html; charset=GB18030">
<title>Insert title here</title>
</head>
<body>
<%


InitialContext ctx=new InitialContext();;
try {
    ShoppingcartRemote myshopping=(ShoppingcartRemote)session.getAttribute
("myshopping");
    if(myshopping==null)
    {
        myshopping = (ShoppingcartRemote) ctx.lookup("Shoppingcart/
        remote");                          //检索指定的对象
        session.setAttribute("myshopping",myshopping);
    }
    if (request.getParameter("button")!="" &&request.getParameter
    ("button")!=null)
    {
        String shoppingname=new String(request.getParameter("textfield").
    getBytes("ISO8859_1"),"gb2312");        //作用是将获得的字符串转换成中文
        myshopping.shopping(shoppingname);
    }
    List<String> myshoppingList=myshopping.getshoppinglist();
    if (myshoppingList!=null){
    for(String shoppingname : myshoppingList)
        out.print(shoppingname+"<br>");
    }
    } catch(NamingException e) {
    out.println(e.getMessage());
}
%>
<form name="form1" method="post" action="">
  <label>
    <input type="text" name="textfield" id="textfield">
  </label>
  <label>
    <input type="submit" name="button" id="button" value="放入购物车">
  </label>
</form>
</body>
</html>
```

上面这段代码中起到关键作用的主要是下面这段：

```
ShoppingcartRemote myshopping=(ShoppingcartRemote)session.getAttribute
("myshopping");
    if(myshopping==null)
    {
        myshopping = (ShoppingcartRemote) ctx.lookup("Shoppingcart/
        remote");    //检索指定的对象
        session.setAttribute("myshopping",myshopping);
    }
```

这段代码主要是先从 Session 中读取是否存在 myshopping，如果存在，直接取存储的数据，如果不存在就新建一个，并保存在 Session 当中，这样就保证了每个客户有一个数据的记录。

这样一个有状态 Bean 的简单的购物车程序就开发完成了，现在我们看一下它的运行效果怎样。当提交数据的时候我们发现，以前提交的数据也保存在程序当中，如图 14-10 所示。

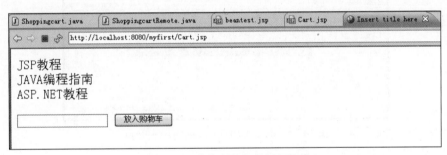

图 14-10　购物车程序的运行结果

14.3　MessageDriven Bean 开发

消息驱动 Bean(MessageDriven Bean) 是设计用来专门处理基于消息请求的组件，它基于 JMS 消息，只能接收客户端发送的 JMS 消息然后处理。一个 MessageDriven Bean 类必须实现 MessageListener 接口。当容器检测到 Bean 守候的队列的一条消息时，就调用 onMessage()方法，将消息作为参数传入。MessageDriven Bean 在 OnMessage()中决定如何处理该消息。当一个业务执行的时间很长，而执行结果无须实时向用户反馈时，很适合使用消息驱动 Bean。如订单成功后给用户发送一封电子邮件或发送一条短信等。

下面我们利用一个实例来说明 MessageDriven Bean 的工作原理。我们设计简单的消息驱动实例，当前台有客户下订单后，我们在后台返回订单内容。同样，我们还是利用 JBuilder 2008 来开发。

首先，我们设置 Queue，方式如下：找到 destinations-service.xml 文件，该文件在 JBoss 安装目录\server\default\deploy\messaging 下。在文件最后，加入下面代码，新增一个 Queue。

```
< mbean code ="org.jboss.mq.server.jmx.Queue" name ="jboss.mq.destination:
service=Queue,name=myQueue">
<depends optional-attribute-name ="DestinationManager">jboss.mq:service=
DestinationManager</depends>
</mbean>
```

然后我们还是利用14.2.1节中的EJBTest项目,右击,单击New|Message-Driven Bean命令,建立EJB Message Driven Bean,如图14-11所示。

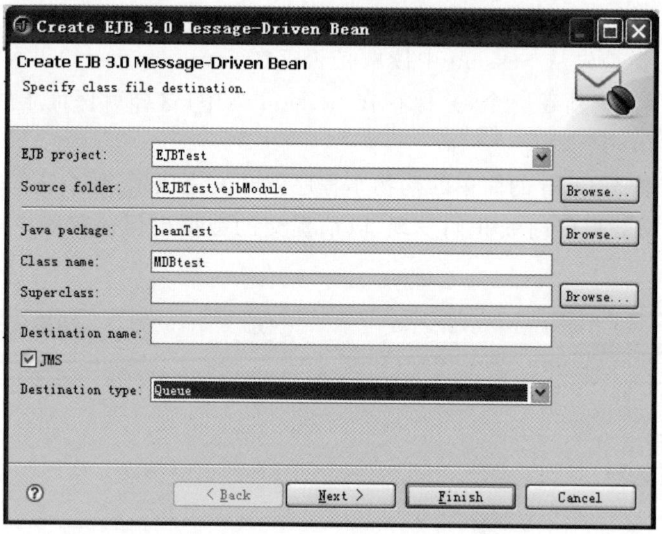

图 14-11 新建 EJB Message Driven Bean

单击Finish按钮,自动生成MDBtest.java。在onMessage(Message message)下添加代码:

```
try {
    TextMessage tmsg = (TextMessage) message;
    System.out.print(tmsg.getText());
    }
catch(Exception e){
    e.printStackTrace();
    }
```

当一个消息到达队列时,就会触发onMessage方法,消息作为一个参数传入,在 onMessage方法里面得到消息体并把消息内容打印到控制台上。

整个MDBtest.java源程序如下:

MDBtest.java 源程序
```
package beanTest;

import javax.ejb.ActivationConfigProperty;
import javax.ejb.MessageDriven;
import javax.jms.Message;
import javax.jms.MessageListener;
```

```
import javax.jms.TextMessage;

/**
 * Message-Driven Bean implementation class for: MDBtest
 *
 */
@MessageDriven(
        activationConfig = { @ActivationConfigProperty(
            propertyName = "destinationType", propertyValue = "javax.jms.Queue"
        ),@ActivationConfigProperty(propertyName="destination",
            propertyValue="queue/myQueue")})        //值与刚才设置的内容相同
public class MDBtest implements MessageListener {

    /**
     * Default constructor.
     */
    public MDBtest() {
        //TODO Auto-generated constructor stub
    }

    /**
     * @see MessageListener#onMessage(Message)
     */
    public void onMessage(Message message) {
        //TODO Auto-generated method stub
        try {
            TextMessage tmsg = (TextMessage) message;
            System.out.print(tmsg.getText());
            }
        catch(Exception e){
            e.printStackTrace();
            }
    }

}
```

编写完成后,我们也要先把它打包。单击 File|Export 菜单,选择 EJB JAR file。再将 EJBTest.jar 部署到 JBoss 中,把我们刚才导出的 jar 文件放到 JBoss 下的 server\default\ deploy 目录下。

下面我们编写一个测试的 JSP 程序,该程序的作用是客户端提交一个订单到服务器,通过消息驱动在后台显示提交的订单。我们还是利用 myfirst 这个项目,右击,选择 New|JSP 命令,取名为 MDBJSP.jsp。代码如下:

MDBJSP.jsp 源程序
```
<%@ page language="java" contentType="text/html; charset=GB18030"
    pageEncoding="GB18030"%>
    <%@ page import="javax.naming.*, java.text.*, javax.jms.*, java.util.
Properties"%>
```

```html
<!DOCTYPE html PUBLIC "-//W3C//DTD html 4.01 Transitional//EN" "http://www.
w3.org/TR/html4/loose.dtd">
<html>
<head>
<meta http-equiv="Content-Type" content="text/html; charset=GB18030">
<title>Insert title here</title>
</head>
<body>
<%
if (request.getParameter("button")!="" &&request.getParameter("button")!=
null)
{
QueueConnection cnn = null;
QueueSender sender = null;
QueueSession sess = null;
Queue queue = null;
try {
InitialContext ctx = new InitialContext();
QueueConnectionFactory factory = (QueueConnectionFactory)
ctx.lookup("ConnectionFactory");                        //查找一个连接工厂

cnn = factory.createQueueConnection();
sess = cnn.createQueueSession(false, QueueSession.AUTO_ACKNOWLEDGE);
//建立不需要事务的并且能自动接收消息收条的会话
queue = (Queue) ctx.lookup("queue/myQueue");        //查找消息队列
} catch(Exception e) {
out.println(e.getMessage());
}
TextMessage msg = sess.createTextMessage(new
String(request.getParameter("textfield").getBytes("ISO8859_1"),"gb2312"));
                                                //将提交的订单转换为中文编码
sender = sess.createSender(queue);              //根据队列创建一个发送
sender.send(msg);                               //向队列发送消息
sess.close();                                   //关闭会话
out.println("订单已经提交到后台");
}
%>
<form name="form1" method="post" action="">
  <label>
    <input type="text" name="textfield" id="textfield">
  </label>
  <label>
    <input type="submit" name="button" id="button" value="提交订单">
  </label>
</form>
</body>
</html>
```

在 JBoss 下调试此程序,运行结果如图 14-12 所示。

我们在表单中输入 JSP 教程,然后单击"提交订单"按钮,运行结果如图 14-13 所示。

MDBtest.java
MDBJSP.jsp
Cart.jsp
Insert title here
http://localhost:8080/myfirst/MDBJSP.jsp
提交订单

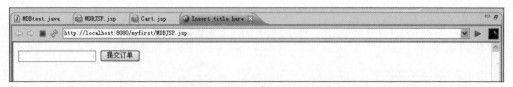

图 14-12 MDBJSP.jsp 的运行结果

MDBtest.java
MDBJSP.jsp
Cart.jsp
Insert title here
http://localhost:8080/myfirst/MDBJSP.jsp
订单已经提交到后台
提交订单

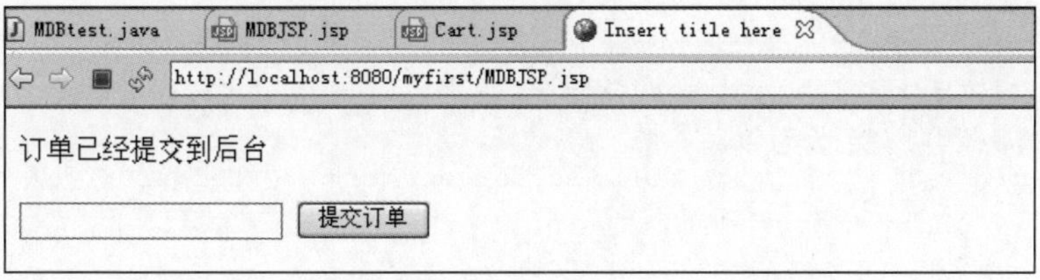

图 14-13 提交订单后 MDBJSP.jsp 的运行结果

我们再看看消息驱动下，在服务器端发生了什么，具体如图 14-14 所示。

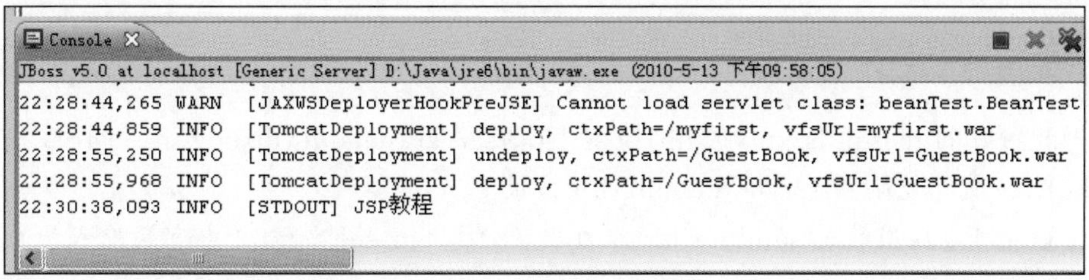

Console
JBoss v5.0 at localhost [Generic Server] D:\Java\jre6\bin\javaw.exe (2010-5-13 下午09:58:05)
22:28:44,265 WARN [JAXWSDeployerHookPreJSE] Cannot load servlet class: beanTest.BeanTest
22:28:44,859 INFO [TomcatDeployment] deploy, ctxPath=/myfirst, vfsUrl=myfirst.war
22:28:55,250 INFO [TomcatDeployment] undeploy, ctxPath=/GuestBook, vfsUrl=GuestBook.war
22:28:55,968 INFO [TomcatDeployment] deploy, ctxPath=/GuestBook, vfsUrl=GuestBook.war
22:30:38,093 INFO [STDOUT] JSP教程

图 14-14 服务器端效果

在服务器端输出窗口我们很清楚地看到了刚才我们提交的书名，这就是通过消息驱动发生的。

14.4 Entity Bean 开发

在开发过程中，我们应用最多的就是对数据库的编程。对数据库编程无非就是数据的查询、增加、删除、修改等操作。而在 EJB 3.0 中，为了方便对数据库操作，有一个实体 Bean(Entity Bean)。它实现了将数据库表记录映射为内存中的 Entity 对象，事实上，创建一个 Entity Bean 对象相当于新建一条记录，删除一个 Entity Bean 会同时从数据库中删除对应记录，修改一个 Entity Bean 时，容器会自动将 Entity Bean 的状态和数据库同步。这样就实现了数据层的持久化。

在 EJB 3.0 中，持久化已经自成规范，被称为 Java Persistence API(JPA)。

14.4.1 开发之前的准备

在开发之前，我们先要将 JBoss 的数据源配置好。我们可以在 JBoss docs\examples\jca 目录下找到相关配置的标准 xml 文件。在项目开发过程中，我们可以使用不同的数据库，这里都能找到对应的配置文件，例如 mssqlserver，配置文件为 mssql-ds.xml；mysql

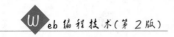

配置文件为 mysql-ds.xml;oracle 配置文件为 oracle-ds.xml。

我们本次开发实例所使用的 SQL 数据库为 guestbookdb,配置文件为 mssql-ds. xml,代码如下:

```
mssql-ds.xml 源程序
<?xml version="1.0" encoding="UTF-8"?>
<datasources>
<local-tx-datasource>
<jndi-name>MSSQLDS</jndi-name>
<connection-url>jdbc:sqlserver://localhost:1433;DatabaseName=guestbookdb
</connection-url>
< driver - class > com. microsoft. sqlserver. jdbc. SQLServerDriver </driver -
class>
<user-name>guestbookuser</user-name>
<password>123456</password>
<metadata>
<type-mapping>MS SQLSERVER2000</type-mapping>
</metadata>
</local-tx-datasource>
</datasources>
```

将配置好的 mssql-ds.xml 放在 JBoss 目录 server\default\deploy 下。同时,我们将 sqljdbc4.jar 文件复制到 server\default\lib 目录下。

注意:因为应用的是 sqljdbc4.jar 作为驱动,所以 mssql-ds.xml 中有两处和标准文件不一致,代码如下:

```
<connection-url>jdbc:sqlserver://localhost:1433;DatabaseName=guestbookdb
</connection-url>
< driver - class > com. microsoft. sqlserver. jdbc. SQLServerDriver </driver -
class>
```

它的连接字符串和驱动名都有所区别。

14.4.2　创建实体 Bean

我们还是应用前章节中建立的项目 EJBtest。首先,我们要将这个项目新增持久化的模块,具体做法是右击项目,选择 Properties,单击 Project Facets,打开如图 14-15 所示的界面。

选中 Java Persistence,单击 OK 按钮。这样这个 EJB 项目就能支持 JPA Entity 了。下面我们创建实体 bean,在 EJBTest 上右击,选择 New|other 命令,打开如图 14-16 所示的界面。

选择 JPA 下 Entity,单击 Next 按钮,打开如图 14-17 所示的界面。

填写内容如图 14-17 所示。单击 Next 按钮,打开如图 14-18 所示的界面。

填写内容如图 14-18 所示。单击 Finish 按钮完成向导。

这样在左侧资源管理器中可以看到如图 14-19 所示的内容。

图 14-19 中 Guestbook.java 就是刚刚创立的一个实体 Bean。

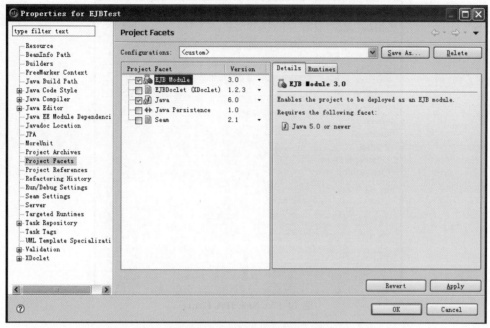

图 14-15　打开 Properties

图 14-16　创建实体

图 14-17　New JPA Entity

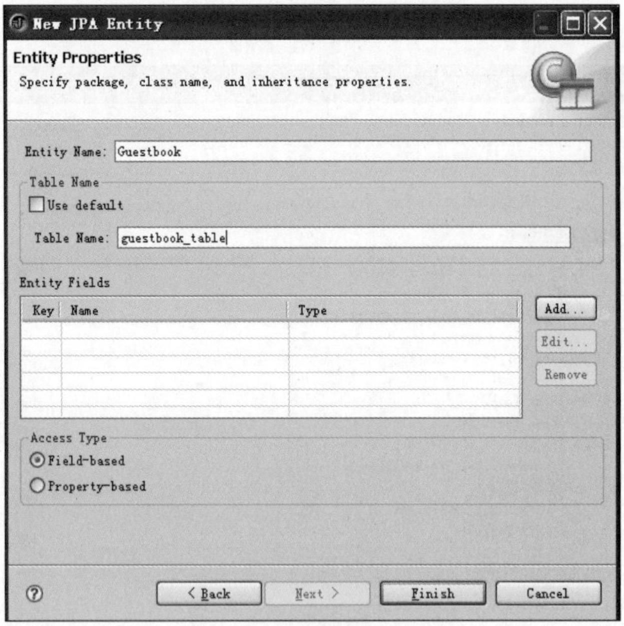

图 14-18　Entity Properties

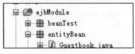

图 14-19　左侧目录

配置该实体 Bean 的 JPA 持续连接。方法为：在项目上右击，选择 Properties，打开如图 14-20 所示的界面。

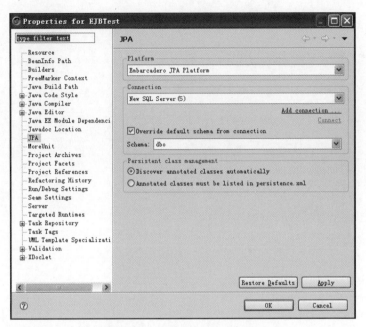

图 14-20　Properties for EJBTest

选择 JPA，出现右边界面，根据要求配置 JPA 连接。

配置好后，对 Guestbook.java 进行修改，具体代码修改如下：

Guestbook.java 源程序

```
package entityBean;

import java.io.Serializable;
import javax.persistence.*;
import java.util.*;

/**
 * Entity implementation class for Entity: Guestbook
 *
 */
@Entity
@Table(name = "guestbook_table")                    //Entity 对应的数据库表名
public class Guestbook implements Serializable {
    private String username;
    private int userage;
    private String mescontent;
    private Date mesdate;
    private String mesip;
    private int id;
    private static final long serialVersionUID = 1L;
    @GeneratedValue(strategy = GenerationType.AUTO) //ID 生成方式
```

```
@Id
public int getId()
{
    return id;
}
public void setId(int id)
{
    this.id = id;
}
public String getusername()
{
    return username;
}
public void setusername(String username)
{
    this.username = username;
}
public String getmescontent()
{
    return mescontent;
}
public void setmescontent(String mescontent)
{
    this.mescontent = mescontent;
}
public String getmesip()
{
    return mesip;
}
public void setmesip(String mesip)
{
    this.mesip = mesip;
}
public Date getmesdate()
{
    return mesdate;
}
public void setmesdate(Date mesdate)
{
    this.mesdate = mesdate;
}
public int getuserage()
{
    return userage;
}
public void setuserage(int age)
{
    this.userage = age;
}
}
```

从上面代码我们可以发现,每个数据表中的字段在这个实体中都有对应,每个字段都有两个不同的方法,一个是 set,一个是 get,它们的作用分别是设置和获取,这个实体创立后就和表中的数据对应。对实体的操作会实时更新到数据库中。

14.4.3　persistence.xml 配置

我们先来关注一下持久化的配置文件,它在 META-INF 目录下,为 persistence.xml。双击打开,编写 xml 文件如下:

persistence.xml 源程序

```xml
<?xml version="1.0" encoding="UTF-8"?>
<persistence version="1.0" xmlns="http://java.sun.com/xml/ns/persistence"
xmlns:xsi="http://www.w3.org/2001/XMLSchema-instance" xsi:schemaLocation=
"http://java.sun.com/xml/ns/persistence http://java.sun.com/xml/ns/persistence/
persistence_1_0.xsd">
    <persistence-unit name="default" transaction-type="JTA">
        <jta-data-source>java:/MSSQLDS</jta-data-source>
        <properties>
            <property name="hibernate.dialect"
            value="org.hibernate.dialect.SQLServerDialect"/>
            <property name="hibernate.hbm2ddl.auto" value="update"/>
            <property name="hibernate.show_sql" value="true"/>
        </properties>
    </persistence-unit>
</persistence>
```

<persistence-unit name="default" transaction-type="JTA">,这个是持久化的名称,如果是多个,这个名称会在调用的时候需要使用。

<jta-data-source>java:/MSSQLDS</jta-data-source>指明连接数据库的数据源,就是刚才我们配置在 JBoss 下面的 mssql-ds.xml。

<property name="hibernate.dialect" value="org.hibernate.dialect.SQLServerDialect"/>,指明 hibernate 的方言类为 org.hibernate.dialect.SQLServerDialect。

<property name="hibernate.hbm2ddl.auto" value="update"/>参数的作用主要用于:自动创建、更新、验证数据库表结构。如果没有此方面的需求,建议 set value="none"。

其他几个参数的含义如下。

(1) validate 加载 hibernate 时,验证创建数据库表结构。

(2) create 每次加载 hibernate,重新创建数据库表结构。

(3) create-drop 加载 hibernate 时创建,退出是删除表结构。

(4) update 加载 hibernate 自动更新数据库结构。

<property name="hibernate.show_sql" value="true"/>默认设定为 false,设定为 true 的话会显示 hql 和 sql。

14.4.4　开发 SessionBean 来操作 Entitybean

从 Guestbook.java 实体 bean 中不难发现,我们根本不能通过 Guestbook.java 来操作数据库,所以我们还需要编写一个 sessionbean 来对该实体 bean 进行修改、删除、新增、查询等操作。这里,我们应用无状态本地 sessionbean。

图 14-21　创建 sessionbean

我们还在 EJBTest 这个项目中开发,右击,选择 New| Session Bean 命令,取名为 GuestbookDAO,选择无状态本地参数(DAO 是 Data Access Objects 即数据访问对象的缩写)。这样,在 EJBTest 项目中多了两个文件,如图 14-21 所示。

编写 GuestbookDAOLocal.java 实现本地调用,代码如下:

```
GuestbookDAOLocal.java 源程序
package entityBean;
import java.util.Date;
import java.util.List;

import javax.ejb.Local;

@Local
public interface GuestbookDAOLocal {
    public boolean insertGuestbook(String username, int userage, Date mesdate,
String mesip, String mescontent);
    public List<Guestbook> findAll();
}
```

编写 GuestbookDAO.java,实现对实体 Bean 的逻辑操作。

```
package entityBean;

import java.util.Date;
import java.util.List;

import javax.ejb.Stateless;
import javax.persistence.EntityManager;
import javax.persistence.PersistenceContext;
import javax.persistence.Query;

/**
 * Session Bean implementation class GuestbookDAO
 */
@Stateless
public class GuestbookDAO implements GuestbookDAOLocal {

    /**
     * Default constructor.
     */
```

```
@PersistenceContext(unitName="default")
protected EntityManager em;
public GuestbookDAO() {
    //TODO Auto-generated constructor stub
}
public boolean insertGuestbook(String username,int userage,Date mesdate,
String mesip,String mescontent) {
    try {
        Guestbook gk=new Guestbook();
        gk.setusername(username);
        gk.setuserage(userage);
        gk.setmescontent(mescontent);
        gk.setmesdate(mesdate);
        gk.setmesip(mesip);
        em.persist(gk);
    } catch(Exception e) {
    e.printStackTrace();
    return false;
    }
    return true;
    }
@SuppressWarnings("unchecked")
public List<Guestbook> findAll() {
    Query query = em.createQuery("select s from Guestbook s");
    return(List<Guestbook>)query.getResultList();
    }

}
```

@PersistenceContext(unitName="default"),容器通过@PersistenceContext 注释动态注入 EntityManager 对象,default 为刚才配置的持久对象名。

程序中只有一个添加留言记录的方法,接口将用户留言相关信息传入,通过实体管理写入数据,完成对数据库的操作;还有查找所有留言记录 List<Guestbook>findAll。

Query query = em.createQuery("select s from Guestbook s");这个查询是 SQL 语句,from 的对象就是刚才我们建立的实体 Bean。

14.4.5　程序的部署及留言板表现程序

按照前面的方法,将 EJBTest 项目打包成 jar 文件,放到 server\default\deploy 目录下,完成服务器端部署。

这样,我们就完成了对数据库的两层设计,第一层是实体 bean,就是直接建立在数据库上,对数据库数据实时更新操作;第二层是无状态本地 sessionbean,它是一个对数据的逻辑操作过程,建立在实体 Bean 的基础上。

那么怎么实现用户操作呢? 我们需要编写一个留言板表现层的程序,利用前面建立的 myfirst 项目,我们先将刚才编写的项目包含进来,具体方法是:右击 Properties,选择

Java Build Path,单击 Add 按钮,把 EJBTest 包含进来,单击 OK 按钮,退出。然后右击 New,选择 JSP 命令,新建 JSP 文件,取名为 GuestBookEntity.jsp,代码如下:

GuestBookEntity.jsp 源程序

```jsp
<%@ page language="java" contentType="text/html; charset=GB18030"
    pageEncoding="GB18030" import="java.sql. * "%>
<%@ page import="javax.naming. * ,java.util.List,entityBean.GuestbookDAOLocal,
entityBean.Guestbook"%>
<!DOCTYPE html PUBLIC "-//W3C//DTD html 4.01 Transitional//EN" "http://www.
w3.org/TR/html4/loose.dtd">
<html>
<head>
<meta http-equiv="Content-Type" content="text/html; charset=GB18030">
<title>留言板</title>
</head>
<body>
<%
if (request.getParameter("button")!="" &&request.getParameter("button")!=
null)
{
    String guestname=new String(request.getParameter("guestname").getBytes
    ("ISO8859_1"),"gb2312");
    String guestage=request.getParameter("guestage");
    String guestcontent=new String(request.getParameter("guestcontent").
    getBytes("ISO8859_1"),"gb2312");
    try{

        InitialContext ctx = new InitialContext();
        GuestbookDAOLocal entitySessionGuestbook = (GuestbookDAOLocal) ctx.
        lookup("GuestbookDAO/local");      //检索指定的对象
        Date senddate=new Date(System.currentTimeMillis());
        String sendip=request.getRemoteAddr();
        if(entitySessionGuestbook.insertGuestbook(guestname,Integer.
        parseInt(guestage),senddate,sendip,guestcontent))
        {
            out.print("新增成功");
        }
        else
        {
            out.print("新增失败");
        }

    }
    catch(Exception e)
    {
        e.printStackTrace();
    }
}
try{
```

```
    InitialContext ctx = new InitialContext();
    GuestbookDAOLocal entitySessionGuestbook = (GuestbookDAOLocal) ctx.
lookup("GuestbookDAO/local");//检索指定的对象
    List<Guestbook> guestbooklist=entitySessionGuestbook.findAll();
    out.print("<table width='100%'>");
    //遍历处理结果集信息
    for(Object o : guestbooklist){
        Guestbook gus=(Guestbook)o;
        out.print("<tr><td>姓名: </td><td>"+ gus.getusername()+"</td>");
        out.print("<td>年龄: </td><td>"+ gus.getuserage()+"</td>");
        out.print("<td>日期: </td><td>"+ gus.getmesdate()+"</td>");
        out.print("<td>IP: </td><td>"+ gus.getmesip()+"</td></tr>");
        out.print("<tr><td>内容: </td><td colspan='7'>"+
        gus.getmescontent()+"</td></tr>");
        out.print("<tr><td colspan='8'><hr /></td></tr>");
        }
    out.print("</table>");


}
catch(Exception e)
{
    e.printStackTrace();
}
%><form name="form1" method="post" action="">
<table width="60%" align="center">
  <tr>
    <td>姓名: </td>
    <td>
      <label>
        <input type="text" name="guestname" id="guestname">
      </label>
    </td>
    <td>年龄: </td>
    <td><input type="text" name="guestage" id="guestage"></td>
  </tr>
  <tr>
    <td>内容: </td>
    <td colspan="3"><label>
      <textarea name="guestcontent" id="guestcontent" cols="45" rows="5">
      </textarea>
    </label></td>
    </tr>
  <tr>
    <td> </td>
    <td colspan="3"><label>
      <input type="submit" name="button" id="button" value="提交留言">
    </label></td>
    </tr>
</table></form>

</body>
</html>
```

14.4.6　EntityManager 常用方法

EntityManager 常用方法如下。

（1）void clear()：所有正在被管理的实体将会从持久化内容中分离出来。

（2）void close()：关闭正在管理的实体。

（3）boolean contains(Object entity)：确认是否适于正在管理的实体。

（4）Query createNamedQuery(String name)：创建一个存在的查询实例(JPQL 或者 SQL)。

（5）Query createNativeQuery(String sqlString)：执行 SQL 语句。

（6）Query createQuery(String sqlString)：以执行 JPQL 语句。

（7）<T>T find(Class<T>entityClass, Object primaryKey)：在一个实体中寻找一个关键字。

（8）void flush()：实体同步到数据库中。

（9）Object getDelegate()：获取持久化实现者的引用。

（10）boolean isOpen()：检测实体对象是否打开。

（11）void lock(Object entity, LockModeType lockMode)：为一个实体对象设定锁模式。

（12）<T>T merge(T entity)：数据同步到数据库中。

（13）void persist(Object entity)：添加实体 Bean，数据同步到数据库。

（14）void refresh(Object entity)：从数据库中更新了实例的状态，覆盖变化实体(如果有)。

（15）void remove(Object entity)：删除实体。

本 章 小 结

本章前两节主要讲述了有状态及无状态 sessionbean 的开发实例。它们的开发过程也十分相似，先开发服务器端程序，实现相应的功能，然后将程序打包放到 JBoss 下，再开发 JSP 或者相应客户端程序，远程或本地调用服务器端程序，运行并在界面上显示出结果。

在 14.4.3 节中，我们应用了一个简单的例子，但是在实际开发过程中，我们可以遇到更多这样的实例。例如，在一个在线订餐的网站上，我们利用消息驱动 Bean，可以快捷地将客户的订餐通过消息驱动的方式通知餐厅，缩短了中间时间。

14.4.4 节，为了方便对数据库进行操作，介绍了实体 Bean(Entity Bean)。它实现了将数据库表记录映射为内存中的 Entity 对象，创建一个 Entity Bean 对象相当于新建一条记录，删除一个 Entity Bean 会同时从数据库中删除对应记录，修改一个 Entity Bean 时，容器会自动将 Entity Bean 的状态和数据库同步。

习题及实训

一、多选题

1. EJB 组件中的不同类型的 Bean 是（　　　）。
   - A. 会话 Bean
   - B. 消息驱动 Bean
   - C. 实体 Bean
   - D. 企业 Bean

2. 会话 Bean 分为哪几种不同的类型？（　　）
   - A. 无状态会话 Bean
   - B. 有状态会话 Bean
   - C. 有消息状态会话 Bean
   - D. 无消息状态会话 Bean

3. 以下关于有状态和无状态 Bean 叙述正确的是（　　　）。
   - A. 有状态会话 Bean 是有状态的，无状态会话 Bean 是无状态的
   - B. 无状态会话 Bean 不能维持会话
   - C. 有状态会话 Bean 可以维持会话
   - D. 会话 Bean 状态的有无，Bean 是不能决定的，由 EJB 容器决定

4. 关于 Entity Bean 与 Session Bean，以下说法正确的是（　　　）。
   - A. Session Bean 是用于实现业务逻辑的，可以有状态也可以无状态
   - B. Session Bean 是直接为客户端服务的
   - C. Entity Bean 将数据库中的表记录映射为内存中的实体对象
   - D. Session Bean 一般通过 Entity Bean 实现数据库访问

5. 下列适合用消息驱动 Bean 开发的是（　　　）。
   - A. 订单成功后给用户发一封邮件
   - B. 注册成功后给用户发一条短信
   - C. 用户登录验证用户名密码
   - D. 搜索引擎返回搜索结果

二、问答题

1. EJB 分为几种类型？其特点和各自的作用分别是什么？
2. SessionBean 分成哪 4 类？它们的区别又是什么？
3. 请以客户网上下单为例，简要说明 Message-Driven Bean 的工作原理。

三、操作题

设计利用 EntityBean、SessionBean 开发一个数据库应用程序。要求建立一个学生资料库，并通过 BS 形式向数据库中添加学生信息，并完成部分查询功能。

第15章

JSP 与 J2EE 分布式处理技术

本章要点

本章主要讲述 J2EE 分布式处理技术的概念,并结合实例开发详细讲解 J2EE 技术在开发过程中的应用。

15.1 概　　述

15.1.1　分布式系统

传统的应用系统模式是"主机/终端"或"客户机/服务器",客户机/服务器系统(Client/Server System)的结构是指把一个大型的计算机应用系统变为多个能互为独立的子系统,而服务器便是整个应用系统资源的存储与管理中心,多台客户机则各自处理相应的功能,共同实现完整的应用。随着 Internet 的发展壮大,这些传统模式已经不能适应新的环境,于是就产生了新的分布式应用系统,即所谓的"浏览器/服务器"结构、"瘦客户机"模式。

在 Client/Server 结构模式中,客户端直接连接到数据库服务器,由二者分担业务处理,这种体系有以下缺点。

(1) Client 与 Server 直接连接,安全性低。非法用户容易通过 Client 直接闯入中心数据库,造成数据损失。

(2) Client 程序肥大,并且随着业务规则的变化,需要随时更新 Client 端程序,大大增加维护量,造成维护工作困难。

(3) 每个 Client 都要直接连到数据库服务器,使服务器为每个 Client 建立连接而消耗大量本就紧张的服务器资源。

(4) 大量的数据直接通过 Client/Server 传送,在业务高峰期容易造成网络流量暴增,网络阻塞。

Client/Server 模式的这些先天不足,随着业务量的变化,出现越来越多的问题,我们有必要对这种两层体系进行改革,将业务处理与客户交互分开来,实现瘦客户/业务服务/数据服务的多层分布式应用体系结构。

随着中间件与 Web 技术的发展,三层或多层分布式应用体系越来越流行。在这种体系结构中,客户机只存放表示层软件,应用逻辑包括事务处理、监控、信息排队、Web 服务等采用专门的中间件服务器,后台是数据库。在多层分布式体系中,系统资源被统一管理和使用,用户可以通过网格门户透明地使用整个网络资源。各层次按照以下方式进行划分,实现明确分工。

(1) 瘦客户:提供简洁的人机交互界面,完成数据的输入输出。

(2) 业务服务:完成业务逻辑,实现客户与数据库对话的桥梁。同时,在这一层中,还应实现分布式管理、负载均衡、安全隔离等。

(3) 数据服务:提供数据的存储服务。一般就是数据库系统。

多层分布式体系主要特点如下。

(1) 安全性:中间层隔离了客户直接对数据服务器的访问,保护了数据库的安全。

(2) 稳定性:中间层缓冲 Client 与数据库的实际连接,使数据库的实际连接数量远小于 Client 应用数量。当然,连接数越少,数据库系统就越稳定,Fail/Recover 机制能够在一台服务器当机的情况下,透明地把客户端工作转移到其他具有同样业务功能的服务器上。

(3) 易维护:由于业务逻辑在中间服务器,当业务规则变化后,客户端程序基本不做改动。

(4) 快速响应:通过负载均衡以及中间层缓存数据的能力,可以提高对客户端的响应速度。

(5) 系统扩展灵活:基于多层分布体系,当业务增多时,可以在中间层部署更多的应用服务器,提高对客户端的响应,而所有变化对客户端透明。

15.1.2　J2EE 概念

目前,Java 2 平台有 3 个版本,它们是适用于小型设备和智能卡的 Java 2 平台 Micro版(Java 2 Platform Micro Edition,J2ME)、适用于桌面系统的 Java 2 平台标准版(Java 2 Platform Standard Edition,J2SE)、适用于创建服务器应用程序和服务的 Java 2 平台企业版(Java 2 Platform Enterprise Edition,J2EE)。

J2EE 是 Sun 公司提出的多层(multi-diered)、分布式(distributed)、基于组件(component-base)的企业级应用模型(enterprise application model)。

J2EE 是一种利用 Java 2 平台来简化企业解决方案的开发、部署和管理相关的复杂问题的体系结构。J2EE 技术的基础就是核心 Java 平台或 Java 2 平台的标准版,J2EE 不仅巩固了标准版中的许多优点,例如“编写一次、随处运行”的特性、方便存取数据库的JDBC API、CORBA 技术以及能够在 Internet 应用中保护数据的安全模式等,同时还提供了对 EJB(Enterprise JavaBeans)、Java Servlet API、JSP(Java Server Pages)以及 XML技术的全面支持。其最终目的就是成为一个能够使企业开发者大幅缩短投放市场时间的体系结构。

15.1.3　J2EE 的四层模型

J2EE 使用多层的分布式应用模型,应用逻辑按功能划分为组件,各个应用组件根据它们所在的层分布在不同的机器上。事实上,Sun 公司设计 J2EE 的初衷正是为了解决两层模式(Client/Server)的弊端,在传统模式中,客户端担当了过多的角色而显得臃肿,在这种模式中,第一次部署的时候比较容易,但难于升级或改进,可伸展性也不理想,而且经常基于某种专有的协议(通常是某种数据库协议)。它使得重用业务逻辑和界面逻辑非常困难。现在 J2EE 的多层企业级应用模型将两层化模型中的不同层面切分成许多层。一个多层化应用能够为不同的每种服务提供一个独立的层,以下是 J2EE 典型的四层结构,如图 15-1 所示。

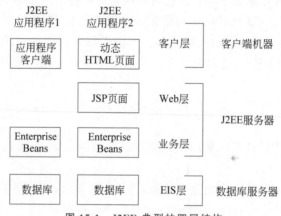

图 15-1　J2EE 典型的四层结构

(1) 运行在客户端机器上的客户层组件:客户机运行的程序,包括小应用程序、独立的应用程序、网页或 JavaBean 等。

(2) 运行在 J2EE 服务器上的 Web 层组件:可以是运行在 J2EE 服务器上的 JSP 页面或 Servlet。按照 J2EE 规范,静态的 HTML 页面和 Applet 不算是 Web 层组件。

(3) 运行在 J2EE 服务器上的业务逻辑层组件:业务层代码的逻辑用来满足各种应用的需要,由运行在业务层上的 Enterprise Bean 进行处理。组件为 EJB(Enterprise JavaBean)包括有三种企业级的 Bean:会话(Session)Bean、实体(Entity)Bean 和消息驱动(Message-driven)Bean。

(4) 运行在 EIS 服务器上的企业信息系统(Enterprise Information System)层软件:包括企业基础建设系统例如企业资源计划(ERP)、大型机事务处理、数据库系统和其他的遗留信息系统。例如数据库系统运行在该层,并可能有专门的数据库服务器。

15.1.4　Web 层中的 JSP

15.1.3 节提到 Web 层是运行在 J2EE 服务器上的 JSP 页面或 Servlet。JSP 程序由一个 URL 标识组成,这个 URL 与客户端 Web 页面中的一个超链接相关联,当用户单击超链接时,浏览器就会调用相应的 JSP 程序,执行程序中的 JSP 语句。例如,一个用户提交留言信息，就是由一个 HTML 表单中获得并传送到 JSP 程序，由 JSP 程序调用多个 EJB，对留言信息进行处理并存储到数据库中。

JSP 程序可以分为两部分：表现组件和处理逻辑组件。表现组件就是在客户端上显示的内容，例如一个留言表单或者一个新闻列表；处理逻辑组件定义了客户端调用 JSP 程序时使用的业务逻辑规则。

但是，我们在实际编写代码中会发现，两个组件都放在 JSP 页面中会导致我们编写的组件不可维护，主要是因为编写人员各有所长，编写 HTML 的程序员可能对 JSP 代码无法理解，而编写 JSP 代码的程序员又不能很好地应用 HTML 页面的布局，所以我们编写 JSP 代码时最好能将表现组件和处理逻辑组件分开，将表现组件放在 JSP 页面里，将逻辑组件放入 EJB 代码中，也可以将 JSP 页面代码和图形界面分离开。

15.2 J2EE 的图书管理系统

本节应用一个实例来具体对 J2EE 的设计过程进行讲解。我们设计一个简单的图书管理系统中的图书管理部分，包括图书的新增、图书的查询等功能。

本程序的开发环境仍为 JBuilder 2008＋JBoss 5.0，数据库使用 SQL Server 2000。

15.2.1 数据库设计

本实例主要是实现图书的管理，我们需要在 SQL Server 2000 中新建一个数据库，取名为 BookDb，如图 15-2 所示。

列名	数据类型	长度	允许空
id	int	4	
bookno	varchar	50	✔
bookname	varchar	50	✔
author	varchar	50	✔
press	varchar	50	✔
intro	text	16	✔
addtime	datetime	8	✔
quantity	int	4	✔

图 15-2　数据库 BookDb

其中 id 为自动编号，bookno 为图书编号（可为书的条形码），bookname 为书名，author 为作者，press 为出版社，intro 为书的介绍，addtime 为新增时间，quantity 为图书数量。其建立 SQL 语句如下：

```sql
if exists (select * from dbo.sysobjects where id = object_id(N'[dbo].[book_
table]') and OBJECTPROPERTY(id, N'IsUserTable') = 1)
drop table [dbo].[book_table]
GO

CREATE TABLE [dbo].[book_table] (
    [id] [int] IDENTITY (1, 1) NOT NULL,
    [bookno] [varchar] (50) COLLATE Chinese_PRC_CI_AS NULL,
```

```
    [bookname] [varchar] (50) COLLATE Chinese_PRC_CI_AS NULL,
    [author] [varchar] (50) COLLATE Chinese_PRC_CI_AS NULL,
    [press] [varchar] (50) COLLATE Chinese_PRC_CI_AS NULL,
    [intro] [text] COLLATE Chinese_PRC_CI_AS NULL,
    [addtime] [datetime] NULL,
    [quantity] [int] NULL
) ON [PRIMARY] TEXTIMAGE_ON [PRIMARY]
GO

ALTER TABLE [dbo].[book_table] ADD
    CONSTRAINT [PK_book_table] PRIMARY KEY  CLUSTERED
    (
        [id]
    )  ON [PRIMARY]
GO
```

15.2.2　图书系统的设计

本节主要是 J2EE 的知识,我们通过建立一个图书系统来讲解这部分的开发。首先我们需要的功能是显示数据库中所有的书籍,还要具有对图书的添加功能,这里我们应用了对数据库的查询以及新增两块重要的功能。

根据 J2EE 的四层模块,我们需要按如下方式来设计。

(1) 客户层:为显示所有书籍的页面以及添加新书籍的表单。

(2) Web 层:JSP 代码,获取表单信息,调用 EJB。

(3) 业务层:主要组成是 EJB,可以分为实体 Bean,主要用于处理数据库部分,还有 SessionBean,主要用于处理业务逻辑部分,调用实体 Bean 实现对数据库的操作。

(4) EIS 层:主要为 SQL Server 服务器以及其他信息系统,本系统中主要是数据库。

客户层主要是一些图书显示和新书籍添加表单,这部分主要由 HTML 代码组成,建议使用可视的 Web 编程工具,例如 DreamWeaver 来进行设计。对于 Web 层可以使用 DreamWeaver,也可以在 JBuilder 中进行开发。业务层我们使用 JBuilder 进行开发。

从以上设计我们不难看出,每个层次的开发过程都可以分开,开发小组的分工可以分得很详细,从数据库的设计到数据库逻辑的开发,再到数据库操作的开发、JSP 代码的开发,一直到图形界面的开发都分离开来,我们的开发过程可以按不同程序员的特长进行分工。这也是 J2EE 开发过程中一个重要的特点。

我们现在举的例子是比较简单的,但是无论简单还是复杂的系统都可以遵循这样的开发原则,对于系统的整个把握以及以后的再开发都非常必要。下面几节中,我们就来具体讲述怎么利用 J2EE 来开发一个简单的系统。

15.2.3　客户层的开发

客户层就是用户在客户端上所看到的页面,这里既可以是 HTML 静态页面,也可以是经过服务器处理返回到客户端的动态页面。

在本例中,我们需要设计出两部分:一部分是书籍的列表,还有就是提交书籍的表单。下面我们通过这个实例开发简单说明怎么利用 DreamWeaver 来设计页面。当然需要设计出一个漂亮的页面光靠 DreamWeaver 还不够,我们有时还需要利用图形设计软件例如 Photoshop 或者 Fireworks 进行设计,先将页面组织在图片里,然后通过图片切片再在 DreamWeaver 中生成页面。这里,我们就不介绍这方面的设计了,而是简单地通过 DreamWeaver 来完成客户层页面。

　　我们需要设计一个如图 15-3 所示的客户层界面。

欢迎使用图书管理系统			
书名	作者	出版社	新增时间
JSP应用教程	李咏梅 余元焴	机械工业出版社	2010-5-2
JBuilder/WebLogic平台的J2EE实例开发	张洪斌	机械工业出版社	2010-5-3

新增图书
图书名:
作者:
出版社:
图书编号:
图书简介:
新增

图 15-3　客户层界面

其 HTML 代码如下:

```
<html xmlns="http://www.w3.org/1999/xhtml">
<head>
<meta http-equiv="Content-Type" content="text/html; charset=gb2312" />
<title>欢迎使用图书管理系统 </title>
<style type="text/css">
.TEXT1 {
    font-size: 12px;
    line-height: 20px;
    color: #000000;
    text-decoration: none;
}
.TEXT2 {
    font-size: 16px;
    line-height: 25px;
    color: #8F432E;
    text-decoration: underline;
}
</style></head>

<body>
<table width="100%" class="TEXT1">
  <tr>
    <td colspan="4" align="center" class="TEXT2"><strong>欢迎使用图书管理系统
</strong></td>
  </tr>
```

```html
<tr>
  <td align="center"><strong>书名</strong></td>
  <td align="center"><strong>作者</strong></td>
  <td align="center"><strong>出版社</strong></td>
  <td align="center"><strong>新增时间</strong></td>
</tr>
<tr>
  <td>JSP 应用教程</td>
  <td>李咏梅 余元辉</td>
  <td>机械工业出版社</td>
  <td>2010-5-2</td>
</tr>
<tr>
  <td>JBuilder/WebLogic 平台的 J2EE 实例开发</td>
  <td>张洪斌</td>
  <td>机械工业出版社</td>
  <td>2010-5-3</td>
</tr>
<tr>
  <td colspan="4"> </td>
</tr>
<tr>
  <td colspan="4"><form><table width="60%" align="center">
    <tr>
      <td colspan="2" align="center" class="TEXT2">新增图书</td>
    </tr>
    <tr>
      <td align="right">图书名：</td>
      <td><label>
        <input type="text" name="bookname" id="bookname" />
      </label></td>
    </tr>
    <tr>
      <td align="right">作者：</td>
      <td><input type="text" name="author" id="author" /></td>
    </tr>
    <tr>
      <td align="right">出版社：</td>
      <td><input type="text" name="press" id="press" /></td>
    </tr>
    <tr>
      <td align="right">图书编号：</td>
      <td><input type="text" name="bookno" id="bookno" /></td>
    </tr>
    <tr>
      <td align="right">图书简介：</td>
      <td><textarea name="intro" cols="30" rows="5" id="intro"></textarea>
      </td>
    </tr>
    <tr>
      <td colspan="2" align="center"><label>
```

```
            <input type="submit" name="button" id="button" value="新增" />
        </label></td>
        </tr>
    </table></form></td>
    </tr>
</table>
</body>
</html>
```

在 IE 中的显示效果如图 15-4 所示。

地址(D)	C:\Documents and Settings\Administrator\桌面\booklist.html

欢迎使用图书管理系统

书名	作者	出版社	新增时间
JSP应用教程	李咏梅 余元辉	机械工业出版社	2010-5-2
JBuilder/WebLogic平台的J2EE实例开发	张洪斌	机械工业出版社	2010-5-3

<u>新增图书</u>

图书名：
作者：
出版社：
图书编号：
图书简介：

[新增]

图 15-4　IE 中的显示效果

15.2.4　业务层的开发

因为 Web 层涉及 EJB 的调用过程，所以我们先进行 EJB 的开发。业务层包括两部分的开发，一个是实体 Bean，一个是 SessionBean 的开发。这两部分都是 EJB 的主体部分。

我们先配置好连接数据库的配置文件，在 JBoss 目录 server\default\deploy 下找到配置文件 mssql-ds.xml，将以下代码加在<datasources></datasources>中。

```
<local-tx-datasource>
<jndi-name>BookSys</jndi-name>
<connection-url>jdbc:sqlserver://localhost:1433;DatabaseName=bookdb
</connection-url>
<driver-class>com.microsoft.sqlserver.jdbc.SQLServerDriver</driver-class>
<user-name>book</user-name>
<password>book</password>
<metadata>
<type-mapping>MS SQLSERVER2000</type-mapping>
</metadata>
</local-tx-datasource>
```

这里需要说明的是,数据库的用户名和密码是需要在 SQL Server 中进行预先设置的。

我们再来建立一个项目,名为 BookSys,右击项目,选择 File|New|EJB Project 命令,打开如图 15-5 所示的界面。

图 15-5　建立一个项目

我们要将这个项目新增持久化的模块,具体做法是右击项目,选择 Properties 命令,单击 Project Facets,打开如图 15-6 所示的界面。

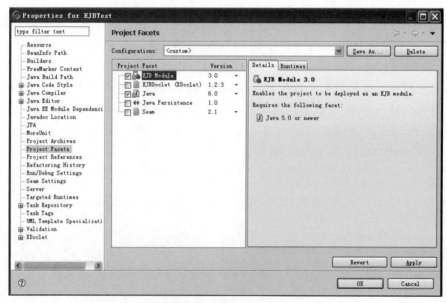

图 15-6　Project Facets

　　选中 Java Persistence，单击 OK 按钮。这样这个 EJB 项目就能支持 JPA Entity 了。下面我们先创建实体 Bean。方法和第 14 章中类似，这里就不重复列举了。下面为 BookList.java 的代码。

```
BookList.java 源程序
package EntityBean;
import java.io.Serializable;
import java.util.*;
import javax.persistence.*;

/**
 * Entity implementation class for Entity: BookList
 *
 */
@Entity
@Table(name="Book_table")
public class BookList implements Serializable {
    private String bookno;
    private int quantity;
    private String bookname;
    private Date addtime;
    private String author;
    private int id;
    private String press;
    private String intro;
    private static final long serialVersionUID = 1L;
    @GeneratedValue(strategy = GenerationType.AUTO) //ID生成方式
    @Id
    public int getId()
    {
        return id;
    }
    public String getbookno()
    {
        return bookno;
    }
    public void setbookno(String bookno)
    {
        this.bookno = bookno;
    }
    public String getbookname()
    {
        return bookname;
    }
    public void setbookname(String bookname)
    {
        this.bookname = bookname;
    }
```

```
    public String getauthor()
    {
        return author;
    }
    public void setauthor(String author)
    {
        this.author = author;
    }
    public Date getaddtime()
    {
        return addtime;
    }
    public void setaddtime(Date addtime)
    {
        this.addtime = addtime;
    }
    public int getquantity()
    {
        return quantity;
    }
    public void setquantity(int quantity)
    {
        this.quantity = quantity;
    }
    public String getpress()
    {
        return press;
    }
    public void setpress(String press)
    {
        this.press = press;
    }
    public String getintro()
    {
        return intro;
    }
    public void setintro(String intro)
    {
        this.intro = intro;
    }
}
```

我们先来关注一下持久化的配置文件,它在 META-INF 目录下,为 persistence.xml。双击打开,编写 xml 文件如下:

persistence.xml 源程序

```
<?xml version="1.0" encoding="UTF-8"?>
<persistence version="1.0" xmlns="http://java.sun.com/xml/ns/persistence"
xmlns:xsi="http://www.w3.org/2001/XMLSchema-instance" xsi:schemaLocation=
"http://java.sun.com/xml/ns/persistence http://java.sun.com/xml/ns/persistence/
persistence_1_0.xsd">
```

```
    <persistence-unit name="BookListunit" transaction-type="JTA">
        <jta-data-source>java:/BookSys</jta-data-source>
        <class>EntityBean.BookList</class>
        <properties>
            <property name="hibernate.dialect"
            value="org.hibernate.dialect.SQLServerDialect"/>
            <property name="hibernate.hbm2ddl.auto" value="update"/>
            <property name="hibernate.show_sql" value="true"/>
        </properties>
    </persistence-unit>
</persistence>
```

下面我们来开发 SessionBean,它们实现对实体 Bean 的调用,并对外提供一个接口。按照第 14 章的方法,我们建立一个无状态远程的 SessionBean,取名为 BookListDAO。它包括了两个文件,具体代码如下:

BookListDAORemote.java 源程序
```
package SessionBean;
import java.util.Date;
import java.util.List;

import javax.ejb.Remote;

import EntityBean.BookList;

@Remote
public interface BookDAORemote {
    public boolean insertBook(Date date, String bookno, int quantity, String
bookname, String author, String press, String intro);
    public List<BookList> findAll();
}
```

这里实现了两个远程调用的方法: insertBook 和 List<BookList>findAll,作用分别是添加图书和显示所有图书。具体方法在 BookListDAO.java 中定义,代码如下:

BookListDAO.java 源程序
```
package SessionBean;

import java.util.Date;
import java.util.List;

import javax.ejb.Stateless;
import javax.persistence.EntityManager;
import javax.persistence.PersistenceContext;
import javax.persistence.Query;
import EntityBean.BookList;

/**
 * Session Bean implementation class BookDAO
 */
@Stateless
```

```
public class BookDAO implements BookDAORemote {

    @PersistenceContext(unitName="BookListunit")
    protected EntityManager em;
    public BookDAO() {
        //TODO Auto-generated constructor stub

    }
    public boolean insertBook(Date date, String bookno, int quantity, String
bookname, String author, String press, String intro) {
        try {
            BookList bk=new BookList();
            bk.setbookno(bookno);
            bk.setquantity(quantity);
            bk.setbookname(bookname);
            bk.setauthor(author);
            bk.setpress(press);
            bk.setintro(intro);
            bk.setaddtime(date);
            em.persist(bk);
        } catch(Exception e) {
        e.printStackTrace();
        return false;
        }
        return true;
        }
    @SuppressWarnings("unchecked")
    public List<BookList> findAll() {
        Query query = em.createQuery("select s from BookList s");
        return(List<BookList>)query.getResultList();
        }

}
```

代码和第 14 章中的类似,具体就不再做讲解了。

到现在为止,我们的业务层代码就完成了,这部分作用就是实现了两个逻辑方法,一个是添加数据到数据库中,一个是查询数据,将数据返回到列表中。

将服务器端进行部署,将 BookSys 项目打包成 jar 文件,放到 server\default\deploy 目录下,完成服务器端的部署。

15.2.5　Web 层的开发

Web 层是运行在 J2EE 服务器上的 JSP 代码,我们这里需要的是两部分的功能,一部分是获取表单数据,调用业务层方法写入数据库;另一部分是调用业务层代码,实现查询功能,并将查询结果在页面上显示出来,返回给客户端。

在 myfirst 这个项目中,右击 Properties,选择 Java Build Path,单击 Add 按钮,把 BookSys 包含进来,单击 OK 按钮,退出。然后右击项目,选择 New|JSP 命令,新建一个

JSP 页面,取名为 booklist.jsp。将 15.2.3 节中客户层界面 HTML 代码中的<body></body>之间的内容复制过来,粘贴在 JSP 页面<body></body>中。

最终 booklist.jsp 代码如下:

---

booklist.jsp 源程序

```jsp
<%@ page language="java" contentType="text/html; charset=GB18030"
    pageEncoding="GB18030" import="java.sql.*"%>
    <%@ page import="javax.naming.*,java.util.List,SessionBean.
BookDAORemote,EntityBean.BookList"%>
<!DOCTYPE html PUBLIC "-//W3C//DTD html 4.01 Transitional//EN" "http://www.
w3.org/TR/html4/loose.dtd">
<html>
<head>
<title>欢迎使用图书管理系统</title>
<style type="text/css">
.TEXT1 {
    font-size: 12px;
    line-height: 20px;
    color: #000000;
    text-decoration: none;
}
.TEXT2 {
    font-size: 16px;
    line-height: 25px;
    color: #8F432E;
    text-decoration: underline;
}
</style></head>

<body>
<table width="100%" class="TEXT1">
  <tr>
    <td colspan="4" align="center" class="TEXT2"><strong>欢迎使用图书管理系统
</strong></td>
  </tr>
  <tr>
    <td align="center"><strong>书名</strong></td>
    <td align="center"><strong>作者</strong></td>
    <td align="center"><strong>出版社</strong></td>
    <td align="center"><strong>新增时间</strong></td>
  </tr>
  <%
  if(request.getParameter("button")!="" &&request.getParameter("button")!=null)
  {
        String bookname=new String(request.getParameter("bookname").
        getBytes("ISO8859_1"),"gb2312");
        String author=new String(request.getParameter("author").getBytes
        ("ISO8859_1"),"gb2312");
```

```
            String press=new String(request.getParameter("press").getBytes
            ("ISO8859_1"),"gb2312");
            String bookno=new String(request.getParameter("bookno").getBytes
            ("ISO8859_1"),"gb2312");
            String intro=new String(request.getParameter("intro").getBytes
            ("ISO8859_1"),"gb2312");
            String quantity=request.getParameter("quantity");
        try{
        InitialContext ctx = new InitialContext();
        BookDAORemote BookR = (BookDAORemote) ctx.lookup("BookDAO/
        remote");              //检索指定的对象
          Date senddate=new Date(System.currentTimeMillis());
          if(BookR.insertBook(senddate,bookno,Integer.parseInt(quantity),
          bookname,author,press,intro))
          {
              out.print("新增成功");
          }
          else
          {
              out.print("新增失败");
          }


        }
        catch(Exception e)
        {
            e.printStackTrace();
        }
    }
    try{
        InitialContext ctx = new InitialContext();
        BookDAORemote BookR = (BookDAORemote) ctx.lookup("BookDAO/
        remote");              //检索指定的对象
        List<BookList> BookL=BookR.findAll();
        //遍历处理结果集信息
        for(Object o : BookL){
            BookList Books=(BookList)o;
            out.print("<tr><td align='center'>"+Books.getbookname()+
            "</td>");
            out.print("<td align='center'>"+Books.getauthor()+"</td>");
            out.print("<td align='center'>"+Books.getpress()+"</td>");
            out.print("<td align='center'>"+Books.getaddtime()+"</td>
            </tr>");
            }
        out.print("<tr><td colspan='4'> </td></tr>");

    }
    catch(Exception e)
    {
        out.print(e);
```

```
      } %>
    <tr>
      <td colspan="4"><form action="" method="post"><table width="60%"
      align="center">
        <tr>
          <td colspan="2" align="center" class="TEXT2">新增图书</td>
          </tr>
        <tr>
          <td align="right">图书名：</td>
          <td><label>
            <input type="text" name="bookname" id="bookname" />
          </label></td>
          </tr>
        <tr>
          <td align="right">作者：</td>
          <td><input type="text" name="author" id="author" /></td>
          </tr>
        <tr>
          <td align="right">出版社：</td>
          <td><input type="text" name="press" id="press" /></td>
          </tr>
        <tr>
          <td align="right">图书编号：</td>
          <td><input type="text" name="bookno" id="bookno" /></td>
          </tr>
            <tr>
          <td align="right">数量：</td>
          <td><input type="text" name="quantity" id="quantity" /></td>
          </tr>
        <tr>
          <td align="right">图书简介：</td>
          <td><textarea name="intro" cols="30" rows="5" id="intro">
          </textarea></td>
        </tr>
        <tr>
          <td colspan="2" align="center"><label>
            <input type="submit" name="button" id="button" value="新增" />
          </label></td>
          </tr>
      </table></form></td>
    </tr>
</table>
</body>
</html>
```

调试运行程序，显示结果如图 15-7 所示。

至此，我们一个四层结构的 J2EE 的图书管理系统的部分功能就已经实现了。上述例子中四个层次清晰地表现出来，这个例子对于我们理解分布式 J2EE 很有帮助。

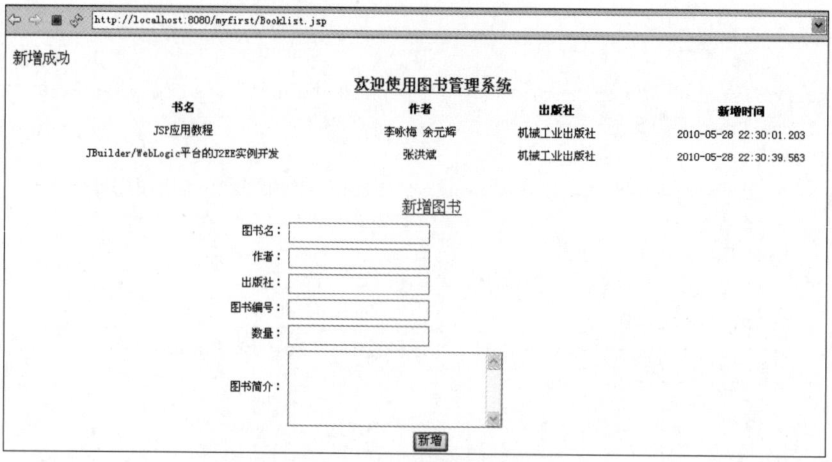

图 15-7　调试运行显示结果

本 章 小 结

　　本章主要通过一个简单的图书管理系统介绍了 J2EE 的设计过程,通过设计一个简单的图书管理系统中图书管理部分(其中包括图书的新增、图书的查询等功能),一一讲解了实现的过程以及原理。

习题及实训

一、填空题

　　1. J2EE 典型的四层机构是_____、_____、_____、_____。

　　2. Java2 平台有 3 个版本,分别是 J2EE、_____、_____。

　　3. 在 J2EE 服务器上的 JSP 页面是由一个_____,与客户端 Web 页面中的_____相关联。

　　4. J2EE 是 Sun 公司提出的_____、_____、_____的企业级应用模型。

　　5. J2EE 技术的基础就是_____或_____。

二、问答题

　　1. 简述多层分布式系统的主要特点。

　　2. 传统 CS 架构中存在哪些缺点?

　　3. 分布式 J2EE 主要有几部分组成? 简要说明分布式开发的好处。

三、操作题

　　利用分布式 J2EE,开发网站平台注册系统,要求用户注册后可以在列表中显示出来。

参 考 文 献

［1］ 李咏梅，余元辉. JSP 应用教程［M］. 北京：清华大学出版社，2011.

［2］ 孙一林. Java 多媒体技术［M］. 北京：清华大学出版社，2005.

［3］ 朱仲杰. Java 2 全方位学习［M］. 北京：人民邮电出版社，2003.

［4］ Bergsten H. Java Server Pages Pocket Reference［M］. 3 版. California：O'Reilly Pub，2003.

［5］ 飞思科技产品研发中心. JSP 应用开发详解［M］. 2 版. 北京：电子工业出版社，2004.

［6］ 耿祥义，张跃平. JSP 实用教程［M］. 北京：清华大学出版社，2003.

［7］ Avedal K. JSP 编程指南［M］. 北京：电子工业出版社，2001.

［8］ Marty H. Servlet 与 JSP 核心技术［M］. 北京：人民邮电出版社，2001.

［9］ 廖若雪. JSP 高级编程［M］. 北京：机械工业出版社，2001.

［10］ 余元辉. Web 编程技术［M］. 北京：清华大学出版社，2014.